普通高等教育"十一五"国家级规划教材

21世纪计算机科学与技术实践型教程

丛书主编 陈明

夏启寿 严筱永 丁志云 主编
张 鹏 董全德 卢鹏飞 副主编

Office高级应用

U0313727

清华大学出版社

北京

内 容 简 介

本书以教育部考试中心最新考试大纲和指定教程为依据,主要介绍计算机基础知识、文字处理软件 Word 2010、电子表格软件 Excel 2010 和演示文稿软件 PowerPoint 2010,每章末尾设置"典型题详解"板块,从全国计算机等级考试题库里选取了部分题目进行了全面的解析。另外,书后附有最新的考试大纲和样题。

本书内容安排合理,阐述由浅入深,概念清晰,适合作为高等院校非计算机专业的办公自动化、计算机应用基础课程的教材,也可作为全国计算机等级考试的辅导用书。

为方便教学,本书配有电子课件、素材、全国计算机等级考试题库等资源。

图书在版编目(CIP)数据

Office 高级应用/夏启寿等主编.—北京:清华大学出版社,2015(2020.1重印)
21世纪计算机科学与技术实践型教程
ISBN 978-7-302-39974-2

Ⅰ.①O… Ⅱ.①夏… Ⅲ.①办公自动化-应用软件-高等学校-教材 Ⅳ.①TP317.1

中国版本图书馆 CIP 数据核字(2015)第 087176 号

责任编辑:谢 琛 李 晔
封面设计:何凤霞
责任校对:白 蕾
责任印制:刘祎淼

出版发行:清华大学出版社
  网　　址:http://www.tup.com.cn,http://www.wqbook.com
  地　　址:北京清华大学学研大厦 A 座　　　　　邮　编:100084
  社 总 机:010-62770175　　　　　　　　　　　邮　购:010-62786544
  投稿与读者服务:010-62776969,c-service@tup.tsinghua.edu.cn
  质量反馈:010-62772015,zhiliang@tup.tsinghua.edu.cn
  课件下载:http://www.tup.com.cn,010-62795954
印 刷 者:北京富博印刷有限公司
装 订 者:北京市密云县京文制本装订厂
经　销:全国新华书店
开　本:185mm×260mm　　　印　张:19　　　字　数:436 千字
版　次:2015 年 6 月第 1 版　　　　　　　印　次:2020 年 1 月第 3 次印刷
定　价:39.00 元

产品编号:065034-01

《21 世纪计算机科学与技术实践型教程》

序

21 世纪影响世界的三大关键技术：以计算机和网络为代表的信息技术；以基因工程为代表的生命科学和生物技术；以纳米技术为代表的新型材料技术。信息技术居三大关键技术之首。国民经济的发展采取信息化带动现代化的方针，要求在所有领域中迅速推广信息技术，导致需要大量的计算机科学与技术领域的优秀人才。

计算机科学与技术的广泛应用是计算机学科发展的原动力，计算机科学是一门应用科学。因此，计算机学科的优秀人才不仅应具有坚实的科学理论基础，而且更重要的是能将理论与实践相结合，并具有解决实际问题的能力。培养计算机科学与技术的优秀人才是社会的需要、国民经济发展的需要。

制订科学的教学计划对于培养计算机科学与技术人才十分重要，而教材的选择是实施教学计划的一个重要组成部分，《21 世纪计算机科学与技术实践型教程》主要考虑了下述两方面。

一方面，高等学校的计算机科学与技术专业的学生，在学习了基本的必修课和部分选修课程之后，立刻进行计算机应用系统的软件和硬件开发与应用尚存在一些困难，而《21 世纪计算机科学与技术实践型教程》就是为了填补这部分空白。将理论与实际联系起来，使学生不仅学会了计算机科学理论，而且也学会了应用这些理论解决实际问题。

另一方面，计算机科学与技术专业的课程内容需要经过实践练习，才能深刻理解和掌握。因此，本套教材增强了实践性、应用性和可理解性，并在体例上做了改进——使用案例说明。

实践型教学占有重要的位置，不仅体现了理论和实践紧密结合的学科特征，而且对于提高学生的综合素质，培养学生的创新精神与实践能力有特殊的作用。因此，研究和撰写实践型教材是必需的，也是十分重要的任务。优秀的教材是保证高水平教学的重要因素，选择水平高、内容新、实践性强的教材可以促进课堂教学质量的快速提升。在教学中，应用实践型教材可以增强学生的认知能力、创新能力、实践能力以及团队协作和交流表达能力。

实践型教材应由教学经验丰富、实际应用经验丰富的教师撰写。此系列教材的作者不但从事多年的计算机教学，而且参加并完成了多项计算机类的科研项目，他们把积累的经验、知识、智慧、素质融于教材中，奉献给计算机科学与技术的教学。

我们在组织本系列教材过程中，虽然经过了详细的思考和讨论，但毕竟是初步的尝试，不完善甚至缺陷不可避免，敬请读者指正。

本系列教材主编　陈明
2005 年 1 月于北京

前　言

计算机的诞生和发展促进了人类社会的进步和繁荣,作为信息科学的载体和核心,计算机科学在知识时代扮演了重要的角色。在行政机关、企事业单位的工作中,应采用Internet/Intranet技术,基于工作流的概念,以计算机为中心,采用一系列现代化的办公设备和先进的通信技术,广泛、全面、迅速地收集、整理、加工、存储和使用信息,使企业内部人员方便快捷地共享信息,高效地协同工作;改变过去复杂、低效的手工办公方式,为科学管理和决策服务,从而达到提高行政效率的目的。一家企业实现办公自动化的程度也是衡量其实现现代化管理的标准。Microsoft Office软件由于其易学易用,被很多企业采用。因此掌握Office办公软件的高级应用可以在工作中胜人一筹。另外,2013年Microsoft Office高级应用被添加到全国计算机等级考试二级科目中,为了满足读者需要,基于Windows 7和Office 2010,我们结合等考大纲的要求,参考教育部考试中心指定教材的篇章结构,编写了本书。

本书共4章,主要内容如下所述。

第1章　计算机基础知识:主要介绍计算机的发展、特点、分类及其应用数据在计算机中的表示,计算机系统的组成,病毒的特点和防治,多媒体技术和网络技术等基础知识。

第2章　利用Word 2010高效创建电子文档:主要介绍文档的创建与格式编辑,长文档编辑与管理,文档中表格、图形、图像等对象的编辑和处理,利用邮件合并功能批量制作和处理文档。

第3章　通过Excel创建并处理电子表格:主要工作簿和工作表的基本操作,工作表中数据的输入、编辑和修改,工作表中单元格格式的设置,公式和函数的使用,数据的排序、筛选、分类汇总、合并计算、模拟运算和方案管理器,图表的创建、编辑与修改,数据透视表和数据透视图的使用。

第4章　使用PowerPoint 2010制作演示文稿:PowerPoint的基本操作,幻灯片主题的设置、背景的设置、母版的制作和使用,幻灯片中文本、图形、SmartArt、图像(片)、图表、音视频等对象的编辑和应用,幻灯片中对象动画的设置,幻灯片切换效果,幻灯片的放映设置。

本书每章末尾设置"典型题详解"板块,从题库里选取了部分题目进行了全面的解析。另外,书后附有最新考试大纲和样题。

为方便教学,本书配有电子课件、素材、等考题库等资源,请访问清华大学出版社网站获取。

本书各章内容安排合理,阐述由浅入深,概念清晰,适合作为高等院校非计算机专业的办公自动化、计算机应用基础课程的教材,也可作为全国计算机等级考试的辅导用书。

本书由夏启寿、严筱永、丁志云主编,张鹏、董全德、卢鹏飞任副主编,何光明拟定全书框架,王珊珊、卢振侠、石雅琴、陈莉萍、杨橙、曹冬梅、陈凤等参与了资料整理、部分章节的编写和校对工作,在此表示感谢。

由于作者水平有限、时间仓促,书中难免有不足和疏漏之处,恳请广大读者批评指正,不吝赐教。

编 者

2015 年 3 月

目 录

第1章 计算机基础知识

计算机是人类历史上最先进的科学技术发明之一,它的应用已渗透到社会生活的各个领域,形成了规模巨大的计算机产业,成为信息社会中必不可少的工具,并以强大的生命力飞速地发展。只有学习计算机知识,掌握计算机的应用,才能适应现代化社会的需求。

由于人类了解和改造自然的需要,出现了一些专门用于计算的工具,早期人们用小木棍帮助计算,后来又发明了算盘等辅助计算工具。随着计算复杂的提高和计算量的增大,人们又发明了计算机以解决精度很高的计算问题。最初的计算机只是为了降低计算的复杂程度,将科技人员的精力从大量繁杂的计算中解脱出来,但是到了今天,计算机的功能已远远不止是科学计算了,它已成为人们从事各行各业的最佳助手。在这样的信息化世界中,掌握计算机应用技术也成为人才素质和知识结构中不可或缺的重要组成部分。

本章将从计算机的基础知识讲起,介绍计算机的发展、特点、分类及其应用,讲述数据在计算机中的表示,说明计算机系统的组成,讲述病毒的特点和防治,多媒体技术和网络技术的基础知识,为进一步学习、使用计算机打下必要的基础。

知识要点

1. 计算机的发展历史、特点和应用
2. 计算机信息的表示和存储
3. 计算机中字符和汉字的编码
4. 计算机硬件系统的组成和作用,各组成部分的功能和简单工作原理
5. 计算机软件系统的组成和功能
6. 多媒体技术与网络技术的基础知识
7. 计算机病毒的概念和防治

1.1 概　　述

计算机既可以进行数值计算,又可以进行逻辑计算,还具有存储记忆功能。计算机是能够按照程序运行,自动、高速处理海量数据的现代化智能电子设备。

自1946年诞生以来,计算机发展极其迅速,至今已在各个方面得到广泛的应用,它使人们传统的工作、学习、日常生活甚至思维方式都发生了深刻的变化。可以说,当今世界是一个丰富多彩的计算机世界,计算机文化被赋予了更深刻的内涵。在进入信息社会的

今天,学习和应用计算机知识,掌握和使用计算机已成为每个人的迫切需求。

本节主要对计算机的发展历史、特点和应用等内容进行简单介绍。

1.1.1　计算机的发展历史

世界公认的第一台电子计算机于 1946 年 2 月由美国宾夕法尼亚大学研制成功,命名为 ENIAC(Electronic Numerical Integrator And Calculator)。这台计算机由 17 000 多只电子管组成,运行速度为 5000 次/秒。ENIAC 的问世,表明了电子计算机时代的到来,它的出现具有划时代的意义。第一台电子计算机 ENIAC 是典型代表,如图 1-1 所示。

图 1-1　第一台电子数字计算机 ENIAC

ENIAC 是计算机发展史上的一个里程碑。

在 ENIAC 的研制过程中冯·诺依曼提出了 EDVAC(Electronic Discrete Variable Automatic Computer)存储程序式通用电子计算机设计方案,他归纳了 EDVAC 的主要特点如下。

- 计算机的程序和程序运行所需要的数据以二进制形式存放在计算机的存储器中。
- 指令和数据存放在存储器中,即程序存储的概念。无须人工干预,计算机能自动、连续地执行程序,并得到预期的结果。
- 计算机硬件系统由适配器、控制器、存储器、输入设备和输出设备 5 大部分组成。

根据冯·诺依曼的原理和思想,决定了计算机必须有输入、存储、运算、控制和输出 5 个组成部分。冯·诺依曼被誉为"现代电子计算机之父"。

根据使用的电子元器件的不同,计算机的发展经过了 5 个历史阶段,习惯上称为"四代",如表 1-1 所示。从表中可以看出,每一代所经历的时间越来越短,标志着计算机的更新和发展速度越来越快。

就在第四代计算机方兴未艾的时候,日本人于 1992 年提出了第五代计算机的概念,立即引起了广泛的关注。第五代计算机的特征是智能化,具有某些与人的智能类似的功能,可以理解人的语言,能思考问题,并具有逻辑推理能力。严格来说,只有第五代计算机才具有"脑"的特征,才能被称为"电脑"。不过到目前为止,智能计算机的研究虽然取得了

表 1-1 计算机发展的四个阶段

代 次	起止年份	所用电子元器件	数据处理方式	运算速度/次秒$^{-1}$	应用领域
第一代	1946—1957	电子管	高级程序设计语言	5千～3万	国防、高科技
第二代	1958—1964	晶体管	高级程序设计语言	数十万～几百万	工程设计数据处理
第三代	1965—1970	中、小规模集成电路	结构化、模块化程序设计	数百万～几千万	工业控制数据处理
第四代	1970年至今	大、超大规模集成电路	分时、实时数据处理、计算	上亿条指令	工业、生活等各方面

某些成果,如发明了能模仿人右脑工作的模糊计算机等,但从总体上看,还没有突破性进展。

1.1.2 计算机的特点

计算机作为一种通用的信息处理工具,具有极高的处理速度、精确的计算、很强的存储能力和逻辑判断能力,其主要特点如下。

1. 高速、精确的运算能力

现在高性能计算机每秒能进行几百亿次以上的加法运算,这使大量复杂的科学计算问题得以解决。目前世界上已有超过每秒万万亿次的运算速度的计算机。

2. 准确的逻辑判断能力

计算机能够进行逻辑处理,也就是说它能"思考"。虽然现在还不具备人类思考的能力,但在信息查询等方面,已能够根据要求进行匹配检索。

3. 强大的存储能力

计算机的存储器类似于人的大脑,可以"记忆"(存储)大量的数据和信息。是否具有强大的存储能力,是计算机和其他计算装置(如计算器)的一个重要区别。

4. 自动功能

通常的运算装置都是由人控制的,人给机器一条指令,机器就完成一个(或一组)操作。由于计算机具有存储信息的能力,因此可以将指令事先输入计算机中存储。在计算机开始工作后,从存储单元中依次取出指令来控制计算机的操作,从而使人们可以不必干预计算机的工作,实现操作的自动化。

5. 网络与通信功能

计算机技术能够将一个个计算机连在一个计算机网上。目前最大、应用范围最广的"国际互联网"(Internet)连接了全世界200多个国家和地区数亿台的各种计算机。在网上的所有用户可共享网上资料、交流信息、互相学习。

计算机网络功能的重要意义是改变了人类交流的方式和信息获取的途径。

1.1.3　计算机的分类

计算机的种类很多,可以从不同的角度对计算机进行分类。

1. 按照计算机处理数据的类型分类

1) 数字计算机

数字计算机是用不连续的数字量0和1来表示信息,其基本运算部件是数字逻辑电路。数字计算机的精度高、存储量大、通用性强,能胜任科学计算、信息处理、实时控制、智能模拟等方面的工作。人们通常所说的计算机就是指数字计算机。

2) 模拟计算机

模拟计算机是用连续变化的模拟量即电压来表示信息,其基本运算部件由运算放大器构成的微分器、积分器、通用函数运算器等运算电路组成。模拟计算机解题速度极快,但精度不高、信息不易存储、通用性差。它一般用于解微分方程或自动控制系统设计中的参数模拟。

3) 数字和模拟计算机

数字、模拟混合式电子计算机是综合了上述两种计算机的长处设计出来的。它既能处理数字量,又能处理模拟量。但是这种计算机结构复杂,设计困难。

2. 按照计算机的用途分类

1) 通用计算机

通用计算机是为能解决各种问题、具有较强的通用性而设计的计算机。它具有一定的运算速度,有一定的存储容量,带有通用的外部设备,配备各种系统软件、应用软件。一般的数字式电子计算机多属此类。

2) 专用计算机

专用计算机是为解决一个或一类特定问题而设计的计算机。它的硬件和软件的配置依据解决特定问题的需要而定,并不求全。专用机功能单一,配有解决特定问题的固定程序,能高速、可靠地解决特定问题。一般在过程控制中使用此类计算机。

3. 按照计算机的性能、规模和处理能力分类

计算机的性能主要是指其字长、运算速度、存储容量、外部设备配置、软件配置及价格高低等。按照计算机性能、规模和处理能力将计算机分为巨型机、大型通用机、微型机、工作站和服务器等。

1) 巨型机

巨型机又称超级计算机,它是所有计算机类型中价格最贵、功能最强的一类计算机,其浮点运算速度已达每秒万亿次。目前多用在国家高科技领域和国防尖端技术中。美国、日本是生产巨型机的主要国家,俄罗斯及英、法、德次之。我国在1983年、1992年、1997年分别推出了银河Ⅰ、银河Ⅱ和银河Ⅲ,进入了生产巨型机的行列。目前,IBM公司的“红杉”超级计算机是世界上运算速度最快的高性能计算机。目前,我国运算速度最快的巨型机“天河二号”(如图1-2所示)由16 000个节点组成,共有32 000颗Ive Bridge处理器和48 000个Xeon Phi芯片,总计有312万个计算核心,浮点运算速度达到每秒

3.39亿亿次。传统手段研发新车,一般要经过上百次碰撞实验、历时两年多才能完成,而利用"天河二号"进行模拟,只需3~5次实车碰撞,两个月即可实现。

图1-2　"天河二号"巨型计算机

2) 大型通用机

大型通用机是对一类计算机的习惯称呼,其特点是通用性强,具有较高的运算速度、极强的综合处理能力和极大的性能覆盖,运算速度为每秒100万次至几千万次。大型机具有很强的管理和处理数据的能力,一般在大企业、银行、高校和科研院所等单位使用。通常被人们称为"企业级"计算机。其通用性强,但价格比较贵。

3) 微型机

微型机是微电子技术飞速发展的产物。现在,微型计算机的应用已经遍及社会各个领域:从工厂生产控制到政府的办公自动化,从商店数据处理到家庭的信息管理,几乎无所不在。随着社会信息化进程的加快,移动办公必将成为一种重要的办公方式。因此一种随身携带的"便携机"应运而生,笔记本型电脑就是其中的典型产品之一。便携机(如图1-3所示)以使用便捷、无线联网等优势越来越多地受到移动办公人士的喜爱,一直保持着高速发展的态势。

根据微型计算机是否由最终用户使用,又可分为独立式微机和嵌入式微机。嵌入式微机一般是单片机或单板机。

个人计算机又称为PC,主要有台式微机(如图1-4所示)、笔记本微机、平板微机,以及掌上微机(PDA)等众多种类。它的出现使得计算机真正面向个人,真正成为大众化的信息处理工具。

图1-3　便携机

图1-4　台式微机

4）工作站

工作站是一种高档微型机系统。它具有较高的运算速度,具有大型机或小型机的多任务、多用户能力,且兼有微型机的操作便利性和良好的人机界面。其最突出的特点是具有很强的图形交互能力,因此在工程领域特别是计算机辅助设计领域得到迅速应用。典型产品有美国 Sun 公司（已被甲骨文公司收购）的 Sun 系列工作站。

5）服务器

服务器是网络的节点,存储、处理网络上 80％的数据、信息,因此也被称为网络的灵魂。服务器的特点有:

- 只有在客户机的请求下才为其提供服务。
- 服务器对客户透明。
- 服务器严格地说是一种软件的概念。

1.1.4 计算机的应用及发展趋势

计算机之所以能够迅速发展,是因为它得到了广泛的应用。目前,计算机的应用已经渗透到人类社会的各个方面,从国民经济各部门到家庭生活,从生产领域到消费娱乐,到处都可见计算机应用的成果。概括起来,计算机的应用领域可分为科学计算、数据/信息处理、过程控制、辅助工程、网络应用、人工智能和多媒体应用等几个方面。

1. 计算机的应用

1）科学计算

科学计算是指计算机用于数学问题的计算,是计算机应用最早的领域。在科学研究和工程设计中,经常会遇到各种各样的数学问题。

2）数据/信息处理

数据/信息处理也称为非数值计算。它是指用计算机对信息进行收集、加工、存储和传递等工作,其目的是为有各种需求的人们提供有价值的信息,作为管理和决策的依据。例如,人口普查资料的分类、汇总,股市行情的实时管理等都是信息处理的例子。目前,计算机信息处理已广泛应用于办公自动化、企业管理、情报检索等诸多领域。

3）过程控制

计算机过程控制是指用计算机对工业生产过程或某种装置的运行过程进行状态检测并实施自动控制。用计算机进行过程控制可以改进设备性能,提高生产效率,降低人的劳动强度。将计算机信息处理与过程控制结合起来,甚至能够出现计算机管理下的无人工厂。

4）辅助工程

计算机辅助工程主要包括计算机辅助设计（Computer Aided Design,CAD）、计算机辅助制造（Computer Aided Manufacturing,CAM）、计算机辅助测试（Computer Aided Testing,CAT）和计算机辅助教学（Computer Assisted Instruction,CAI）。

- 计算机辅助设计（CAD）是指利用计算机来帮助设计人员进行工程设计,以提高设计工作的自动化程度,节省人力和物力。目前,此技术已经在电路、机械、土木建筑、服装等设计中得到了广泛的应用。

- 计算机辅助制造(CAM)是指利用计算机进行生产设备的管理、控制与操作,从而提高产品质量、降低生产成本、缩短生产周期,并且还可大大改善制造人员的工作条件。
- 计算机辅助测试(CAT)是指利用计算机进行复杂而大量的测试工作。
- 计算机辅助教学(CAI)是指利用计算机帮助教师讲授和帮助学生学习的自动化系统,使学生能够轻松自如地从中学到所需要的知识。

5) 网络应用

随着计算机网络的飞速发展,网络应用已成为计算机技术最重要的应用领域之一,如电子邮件、WWW 服务、资料检索、IP 电话、电子商务、电子政务、BBS、远程教育等,不一而足。计算机网络已经并将继续改变人类的生产和生活方式。

6) 人工智能

人工智能是利用计算机对人进行智能模拟,包括用计算机模仿人的感知能力、思维能力和行为能力等。例如使计算机具有识别语言、文字、图形及学习、推理和适应环境的能力等。随着人工智能研究的不断深入,与人类更加接近的"智能机器人"将出现在我们身边。

7) 多媒体应用

目前,多媒体的应用领域正在不断拓宽。在文化教育、技术培训、电子图书、观光旅游、商用及家庭应用等方面,已经出现了不少深受人们欢迎和喜爱的、以多媒体技术为核心的电子出版物,它们以图片、动画、视频片段、音乐及解说等易接受的媒体素材将所反映的内容生动地展现给广大读者。

8) 嵌入式系统

不是所有计算机都是通用的。许多特殊的计算机用于不同的设备中,包括大量的消费电子产品和工业制造系统,都是把处理器芯片嵌入其中,完成特定的处理任务。这些系统称为嵌入式系统。

2. 计算机的发展趋势

1) 电子计算机的发展方向

从类型上看,电子计算机正在向巨型化、微型化、网络化和智能化方向发展。

(1) 巨型化:指计算机的计算速度更快、存储容量更大、功能更完善、可靠性更高。运算速度可达每秒万万亿次,存储容量超过几百太字节(TB)。

(2) 微型化:微型计算机从台式机向便携机、掌上机、膝上机发展。其价格低廉、方便使用,软件丰富。随着电子技术的进一步发展,微型计算机必将因更优的性能价格比而越来越受到人们的欢迎。

(3) 网络化:指利用现代通信技术和计算机技术,把分布在不同地点的计算机互联起来,按照网络协议互相通信,以共享软件、硬件和数据资源。

(4) 智能化:指计算机模拟人的感觉和思维过程的能力。目前已研制出的机器人有的可以代替人从事危险环境中的劳动,有的能与人下棋等。

2）未来新一代的计算机

下一代计算机无论是从体系结构、工作原理，还是器件及制造技术，都应该进行颠覆性的变革了。未来可能的计算机有模糊计算机、生物计算机、光子计算机、超导计算机、量子计算机等。

（1）模糊计算机：1956年，英国人查德创立了模糊信息理论。依照模糊理论，判断问题不是以是、非两种绝对的值或0与1两种数码来表示，而是取许多值，如接近、几乎、差不多及差得远等模糊值来表示。用这种模糊的、不确切的判断进行工程处理的计算机就是模糊计算机，或称模糊电脑。模糊电脑是建立在模糊数学基础上的电脑。模糊电脑除具有一般电脑的功能外，还具有学习、思考、判断和对话的能力，可以立即辨识外界物体的形状和特征，甚至可以帮助人从事复杂的脑力劳动。

日本东京以北320千米的仙台市的地铁列车，在模糊计算机控制下，自1986年以来，一直安全平稳地行驶着。车上的乘客可以不必攀扶拉手吊带。因为，在列车行进中，模糊逻辑"司机"判断行车情况的错误，几乎比人类司机要少70%。1990年，日本松下公司把模糊计算机装在洗衣机里，能根据衣服的肮脏程度。衣服的质料调节洗衣程序。我国有些品牌的洗衣机也装上了模糊逻辑片。人们又把模糊计算机装在吸尘器里，可以根据灰尘量以及地毯的厚实程度调整吸尘器的功率。模糊计算机还能用于地震灾情判断、疾病医疗诊断、发酵工程控制、海空导航巡视等方面。

（2）生物计算机：生物计算机又称仿生计算机，是以生物芯片取代在半导体硅片上集成的数以万计的晶体管制成的计算机。它的主要原材料是生物工程技术产生的蛋白质分子，并以此作为生物芯片。生物计算机芯片本身还具有并行处理的功能，其运算速度要比当今最新一代的计算机快10万倍，能量消耗仅相当于普通计算机的十亿分之一，存储信息的空间仅占百亿亿分之一。

生物计算机是人类期望在21世纪完成的伟大工程，是计算机世界中最年轻的分支。目前的研究方向大致是两个：一方面是研制分子计算机，即制造有机分子元件去代替目前的半导体逻辑元件和存储元件；另一方面是深入研究人脑的结构、思维规律，再构想生物计算机的结构。

（3）光子计算机：光子计算机是一种由光信号进行数字运算、逻辑操作、信息存储和处理的新型计算机。它由激光器、光学反射镜、透镜、滤波器等光学元件和设备构成，靠激光束进入反射镜和透镜组成的阵列进行信息处理。以光子代替电子，光运算代替电运算，由于光子比电子速度快，光子计算机的运行速度可高达一万亿次。它的存储量是现代计算机的几万倍，还可以对语言、图形和手势进行识别与合成。

1990年初，美国贝尔实验室制成世界上第一台光子计算机。光子计算机的基本组成部件是集成光路，要有激光器、透镜和核镜。目前，许多国家都投入巨资进行光子计算机的研究。随着现代光学与计算机技术、微电子技术相结合，在不久的将来，光子计算机将成为人类普遍使用的工具。

（4）超导计算机：超导计算机是利用超导技术生产的计算机，其性能是目前电子计算机无法比拟的。1911年，昂尼斯发现纯汞在4.2K低温下电阻变为零的超导现象，超导线圈中的电流可以无损耗地流动。可是，超导现象被发现以后，超导研究进展一直不快，因为，它让人们感到可望而不可即。

实现超导的温度太低，要制造出这种低温，消耗的电能远远超过超导节省的电能。在20 世纪 80 年代后期，情况发生了逆转。科学家取消了休假，把帆布床搬进实验室，研究超导热突然席卷全世界。科学家发现了一种陶瓷合金在零下 238℃时，出现了超导现象。我国物理学家找到一种材料，在零下 141℃出现超导现象。目前，科学家还在奋斗，企图寻找出一种"高温"超导材料，甚至一种室温超导材料。一旦这些材料找到后，人们就可以利用它们制成超导开关器件和超导存储器，再利用这些器件制成超导计算机。

（5）量子计算机：量子计算机的概念源于对可逆计算机的研究。研究可逆计算机的目的是解决计算机中的能耗问题。2008 年，美国国家标准技术研究院的科学家们已经研制出一台可处理 2 量子比特数据的量子计算机。由于量子比特比传统计算机中的 0 和 1 比特可以存储更多的信息，因此量子计算机的运行效率和功能比传统计算机优越得多。据科学家介绍，这种量子计算机可用于各种大信息量数据的处理。

由年轻的华裔科学家艾萨克·庄领衔的 IBM 公司科研小组向公众展示了迄今最尖端的"5 比特量子计算机"。研究量子计算机的目的不是要用它来取代现有的计算机，而是要使计算的概念焕然一新，这是量子计算机与其他计算机，如光子计算机和生物计算机等的不同之处。

3）未来计算机的应用发展方向

（1）人工智能。

人工智能的主要内容是研究如何让计算机来完成过去只有人才能做的智能的工作。

21 世纪，以计算机为基础的人工智能技术取得了一些进展，例如，指纹识别技术、计算机辅助翻译、语音输入、手写输入等。

（2）网格计算。

网格计算研究如何把一个需要非常巨大的计算能力才能解决的问题分成许多小部分，然后把它们分配给许多计算机进行处理，最后将计算机结果综合起来，从而完成一个大型计算机任务。

网格计算机的三要素：任务管理、任务调度和资源管理。

网格计算机技术的特点是：提供资源共享，实现应用程序的互连互通；协同工作；基于国际的开发技术标准；提供动态的服务，能适应变化。

（3）中间件技术。

中间件是介于应用软件和操作系统之间的系统软件。在客户机和服务器之间增加一组服务，这种服务就是中间件。例如，连接数据库使用的 ODBC（Open Databse Connectirity）就是一种数据库中间件，可通过 ODBC 连接各种类型的数据库。

随着 Internet 的发展，一种基于 Web 数据库的中间件技术开始得到广泛应用，如图 1-5 所示。

图 1-5　基于 Web 数据库的中间件

（4）云计算。

云计算是对基于网络的、可配置的共享计算资源池能够方便地按需访问的一种模式。

云计算的构成包括硬件、软件和服务。云计算的核心思想是对大量用网络连接的计算资源进行统一管理和调度。

云计算的特点是：超大规模、虚拟化、高可靠性、通用性、高可扩展性、提供按需服务、价廉。

1.2　计算机信息的表示和存储

本节主要介绍计算机信息的表示和存储，其中包括信息与数据的基本概念，数据的存储方式、存储单位等。

1.2.1　信息与数据

信息（Information）是人们表示一定意义的符号的集合，即信号。它可以是数字、文字、图形、图像、动画、声音等，是人们用以对客观世界直接进行描述、可以在人们之间进行传递的一些知识，与载荷信息的物理设备无关。

数据（Data）是指人们看到的形象和听到的事实，是信息的具体表现形式，是各种各样的物理符号及其组合，它反映了信息的内容。数据的形式可以随着物理设备的改变而改变。数据可以在物理介质上记录或传输，并通过外围设备被计算机接收，经过处理而得到结果。

当然，有时信息本身是数据化了的，而数据本身就是一种信息。例如，信息处理也叫数据处理，情报检索（Information Retrieval）也叫数据检索，所以信息与数据也可视为同义。

数据与信息的区别是：数据处理之后产生的结果为信息，信息具有针对性、时效性。

1. 计算机中信息

计算机内部只使用二进制表示信息，这是因为相对十进制而言，采用二进制表示不但运算简单、易于物理实现、通用性强，所占用的空间和所消耗的能量小得多，机器可靠性高。信息是丰富多彩的，如数值、文字、声音、图形、图像、动画、视频等。它们进入计算机后都必须转换成二进制数存储、运算和处理，这个过程称为"数字化"。同样，从计算机中输出的信息也要进行逆向转换。其间的转换，则由计算机系统的硬件和软件来实现。转换过程如图 1-6 所示。

2. 数据的存储单位

1）位

位（b）也称为二进位，它是 binary digit 的缩写，是计算机存储数据的最小单位。一个二进制位只能是一个 0 或一个 1，可以表示 $2^1=2$ 种状态，要想表示更多的信息，就得把多个位组合起来作为一个整体，每增加一位，所能表示的信息量就增加一倍。例如，标准

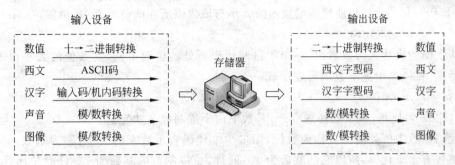

图 1-6　各类信息在计算机中的转换过程

ASCII 码有 128 个字符,因为 $2^7=128$,所以要用 7 位二进制编码表示。

2) 字节

字节(B)是信息组织和存储的基本单位,一个字节由 8 个二进制位组成($1B=8b$)。通常,1 个字节存放一个 ASCII 码,2 个字节存放一个汉字机内码,整数用 2 个字节存储,浮点数占用 4 个或 8 个字节存放。

存储器的容量大小是以字节数来度量的,度量单位及其关系如下:

千字节 $1KB = 1024B = 2^{10}B$

兆字节 $1MB = 1024KB = 2^{20}B$

吉字节 $1GB = 1024MB = 2^{30}B$

太字节 $1TB = 1024GB = 2^{40}B$

拍字节 $1PB = 1024TB = 2^{50}B$

艾字节 $1EB = 1024PB = 2^{60}B$

泽字节 $1ZB = 1024EB = 2^{70}B$

尧字节 $1YB = 1024ZB = 2^{80}B$

3) 字长

计算机一次能够同时(并行)处理的二进制位数称为字长,也称为计算机的一个字(Word)。字长通常是字节的整数倍,如 8 位、16 位、32 位、64 位、128 位等。它是衡量计算机性能的一个重要指标,标志着计算机的计算精度和表示数据的范围,字长越长,数据处理速度越快。

1.2.2　数制与编码

1. 进位记数制

根据不同的进位原则,可以得到不同的进位制。在日常生活中,人们广泛使用的是十进制数,有时也会遇到其他进制的数,例如,钟表上,60 秒为一分钟,60 分钟为一小时,即为六十进制。

在计算机中最常用的是十进制、二进制、八进制和十六进制数。

1) 十进制

日常生活中最常见的是十进制数,用 10 个不同的符号来表示:0、1、2、3、4、5、6、7、8、

9 称为代码。每一个代码所代表的数值的大小与该代码所在的位置有关,例如,1234.567＝$1\times10^3+2\times10^2+3\times10^1+4\times10^0+5\times10^{-1}+6\times10^{-2}+7\times10^{-3}$。

从上面的表达式可以看出,一个十进制代码所处的位置不同,其数值的大小也不同。以此类推,每一个十进制数均可表示成:

$$p = k_{n-1}\times10^{n-1}+k_{n-2}\times10^{n-2}+\cdots+k_0\times10^0+k_{-1}\times10^{-1}+\cdots k_{-m}\times10^{-m}$$

其中,k 为代码 0～9 的任意一个,其数值由十进制数 p 决定。

代码在数中所处的位置称为数位,用多少个代码表示数字的大小,称为基数。例如,十进制数有十个代码,所以它的基数为 10;同理,二进制数的基数为 2。任意位所代表的大小,称为位权,如上例中的代码 2,其位权是 10^2,代码 6 的位权是 10^{-2}。

数位、基数和位权是进制中的三大要素。

约定数值后面没有字母或带有字母 D 时,表示该数为十进制数。例如,十进制数1234.567 可以写成 1234.567 或(1234.567)$_D$。

2) 二进制

二进制只有两个代码 0 和 1,所有的数据都由它们的组合来实现。二进制数据在进行运算时,遵守"逢二进一,借一当二"的原则。约定在数据后加上字母"B"表示二进制数据。

3) 八进制

八进制采用 0～7 这八个字符构成代码,八进制数据在进行运算时,遵守"逢八进一,借一当八"的原则。约定在数据后加上字母 O 表示八进制数据。

4) 十六进制

十六进制采用 0～9 和 A、B、C、D、E、F 这 6 个英文字母一起构成 16 个代码。运算时,遵守"逢十六进一,借一当十六"的原则。约定在数据后加上字母"H"表示十六进制数据。二进制、八进制、十进制、十六进制数据对照见表 1-2。

表 1-2　二进制、八进制、十进制、十六进制数对照表

二进制数	八进制数	十进制数	十六进制数
0000	0	0	0
0001	1	1	1
0010	2	2	2
0011	3	3	3
0100	4	4	4
0101	5	5	5
0110	6	6	6
0111	7	7	7
1000	10	8	8
1001	11	9	9
1010	12	10	A

续表

二进制数	八进制数	十进制数	十六进制数
1011	13	11	B
1100	14	12	C
1101	15	13	D
1110	16	14	E
1111	17	15	F

计算机中的数据均以二进制形式存储,当数比较大时,用二进制形式表示位数会很多,不便于书写和较对,因此在书写时,总是将二进制数据以八进制或十六进制的形式表达。

2. 数制的转换

不同进制数之间进行转换应遵循转换原则。转换原则是:两个有理数如果相等,则有理数的整数部分和分数部分一定分别相等。也就是说,若转换前两数相等,转换后仍必须相等,数制的转换要遵循一定的规律。

1)二进制数转换成十进制数

二进制要转换成十进制数非常简单,只需将每一位数字乘以它的权 2^n,再以十进制的方法相加就可以得到它的十进制的值。

【例1.1】 $(1011.101)_B = 1 \times 2^3 + 0 \times 2^2 + 1 \times 2^1 + 1 \times 2^0 + 1 \times 2^{-1} + 0 \times 2^{-2} + 1 \times 2^{-3}$
$= (11.675)_D$

2)十进制数转换成二进制数

(1)整数部分:逐次除2取余法。用2逐次去除待转换的十进制整数,直至商为0时停止。每次所得的余数即为二进制数码,先得到的余数在低位,后得到的余数排在高位。

【例1.2】 将 $(83)_D$ 转换成二进制。

转换过程如图1-7所示,可得

$$(83)_D = (1010011)_B$$

(2)小数部分:乘2取整法。逐次用2去乘待转换的十进制小数,将每次得到的整数部分(0或1)依次记为二进制小数位代码,先得到的整数在高位,后得到的在低位。

【例1.3】 将 $(0.8125)_D$ 转换为二进制小数。

转换过程如图1-8所示,可得

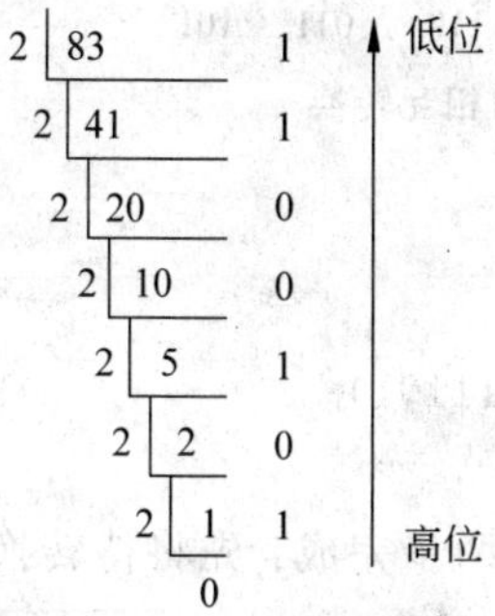

图1-7 十进制整数转二进制整数 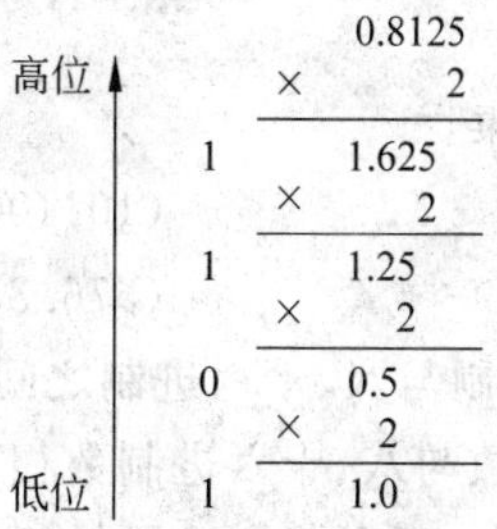   图1-8 十进制小数转二进制小数

$$(0.8125)_D = (0.1101)_B$$

3) 二进制数转换成十六进制数

因为 $2^4 = 16$，所以 4 位二进制数位相当于一个十六进制数位，它们之间存在简单直接的关系。

4 位一并法：从待转换的二进制数的小数点开始，分别向左、右两个方向进行，将每 4 位合并为一组，不足四位的以 0 补齐。然后每 4 位二进制数用一个相应的十六进制代码（0～F）表示，即完成二-十六进制转换工作。

【例 1.4】 将 $(1011000.101)_B$ 转换成十六进制数。

解：首先，以小数点为中心，分别向左右两个方向每 4 位划分为一组。

然后，每 4 位用一个相应十六进制代码代替，如图 1-9 所示，可得：

$$(1011000.101)_B = (58.A)_H$$

4) 十六进制数转换成二进制数

此为上述转换的逆过程。将每一位十六进制代码用 4 位二进制代码代替，即"一分为四"。

【例 1.5】 将 $(576.35)_H$ 转换成二进制数。

解：如图 1-10 所示。

$$(576.35)_H = (10101110110.00110101)_B$$

 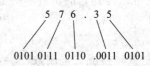

图 1-9　二进制转换成十六进制数　　图 1-10　十六进制转换成二进制数

5) 二进制与八进制数之间的相互转换

和二-十六、十六-二进制之间的转换相类似，二进制与八进制数之间的相互转换采用"三位一并法"和"一分为三"的方法来实现。

【例 1.6】 将 $(1011000.101)_B$ 转换成八进制数，将 $(576.35)_O$ 转换成二进制数。

解：如图 1-11 所示。

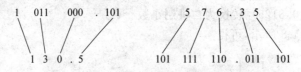

图 1-11　二进制与八进制之间的相互转换

得到结果：

$$(1011000.101)_B = (130.5)_O$$

$$(576.35)_O = (101111110.011101)_B$$

6) 十进制与八、十六进制之间的相互转换

十进制数与八、十六进制数相互转换时，可以分成两步完成：先将待转换的十进制数转换成二进制，后再将二进制转换成十进制。

1.2.3　数值信息的表示

数值信息有正负之分,还可能包含小数点,这是将数值信息在计算机内部表示时碰到的两个问题。计算机中规定用 0 表示正号,1 表示负号,进一步又引入了原码、反码和补码等编码方法方便运算;采用浮点表示法将实数分成"指数"(也称"阶码",是一个整数)和"尾数"(是一个纯小数)联合表示。

在计算机系统中,数值用补码表示。这是因为:首先,使用补码可以将符号位和其他位统一处理;其次,减法可以转换成加法来处理,从而简化运算器的结构;最后,两个用补码表示的数相加时,如果最高位有进位,则进位被舍弃。

本节重点讨论整数的原码、反码和补码的表示方法(以 8 位二进制表示一个数为例)。

1. 原码

原码表示法在数值前面增加了一位符号位(即最高位为符号位):正数该位为 0,负数该位为 1,其余位表示数值的大小。例如:

$$[+11]_{原、反、补}=00001011$$

$$[-11]_{原}=10001011$$

原码虽然简单直观,但是 0 有两种不同的表示($+0$ 和 -0),且加减运算规则不统一,因此,负数在计算机中采用补码表示,正数的反码、补码和原码相同。

2. 反码

负数的反码表示法:符号位与原码相同,数值位按位取反。例如:

$$[-11]_{反}=11110100$$

同样,整数 0 的反码也有两种形式。采用反码运算,当符号位有进位产生时,需要将进位加到运算结果的最低位,才能得到最后结果,运算仍不方便。

3. 补码

负数的补码表示法:符号位为 1,数值位为其反码加 1。例如:

$$[-11]_{补}=11110101$$

整数 0 的补码只有一种表示形式,即$[0]_{补}=00000000$,而$[-128]_{补}=10000000$,所以相同位数的二进制补码可表示的数的个数比原码多一个。

计算机采用补码进行加减运算的规则如下:

$$[X_1 \pm X_2]_{补}=[X_1]_{补}+[\pm X_2]_{补}$$

符号位和数值位一起参加运算,若符号位有进位产生,需要将进位丢掉后才能得到最后结果。例如,采用补码求 5−3 的运算如下:

因为$[5]_{补}+[-3]_{补}=[结果]_{补}$,所以先求出$[5]_{补}=00000101$,$[-3]_{补}=11111101$,再计算$[5]_{补}+[-3]_{补}=00000101+11111101=1\,00000010$,其中最高位"1"舍弃,即$[5]_{补}+[-3]_{补}=00000010$,因为最高位符号位是 0,表示正数,所以结果转换成十进制是$+2$。

例如:采用补码求 3−5 的运算。

因为$[3]_{补}+[-5]_{补}=[结果]_{补}$,所以先求出$[3]_{补}=00000011$,$[-5]_{补}=11111011$,再

计算$[3]_{补}+[-5]_{补}=00000011+11111011=11111110$，因为最高位符号位是 1，表示负数，使用补码转换原码的方法，$[结果]_{补}=11111110\rightarrow[结果]_{原}=10000010$，所以结果转换成十进制是 -2。

1.2.4 字符的编码

本节将讲述西文字符和汉字的编码，了解编码的概念有利于掌握计算机的应用。

1. 西文字符的编码

计算机中将非数字的符号表示成二进制形式，叫做字符编码。为了在世界范围内进行信息的处理与交换，必须遵循一种统一的编码标准。目前，计算机中广泛使用的编码有ASCII 码和 BCD 码。

ASCII(American Standard Code for Information Interchange)，即美国信息交换标准代码。ASCII 码有 7 位版本和 8 位版本两种。原国际上通用的是 7 位版本，7 位版本的ASCII 码有 128 个元素，只需用 7 个二进制位($2^7=128$)表示，其中控制字符 34 个，阿拉伯数字 10 个，大小写英文字母 52 个，各种标点符号和运算符号 32 个。在计算机中实际用 8 位表示一个字符，最高位为 0。BCD(扩展的二-十进制交换码)是西文字符的另一种编码，采用 8 位二进制表示，共有 256 种不同的编码，可表示 256 个字符。IBM 系列大型机采用的就是 BCD 码。标准 ASCII 码字符集如表 1-3 所示。

表 1-3 标准 ASCII 码字符集

符号 $b_3b_2b_1b_0$ \ $b_6b_5b_4$	000	001	010	011	100	101	110	111
0000	NUL	DLE	SP	0	@	P	`	p
0001	SOH	DCl	!	1	A	Q	a	q
0010	STX	DC2	"	2	B	R	b	r
0011	ETX	DC3	#	3	C	S	c	S
0100	EOT	DC4	$	4	D	T	d	t
0101	ENQ	NAK	％	5	E	U	e	u
0110	ACK	SYN	&	6	F	V	f	v
0111	BEL	ETB	'	7	G	W	g	w
1000	BS	CAN	(	8	H	X	h	x
1001	HT	EM	)	9	I	Y	i	y
1010	LF	SUB	*	:	J	Z	j	z
1011	VT	ESC	+	;	K	[	k	{
1100	FF	FS	,	<	L	\	l	|
1101	CR	GS	—	=	M	]	m	}
1110	SD	RS	>	N	^	n	~	
1111	SI	US	/	?	O	_	o	DEL

2. 汉字的编码

计算机对汉字信息的处理过程实际上是各种汉字编码间的转换过程。这些编码主要包括汉字信息交换码(国标码)、汉字输入码、汉字内码、汉字字形码及汉字地址码等。

1) 汉字信息交换码(国标码)

汉字信息交换码是用于汉字信息处理系统之间或者通信系统之间进行信息交换的汉字代码,简称"交换码",也叫国标码。它是为使系统、设备之间交换信息时采用统一的形式而制定的。

我国于1981年颁布了国家标准——《信息交换用汉字编码字符集——基本集》,代号GB 2312—80,即国标码。国标码规定了进行一般汉字信息处理时所用的7445个字符编码,其中有6763个常用汉字和682个非汉字字符(图形、符号)。汉字代码中又有一级汉字3755个,以汉语拼音为序排列;二级汉字3008个,以偏旁部首进行排列。

类似西文的ASCII码表,汉字也有一张国标码表。国标GB 2312—80规定,所有的国际汉字和符号组为一个94×94的矩阵。在该矩阵中,每一行称为"区",每一列称为一个"位"。显然,区号范围是1～94,位号范围也是1～94。这样,一个汉字在表中的位置可用它所在的区号与位号来确定,一个汉字的区号与位号的组合就是该汉字的"区位码"。区位码的形式:千位地址的高两位为区号,低两位为位号。区位码与每个汉字具有一一对应的关系。国标码在区位码表中的安排:1～15区是非汉字图形符区;16～55区是一级常用汉字区;56～87区是二级次常用汉字区;88～94区是保留区,可用来存储自造字代码。实际上,区位码也是一种输入法,其最大优点是一字一码的无重码输入法,最大的缺点是难以记忆。

2) 汉字输入码

为将汉字输入计算机而编制的代码称为汉字输入码,也叫外码。目前,汉字主要是经标准键盘输入计算机的,所以,汉字输入码都由键盘上的字符或数字组合而成。汉字输入码是根据汉字的发音或字形结构等多种属性和汉语有关规则编制的,目前流行的汉字输入码的编码方案有很多。全拼输入法和双拼输入法是根据汉字的发音进行编码的,称为音码;五笔字型输入法是根据汉字的字形结构进行编码的,称为形码;自然码输入法是以拼音为主、辅以字形字义进行编码的,称为音形码。

3) 汉字内码

汉字内码是为在计算机内部对汉字进行存储、处理和传输而编制的汉字代码,它应能满足存储、处理和传输的要求。当一个汉字输入计算机后就转换为内码,然后才能在机器内流动、处理。汉字内码的形式也多种多样。目前,对应于国标码,一个汉字的内码也用2个字节存储,并把每个字节的最高二进制位置1作为汉字内码的标识,以免与单字节的ASCII码产生歧义。如果用十六进制来表示,就是把汉字国标码的每个字节上加一个80H(即二进制数10000000)。例如,汉字"中"的国标码为5650H(0101011001010000)$_2$,内码为D6D0H(1101011011010000)$_2$。

4) 汉字字形码

汉字字形码又称汉字字模,用于汉字在显示屏或打印机输出。要将汉字通过显示器或打印机输出,必须配置相应的汉字字形码,用以区分"宋体"、"楷体"和"黑体"等各种字体。汉字字形码通常有两种表示方式：点阵和矢量表示方式。

每个汉字的字形都必须预先存放在计算机内,常称汉字库。描述汉字字形的方法主要有点阵字形和轮廓字形两种。目前,汉字字形的产生方式大多是用点阵方式形成汉字,即用点阵表示的汉字字形代码。用点阵表示字形时,汉字字形码指的就是这个汉字字形点阵的代码。根据输出汉字的要求不同,点阵的多少也不同。简易型汉字为 16×16 点阵,普通型汉字为 24×24 点阵,提高型汉字为 32×32 点阵、48×48 点阵,等等。图 1-12 为"中"字的 16×16 字形点阵。

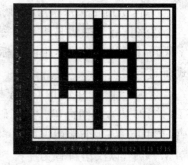

图 1-12　汉字字形点阵

汉字是方块字,将方块等分成有 n 行 n 列的格子,简称它为点阵。凡笔画所到的格子点为黑点,用二进制数 1 表示;否则为白点,用二进制数 0 表示。这样,一个汉字的字形就可用一串二进制数表示了。

5) 汉字地址码

汉字地址码是指汉字库(这里主要指整字形的点阵式字模库)中存储汉字字形信息的逻辑地址码。汉字库中,字形信息都是按一定顺序(大多数按标准汉字交换码中汉字的排列顺序)连续存放在存储介质上的,所以,汉字地址码也大多是连续有序的,而且与汉字内码间有着简单的对应关系,以简化汉字内码到汉字地址码的转换。

6) 其他汉字内码

(1) GBK 码(汉字内码规范)是我国制定的,对多达 2 万多的简、繁汉字进行了编码,是 GB 2312—80 码的扩充。这种内码仍以 2 个字节表示一个汉字,第一个字节为 $(81)_H \sim (FE)_H$,第二个字节为 $(40)_H \sim (FE)_H$。简体中文 Windows 95/98/2000/XP 操作系统使用的是 GBK 内码。

(2) UCS 码是国际标准化组织(ISO)为各种语言字符制定的编码标准。ISO/IEC 10646 字符集中的每个字符用 4 个字节唯一地表示,第一个平面称为基本多文种平面,包含字母文字、音节文字以及中、日、韩(CJK)的表意文字等。

(3) Unicode 编码是另一个国际编码标准。它最初是由 Apple 公司发起制定的通用多文种字符集,后来被多家计算机厂商组成 Unicode 协会进行开发,并得到计算机界的支持,成为能用双字节编码统一地表示几乎世界上所有书写语言的字符编码标准。目前,Unicode 编码可容纳 65 536 个字符编码,主要用来解决多语言的计算问题,在网络、Windows 系统和很多大型软件中得到应用。

(4) BIG5 码是目前中国台湾和香港地区普遍使用的一种繁体字的编码标准。中文繁体版 Windows 95/98/2000/XP 操作系统使用的是 BIG5 内码。

1.2.5　指令和程序设计语言

本节简要介绍计算机指令、程序和程序设计语言的概念。计算机之所以能够按照人们的安排自动运行,是因为采用了存储程序控制的方式。简单地说,程序就是一组计算机指令序列。

1. 计算机指令与程序

计算机的工作过程就是执行程序的过程。程序由按顺序存放的指令组成。计算机在工作时,就是按照预先规定的顺序,取出指令、分析指令、执行指令,完成规定的操作。

1)指令

简单说来,指令(Instruction)就是指挥机器工作的指示和命令,程序就是一系列按一定顺序排列的指令,执行程序的过程就是计算机的工作过程。通常一条指令包括两个方面的内容:操作码和操作数。

(1)操作码:决定要完成的操作,如加、减、乘、除、传送等。

(2)操作数:指参加运算的数据及其所在的单元地址。操作数指出参与操作的数据和操作结果存放的位置。

通常,一台计算机能够完成多种类型的操作,而且允许使用多种方法表示操作数的地址。因此,一台计算机可能有多种多样的指令,这些指令的集合称为该计算机的指令系统。指令系统反映了计算机所拥有的基本功能,分为以下两种。

- 复杂指令系统(CISC):不断地增加指令系统中的指令,增加指令复杂性及其功能,即增加新的指令来代替可由多条简单指令组合完成的功能,如现用 PC 中多媒体扩展指令(MMX)等,以此来提高计算机系统的性能。
- 简化指令系统(RISC):其基本思想是简单的指令能执行得更快以及指令系统只需由使用频率高的指令组成。

2)指令的执行过程

指令的执行过程如下。

(1)取指令:从内存储器中取出要执行的指令送到 CPU 内部的指令寄存器中。

(2)分析指令:把保存在指令寄存器中的指令送到指令译码器,译出该指令对应的操作以及参加操作的操作数的位置。

(3)生成控制信号:操作控制器根据指令译码器 ID 的输出(译码结果),按一定的顺序产生执行该指令所需的所有控制信号。

(4)执行指令:运算器按照操作码的要求对操作数完成规定的运算,并把运算结果保存到指定的寄存器或内存单元。

(5)重复执行:计算机根据 PC 中新的指令地址,重复执行上述 4 个步骤,直至执行到指令结束。

3)程序

程序是设计者为解决某一问题而设计的一组排列有序的指令序列,这些指令要求被逐一执行。它表达了程序员要求计算机执行的操作。程序是以某种语言为工具编制的。

2. 程序设计语言

程序设计语言,通常简称为编程语言,是一组用来定义计算机程序的语法规则。它是一种被标准化的交流技巧,用来向计算机发出指令。计算机语言可以让程序员准确地定义计算机所要使用的数据,并精确地定义在不同情况下应当采取的行动。程序设计语言通常分为机器语言、汇编语言和高级语言三类。

1) 机器语言

机器语言(Machine Language)又称低级语言、二进制代码语言。它是用二进制代码表示的计算机能直接识别和执行的一种机器指令的集合。计算机可以直接识别机器语言,不需要进行任何翻译。但是,在某种类型计算机上编写的机器语言程序不能在另一类型计算机上使用。也就是说,机器语言的可移植性差。

2) 汇编语言

汇编语言(Assemble Language)是一种功能很强的程序设计语言,也是利用计算机的所有硬件特性并能直接控制硬件的语言。在汇编语言中,用助记符号(Mnemonic)代替操作码,用地址符号(Symbol)或标号(Label)代替地址码。这样用符号代替机器语言的二进制码,就把机器语言变成了汇编语言。因此汇编语言也称为符号语言。

3) 高级语言

高级语言也称算法语言,是一种更加容易阅读理解而且用它编写的程序具有通用性的计算机语言。其语言接近人们熟悉的自然语言和数学语言,直观易懂,便于程序的编写调试。高级语言的使用,大大提高了编写程序的效率,改善了程序的可读性。不同类型CPU的高级语言基本通用。目前常用的高级语言有 Basic、C、C++、C#、Java 等。

与汇编语言相同的是,CPU 不能直接识别高级语言,所以需要把高级语言源程序翻译成目标程序才能执行,因此执行效率不高。高级语言的目标程序可以是机器语言的,也可以是汇编语言的。

1.3 计算机硬件系统和结构

本节主要介绍计算机硬件系统中各部件的组成结构和结构基本原理。

一台完整计算机的硬件系统应该包括运算器、控制器、存储器、输入设备和输出设备五大部分,这是典型的冯·诺依曼结构,如图 1-13 所示。

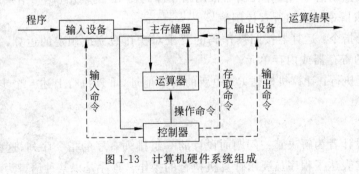

图 1-13 计算机硬件系统组成

1.3.1 运算器

运算器由算术逻辑单元(Arithmetical and Logical Unit,ALU)、累加器、状态寄存器、通用寄存器等组成,是计算机的中心部件。计算机运行时,运算器的操作和操作种类由控制器决定。运算器处理的数据来自存储器;处理后的结果数据通常送回存储器,或暂时寄存在运算器中。运算器(ALU)和控制器(CU)两大部件构成了计算机的中央处理器(CPU)。计算机的所有操作都受 CPU 控制,所以它的品质直接影响整个计算机系统的性能。

运算器的性能指标是衡量整个计算机性能的重要因素之一。与运算器相关的性能指标包括计算机的字长和运算速度。

(1) 字长:是指计算机运算部件能够同时处理的二进制数据的位数。作为存储数据,字长越长,计算机的运算精度就越高;作为存储指令,字长越长,计算机的处理能力就越强。

(2) 运算速度:计算机的运算速度通常是指每秒钟所能执行加法指令的数目,常用百万次/秒(MIPS)来表示。

1.3.2 控制器

控制器(Control Unit,CU)是计算机的指挥中心,负责决定执行程序的顺序,给出执行指令时机器各部件需要的操作控制命令。它主要由程序计数器(PC)、指令寄存器(IR)、指令译码器(ID)和操作控制器(OC)组成,如图 1-14 所示,完成协调和指挥整个计算机系统的操作。具体地说,要完成一次运算,首先要从存储器中取出一条指令,这称为取指过程。接着,它对这条指令进行分析,指出这条指令要完成何种操作,并按寻址特征指明操作数的地址,这称为分析过程。最后,根据操作数所在地址取出操作数,让运算器完成某种操作,这称为执行过程。以上就是通常所说的完成一条指令操作的取指、分析、执行三个阶段。

在控制器的统一指挥下,指令操作的取指、分析、执行三个阶段按顺序执行,数据则在 I/O 设备、存储器、中央处理器之间自动转换,完成运算。一条指令执行完毕,控制器控制计算机继续运行下一条指令,直到程序运行完毕。

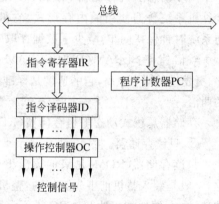

图 1-14　控制器结构

1.3.3 存储器

存储器(Memory)是计算机的记忆装置,主要用来保存程序和数据。计算机中的全部信息,包括输入的原始数据、计算机程序、中间运行结果和最终运行结果都保存在存储器中。存储器分为两大类:一类是设在主机中的内部存储器(简称内存),也叫主存储器,用于存放当前运行的程序和程序所用的数据,属于临时存储器;另一类是属于计算机外部设备的存储器,叫做外部存储器(简称外存),也叫辅助存储器,外存属于永久性存储器,存放暂时不用的数据和程序。中央处理器(CPU)只能直接访问存储在内存中的数据,外存中的数据只有先调入内存后,才能被中央处理器访问和处理。

1）内部存储器

内部存储器按功能分为随机存取存储器（Random Access Memory，RAM）和只读存储器（Read Only Memory，ROM）两类。

（1）内部存储器按功能分类。

① 随机存取存储器。

随机存取存储器（RAM）也叫读写存储器。RAM 具有两个显著的特点：一是可读可写的特性，读出时并不损坏原来存储的内容，只有写入时才修改原来所存储的内容；二是具有易失性，必须持续供电才能保持其数据，一旦供电中断，数据随即丢失，所以 RAM 适用于临时存储数据。

RAM 可以分为动态（Dynamic RAM，DRAM）和静态（Static RAM，SRAM）两大类。计算机内存条（见图 1-15）采用的是 DRAM。DRAM 的特点是集成度高，必须定期刷新才能保存数据，所以速度较慢；SRAM 的特点是存取速度快，制造成本高，主要用于高速缓冲存储器。

几种常用 RAM 简介如下。

同步动态随机存储器（SDRAM）是目前奔腾计算机系统普遍使用的内存形式，它的刷新周期与系统时钟保持同步，减少了数据存取时间。

双倍速率 SDRAM（DDR SDRAM）使用了更多、更先进的同步电路，它的速度是标准的 SDRAM 的两倍。

图 1-15　内存条

存储器总线式动态随机存储器（RDRAM）被广泛地应用于多媒体领域。

② 只读存储器。

只读存储器（ROM）是只能读出事先所存数据的固态半导体存储器。ROM 所存数据，一般是装入整机前事先写好的，整机工作过程中只能读出，而不像随机存储器那样能快速地、方便地加以改写。ROM 所存数据稳定，断电后所存数据也不会改变；其结构较简单，读出较方便，因而常用于存储各种固定程序和数据。

几种常用的 ROM 简介如下。

可编程只读存储器（PROM）：根据用户需要，使用特殊装置将信息写入，写入后不能更改。

可擦除可编程只读存储器（EPROM）：通过特殊装置将信息写入，但写之前需用紫外线照射，将所有存储单元擦除至初始状态后才可重新写入。

电可擦除可编程只读存储器（EEPROM）：可实现数据的反复擦写。其使用原理类似 EPROM，只是擦除方式是使用高电场完成，因此不需要透明窗曝光。

③ 高速缓冲存储器。

随着微电子技术的不断发展，CPU 的主频不断提高，主存由于容量大、寻址系统繁多、读写电路复杂等原因，造成了其工作速度大大低于 CPU 的速度，直接影响了计算机的性能。为了解决这一矛盾，人们在 CPU 和主存之间增设了一级容量不大但速度很快的高速缓冲存储器(Cache),利用 Cache 存放常用的程序和数据。当 CPU 访问程序和数据时,首先从高速缓存中查找,如果所需程序和数据不在 Cache 中,则到主存中读取数据。因此,Cache 的容量越大,CPU 在 Cache 中找到所需数据或指令的概率就越大。

Cache 产生的理论依据是局部性原理。局部性原理是指计算机程序在时间和空间方面都表现出"局部性"。

- 时间的局部性:最近被访问的内存内容(指令或数据)很快还会被访问。
- 空间的局部性:靠近当前正在被访问内存的内存内容很快也会被访问。

Cache 按功能通常分为两类:CPU 内部的 Cache 和 CPU 外部的 Cache。CPU 内部的 Cache 称为一级 Cache,它是 CPU 内核的一部分,负责在 CPU 内部的寄存器与外部的 Cache 之间的缓冲。CPU 外部的 Cache 称为二级 Cache,它相对 CPU 是独立的部件,主要用于弥补 CPU 内部 Cache 容量过小的缺陷,负责整个 CPU 与内存之间的缓冲。少数高端处理器还集成了三级 Cache,是为读取二级缓存中的数据设计的一种缓存。

(2) 内部存储器的性能指标。

存储容量:指一个存储器包含的存储单元总数。目前常用的 DDR3 内存条的存储容量一般为 2GB 和 4GB。好的主板可以达到 8GB,服务器主板可达到 32GB。

存取速度:一般用存储周期来表示,即 CPU 从内存储器中存取数据所需的时间。半导体存储器的存取周期一般为 60~100ns。

2) 外部存储器

与内存相比,外部存储器(Auxiliary Memory)的特点是存储量大、价格较低,而且在断电的情况下也可以长期保存信息,所以又称为永久性存储器。目前,常用的有硬盘、闪速存储器、光盘、移动硬盘等。

(1) 硬盘。

硬盘是最重要的外存储器,用以存放系统软件、大型文件、数据库等大量程序与数据,其特点是存储容量大、可靠性高、存取速度快。

硬盘一般由一组相同尺寸的磁盘片环绕共同的核心组成。这些磁盘片是涂有磁性材料的铝合金盘片,质地较硬,质量较好。每个磁盘面各有一个磁头,磁头在驱动马达的带动下在磁盘上做径向移动,寻找定位点,完成写入或读出数据的工作。硬盘驱动器通常采用温彻斯特技术,将硬盘驱动电机和读写磁头等组装并封装在一起,称为"温彻斯特驱动器"。

硬盘是由一组盘片组成,所有盘片的同一磁道共同组成了一个圆柱面,称为"柱面"。由此可知,硬盘容量=每扇区字节数×扇区数×磁道数×记录面数×盘片数。

硬盘格式化的目的与软盘格式化相同,但操作较为复杂。硬盘格式化一般分为低级格式化和高级格式化。

硬盘的技术指标:

① 容量。硬盘作为计算机系统的数据存储器,容量是硬盘最主要的参数。硬盘的容量一般以吉字节(GB)为单位,1GB=1024MB。但硬盘厂商在标称硬盘容量时通常取 1GB=1000MB,因此我们在 BIOS 中或在格式化硬盘时看到的容量会比厂家的标称值要小。目前硬盘中一般 1~5 个存储盘片,其所有盘片容量之和为硬盘的存储容量。

② 转速。转速是指硬盘盘片每分钟转动的圈数,单位为 rpm。目前市场上主流硬盘的转速一般已达到 7200rpm,而更高的则达到了 10 000rpm。

③ 平均寻道时间。硬盘的平均寻道时间是指硬盘的磁头移动到盘面指定磁道所需的时间,该时间越小,硬盘的工作速度越快。目前硬盘的平均寻道时间通常 8～12ms。

④ 平均等待时间。硬盘的平均等待时间是指磁头已处于要访问的磁道,等待所要访问的扇区旋转至磁头下方的时间。平均等待时间为盘片旋转一周所需时间的一半。

⑤ 数据传输率。硬盘的数据传输率是指硬盘读写数据的速度,单位为兆字节每秒(MB/s)。硬盘数据传输率包括内部数据传输率和外部数据传输率。内部数据传输率反映了硬盘在盘片上读写数据的速度,主要依赖于硬盘的旋转速度。外部数据传输率反映了系统总线与硬盘缓冲区之间的数据传输率,与硬盘接口类型和硬盘缓冲区容量有关。

⑥ 硬盘接口。常见的有 ATA、SATA 和 SCSI 接口。

ATA 和 SATA 接口(见图 1-16)的硬盘主要应用在个人电脑上。ATA 并口线的抗干扰性太差,故其逐渐被 SATA 取代。SATA 又称串行硬盘接口,采用串行连接方式,传输率为 150MB/s。SATA 总线使用嵌入式时钟信号,具备更强的纠错能力,还具有结构简单、支持热插拔等特点。目前最新的 SATA 标准是 SATA 3.0,传输率为 6 GB/s。

SCSI(Small Computer System Interface)即小型计算机系统接口,是一种广泛应用于小型机的高速数据传输技术。SCSI 接口具有应用范围广、多任务、但价格高,难以普及。

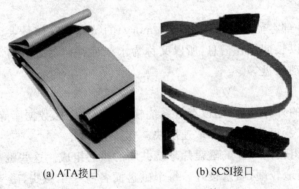

(a) ATA接口　　　　　(b) SCSI接口

图 1-16　ATA 接口和 SCSI 接口

(2) 闪速存储器。

闪速存储器(Flash)是一种新型非易失性半导体存储器(通常称为 U 盘)。U 盘采用一种可读写、非易失的半导体存储器——闪存作为存储介质,通过通用串行线接口(USB)与主机相连,可以像使用软盘、硬盘一样在该盘上读写文件。

U 盘之所以被广泛使用是因为它具有许多优点。

① 体积小、重量轻,便于携带。

② 采用 USB 接口,无须外接电源,支持即插即用和热插拔,在 Windows ME 以上的操作系统中不用安装驱动程序就可以使用。

③ 存取速度快,数据至少可以保存 10 年,擦写次数可达 10 万次以上。

④ 抗震防潮性能好,还具有耐高低温等特点。

存储卡是闪存做成的另一种固态存储器,形状为扁平的长方形或正方形,可插拔。

固态硬盘是基于半导体存储器芯片的一种外存储设备,用来在便携式计算机中代替常规的硬盘。

（3）光盘。

光盘是利用光学和电学原理进行读/写信息的存储介质,它是由反光材料制成的,通过在其表面上制造出一些变化来存储信息。当光盘转动时,上面的激光束照射已存储信息的反射表面,根据所产生的反射光的强弱变化识别出存储的信息,从而达到读出光盘上信息的目的。衡量光盘驱动器传输速率的指标是倍速。

常用的光盘存储器可分为下列几种类型。

① CD-ROM 光盘。CD-ROM（Compact Disk Read Only Memory）是一种只读型光盘。它由生产厂家预先写入数据和程序,使用时用户只能读出,不能修改或写入新内容。与硬盘表面一组由同心圆组成的磁道不同,CD-ROM 光盘有一条从内向外的、由凹坑和平坦表面互相交错组成的续的连螺旋线轨道,也就是说,数据和程序是以凹坑形式保存在光盘上的。

要读出光盘中的信息时,激光头射出的激光束透过表面的透明基片直接聚集在盘片反层上,被反射回来的激光会被光感应器检测到。当激光通过凹坑时,反射光强度减弱,代表读出数据为"1";而激光通过平坦表面时,反射光强度不发生变化,代表读出数据为"0"。光盘驱动器的信号接收系统负责把这种光强度的变化转换成电信号再传送到系统总线,从而实现数据的读取。

② CD-R 光盘。CD-R（CD-Recorder）又称"只写一次性光盘",这种光盘存储器的盘片可由用户写入信息,但只能写入一次,写入后的信息将永久地保存在光盘上,可以多次读出,但不能重写或修改。

③ CD-RW 光盘。CD-RW（CD-Rewritable）,又称"可擦写光盘",可以重复读写,其写入和读出信息的原理与使用的介质材料有关。例如,用磁光材料记录信息的原理是:利用激光束的热作用改变介质上局部磁场的方向来记录信息,再利用磁光效应来读出信息。

④ DVD 光盘。最早出现的 DVD（Digital Video Disk,数字视频光盘）是一种只读型光盘,必须由专门影碟机播放。随着技术的不断发展,数字通用光盘取代了原先的数字视频光盘。DVD 的基本类型有 DVD-ROM、DVD-Video、DVD-Audio、DVD-R、DVD-RW、DVD-RAM 等。

1.3.4　输入设备

输入设备（Input Devices）的作用是把要处理的数据输入到存储器中,常用的输入设备有键盘、鼠标和其他输入设备等。

1）键盘

键盘是微型计算机的主要输入设备,是计算机常用的输入数字、字符的输入设备,通过它可以输入程序、数据、操作命令,也可以对计算机进行控制。

键盘由一组按键排成的开关阵列组成,按下一个键就产生一个相应的扫描码,不同位置的按键对应不同的扫描码。键盘上的按键可以划分成 4 个区域。

功能键区：包含 12 个功能键 F1～F12，这些功能键在不同的软件系统中有不同的定义。

主键盘区：包含字母键、数字键、运算符号键、特殊符号键、特殊功能键等。

副键盘区（数字小键盘区）：包含 10 个数字键和运算符号键，另外还有 Enter 键和一些控制键。所有数字键均有上、下两种功能，由数字锁定键（Num Lock）选择。

控制键区：包含插入、删除、光标控制键、翻屏键等。

表 1-4 列出了键盘中常用键的名称和功能。

表 1-4　常用键的功能

名　称	功　能
Alt	控制键
Ctrl	控制键
Esc	强行退出键
Insert	插入/覆盖键
Shift	换挡键
Print Screen	记录当时的屏幕映像，将其复制到剪贴板中

2）鼠标

鼠标是用于图形界面操作系统的快速输入设备，主要用于移动显示器上的光标并通过菜单或按钮向主机发出各种操作命令，但不能输入字符和数据。

鼠标通常有两个按键，每个键的功能可以用软件任意设定，一般左键用得较多。鼠标操作包括两种：一种是鼠标的移动，另一种就是按键的按下和释放。当鼠标在平面上移动时，通过机械或光学的方法把鼠标移动的距离和方向转换成脉冲信号传送给计算机，计算机鼠标驱动程序将脉冲个数转换成鼠标的水平方向和垂直方向的位移量，从而控制显示屏上鼠标箭头随鼠标的移动而移动。

目前最流行的是光电鼠标，在鼠标底部用一个图形识别芯片时刻监视鼠标与桌面的相对移动，根据移动情况发出位移信号。这种鼠标传输速率快，灵敏度和准确度高。

3）其他输入设备

（1）触摸屏。

触摸屏是在液晶面板上覆盖一层触摸面板，压感式触摸板对压力很敏感，当手指或塑料笔尖施压其上时会有电流产生以确定压力源的位置，并可对其进行跟踪，用以取代机械式的按钮面板。透明的触摸面板附着在液晶屏上，不需要额外的物理空间，具有视觉对象与触觉对象完全一致的效果，可以实现无损耗、无噪声的控制操作。

（2）扫描仪。

扫描仪就是将照片、书籍上的文字或图片获取下来，以图片文件的形式保存在计算机里的一种设备。照片、文本页面、图纸、美术图画、照相底片等都可作为扫描对象。

（3）数码相机。

数码相机是另一种重要的图像输入设备。与传统照相机相比，数码相机不需要使用胶卷，能直接将照片以数字形式记录下来，并输入计算机进行存储、处理和显示，或通过打印机打印出来，或与电视机连接进行观看。

数码相机的镜头和快门与传统相机基本相同，不同之处是它不使用光敏卤化银胶片成像，而是将影像聚焦在成像芯片上，并由成像芯片转换成电信号，再经模数转换（A/D转换）变成数字图像，经过必要的图像处理和数据压缩之后，存储在相机内部的存储器中。其中成像芯片是数码相机的核心。

1.3.5 输出设备

输出设备（Output Devices）将计算机的处理过程或处理结果以人们熟悉的文字、图形、图像、声音等形式展现出来。常用的输出设备有显示器、打印机和其他输出设备等。

1）显示器

显示器是计算机系统中最基本的输出设备，它是用户操作计算机时传递各种信息的窗口。显示器能以数字、字符、图形、图像等形式显示各种设备的状态和运行结果，从而建立起计算机和用户之间的联系。最常用的显示器有两种类型：阴极射线管（Cathode Ray Tube，CRT）显示器和液晶显示器（Liquid Crystal Display，LCD）。阴极射线管显示器具有分辨率可靠性高、速度快、成本低等优点，曾是图形显示器中应用最广泛的一种。但随着科学技术的发展，目前的液晶显示器可以达到较高的分辨率，在色彩的丰富程度和细腻程度上都可以与 CRT 显示器媲美，而且液晶显示器重量轻、体积小、功耗低、辐射小，是一种日益流行的显示设备。

显示器的主要技术参数如下。

- 屏幕尺寸：屏幕尺寸是指矩形屏幕的对角线长度，以英寸为单位。现在使用较多的有 17、19、22 英寸等。传统显示屏的宽度与高度之比为 4：3，而宽屏液晶显示器屏幕的比例还没有统一的标准，常见的有 16：9 和 16：10 两种。值得注意的是，在相同屏幕尺寸下，无论是 16：9 还是 16：10 的宽屏液晶显示器，其实际屏幕面积都要比普通的 4：3 液晶显示器要小。
- 点距：点距是不同像素的两个颜色相同的磷光体间的距离。点距越小，显示出来的图像越细腻，分辨率越高。目前多数显示器的点距为 0.28mm。
- 像素：像素是指屏幕上能被独立控制其颜色和亮度的最小区域，是显示画面的最小组成单位。一个屏幕像素点数的多少与屏幕尺寸和点距有关。例如，14 英寸显示器的横向长度是 240 mm、点距为 0.31 mm，则横向像素点数是 774 个。
- 分辨率：分辨率是指整屏可以显示的像素个数。通常写成水平分辨率×垂直分辨率的形式，例如 320×200、640×480、800×600、1024×768。分辨率越高，屏幕上显示的图像像素越多，那么显示的图像就越清晰。显示分辨率通常和显示器、显卡有密切的关系。
- 刷新频率：刷新频率是指每秒屏幕画面更新的次数。刷新频率越高，画面闪烁越小。一般在 1024×768 的分辨率下要达到 75Hz 的刷新频率，这样人眼不易察觉刷新频率带来的闪烁感。

　　显示器要通过显示卡才能与主机通信,显卡是显示器与主机通信的桥梁,是显示器控制电路的接口。显卡负责把需要显示的图像数据转换成视频控制信号,从而控制显示器显示该图像。因此,显示器和显卡的参数必须相当,只有二者匹配合理,才能达到最理想的显示效果。

　　显卡通过接口与主板相连,该接口决定着显卡与系统之间数据传输的最大带宽,也就是瞬间所能传输的最大数据量,因而不同的接口能为显卡带来不同的性能。显卡发展至今共出现 ISA、VESA、PCI、VGA、AGP(Accelerated Graphics Port)、PCI-Express 等几种接口,所能提供的数据带宽依次增加。而采用新一代的 PCI-E(PCI Express)接口的显卡也在 2004 年正式推出,从而使显卡的数据带宽得到进一步的增大,解决了显卡与系统数据传输的瓶颈问题。目前一些性能较好的显卡还具有图形加速功能,拥有自己的图形函数加速器和显示存储器(Video Random Access Memory,VRAM),主要功能是加快图形显示速度。

　　显卡分为集成显卡和独立显卡,在品牌机中采用集成显卡和独立显卡的产品各约占一半,在低端的产品中更多的是采用集成显卡,在中、高端市场则较多采用独立显卡。独立显卡是指显卡为独立的板卡,需要插在主板的 AGP 接口上,它具备单独的显存,不占用系统内存,而且技术上领先于集成显卡,能够提供更好的显示效果和运行性能。集成显卡是显示芯片集成在主板芯片组中,在价格方面更具优势,但不具备显存,需要占用系统内存。集成显卡基本能满足普通的家庭、娱乐、办公等方面的应用需求,但如需进行 3D图形设计或是图形方面的专业应用,那么独立显卡将是最好的选择。

　　2) 打印机

　　目前市场上常用的打印机有针式打印机、激光打印机和喷墨打印机,另外还有用于高级印刷的热升华打印机、热蜡打印机等。

　　针式打印机属于击打式打印机,激光打印机和喷墨打印机属于非击打式打印机。目前市场上流行的针式打印机一般有 24 根针头,通过调整打印头与纸张的间距,可以适应打印的厚度,而且可以改变打印针的力度,以调节打印的清晰度。针式打印机具有价格便宜、耐用、穿透能力强、能够多层套打等优点,广泛用于银行、税务等部门的票据和报表类打印。但针式打印机的打印质量不高,而且噪音较大,所以很少用在普通家庭及办公应用中。

　　激光打印机的原理类似于静电复印机,是将微粒炭粉固化在纸上而形成字符和图形,打印质量好,速度很快,噪音小,但对纸张质量有一定的要求。激光打印机的分辨率很高,有的可以达到 600dpi 以上,打印效果精美细致,但其价格相对较高,所以常用于办公应用中。目前激光打印机逐渐趋于智能化,它没有电源开关,平时自动处于关机状态,当有打印任务时自动激活。它有自己的内存和处理器,能单独处理打印任务,大大减轻了计算机的负担。激光打印机也有宽行、窄行及彩色、黑白之分,但宽行和彩色机型都很昂贵,所以用于打印 A4 单页纸的窄行黑白机型是目前比较普遍使用的。

　　喷墨打印机是靠喷出的细小墨滴来形成字符或图形的,它的噪音小,价格便宜,能够输出彩色图像,而且打印速度相对较快。但喷墨打印机也有它的不足之处,就是对纸张有要求,而且消耗的墨水多,墨水的成本也较高,因此喷墨打印机对一般用户而言有"买得起,用不起"的感觉。

3）其他输出设备

其他输出设备还有绘图仪、音频输出设备、视频投影仪等。

4）其他输入输出设备

其他输入输出设备包括:调制解调器(Modem),它是数字信号和模拟信号之间的桥梁;光盘刻录机,可作为输入设备,也可作为输出设备;等等。

1.3.6　计算机的结构

1. 直接连接

最早的计算机采用直接连接的方式,运算器、存储器、控制器和外部设备等组成部件相互之间基本上都有单独的连接线路。如冯·诺依曼在 1952 年研制的计算机 IAS 基本上采用了直接连接的结构。

2. 总线结构

根据总线上传送信息的不同,可将总线分为三类:数据总线 (Data Bus, DB)、地址总线 (Address Bus, AB)和控制总线 (Control Bus, CB)。

数据总线用于 CPU 与主存储器、CPU 与 I/O 接口之间传送信息,它是双向的传输总线。数据总线的宽度决定每次能同时传输信息的位数,是决定计算机性能的主要指标。

地址总线主要用来指出数据总线上源数据或目的数据在主存储单元或 I/O 端口的地址,它是单向传输总线。地址总线的位数决定了 CPU 可直接寻址的内存空间大小,比如 16 位微型机的地址总线为 20 位,其可寻址空间为 $2^{20} = 1$MB。一般来说,若地址总线为 n 位,则可寻址空间为 2^n 字节。

控制总线用来传送控制信号和时序信号。控制信号中,有的是微处理器送往存储器和 I/O 接口电路的,也有的是其他部件反馈给 CPU 的,因此控制总线的传送方向由具体控制信号决定。

对于微型计算机来说,目前常见的系统总线有 ISA 总线、PCI 总线、AGP 总线、PCI-E 总线。ISA 总线在 80286～80486 时代应用非常广泛,以至于现在一些奔腾机中还保留着总线插槽,主要是一些老式的接口卡插槽,如 10MB/s ISA 网卡、ISA 声卡等。PCI 总线是 Intel 推出的 32/64 位标准总线,32 位 PCI 总线的数据传输速率为 133MB/s,能满足声卡、网卡、视频卡等绝大多数输入/输出设备的需求,逐步取代了 ISA。AGP 总线是为提高视频带宽而设计的总线规范,专用于连接主板上的控制芯片和 AGP 显示适配卡,数据传输速率可达 2.1GB/s,目前大多数主板均有提供。但随着显卡芯片的更新速度加快,显卡对总线要求越来越高,出现了替代 PCI 总线的 PCI-E 总线。PCI-E 总线的数据传输速率可达 10 GB/s,目前性能较好的主板上都配置了 PCI-E 总线插槽。

1.4　计算机软件系统

所谓软件,是指为方便使用计算机和提高使用效率而组织的程序以及用于开发、使用和维护的有关文档。软件系统可分为系统软件和应用软件两大类。

1.4.1　系统软件

系统软件由一组控制计算机系统并管理其资源的程序组成,功能包括启动计算机,存储、加载和执行应用程序,对文件进行排序、检索,将程序语言翻译成机器语言等。

1. 操作系统

操作系统(Operating System,OS)是管理、控制和监督计算机软件、硬件资源协调运行的程序系统。它由一系列具有不同控制和管理功能的程序组成,是直接运行在计算机硬件上的最基本的系统软件,是系统软件的核心。

现代操作系统的功能十分丰富,操作系统通常应包括下列五大功能模块。

- 处理器管理。当多个程序同时运行时,解决处理器(CPU)时间的分配问题。
- 作业管理。完成某个独立任务的程序及其所需的数据组成一个作业。
- 存储器管理。为各个程序及其使用的数据分配存储空间,并保证它们互不干扰。
- 设备管理。根据用户提出使用设备的请求进行设备分配,同时还能随时接收设备的请求(称为中断),如要求输入信息。
- 文件管理。负责文件的存储、检索、共享和保护,为用户提供文件操作的方便。

2. 语言处理系统(翻译程序)

如前所述,机器语言是计算机唯一能直接识别和执行的程序语言。如果要在计算机上运行高级语言程序就必须配备程序语言翻译程序(以下简称"翻译程序")。翻译程序本身是一组程序,不同的高级语言都有相应的翻译程序。

3. 服务程序

服务程序能够提供一些常用的服务性功能,它们为用户开发程序和使用计算机提供了方便。像微机上经常使用的诊断程序、调试程序、编辑程序均属此类。

4. 数据库管理系统

数据库是指按照一定联系存储的数据集合,可被多种应用共享,如工厂中职工的信息、医院的病历、人事部门的档案等都可分别组成数据库。数据库管理系统(Database Management System,DBMS)则是能够对数据库进行加工、管理的系统软件,其主要功能是建立、消除、维护数据库及对库中数据进行各种操作。

数据库技术是计算机技术中发展最快、应用最广的一个分支。因此,了解数据库技术尤其是微机环境下的数据库应用是非常必要的。

1.4.2　应用软件

为解决各类实际问题而设计的程序系统称为应用软件。从其服务对象的角度,可将应用软件分为通用软件和专用软件两类。

1. 通用软件

通用软件通常是为解决某一类问题而设计的,而这类问题是很多人都会遇到和需要解决的。例如文字处理、表格处理、电子演示文稿、电子邮件收发等是企事业单位日常工作中经常要做的事情,而 WPS Office 办公软件、Microsoft Office 办公软件就是为解决上述问题而开发的。后面将详细介绍 Microsoft Office 2010 办公软件的应用。

2. 专用软件

在市场上可以买到通用软件,但有些具有特殊功能和需求的软件是无法买到的。比如某个用户希望有一个程序能自动控制厂里的车床,同时也能将各种事务性工作集成起来统一管理。因为它对于一般用户太特殊了,所以只能组织人力单独开发。当然,开发出来的这种软件也只能专用于这一种情况。

综上所述,计算机系统由硬件系统和软件系统组成,两者缺一不可。而软件系统又由系统软件和应用软件组成。操作系统是系统软件的核心,它在每个计算机系统中都是必不可少的,其他系统软件,如语言处理系统可根据不同用户的需要配置不同程序语言编译系统。应用软件则随着各用户的应用领域的不同进行不同的配置。

1.5 多媒体技术简介

本节简单介绍多媒体的基本概念,包括多媒体的含义、技术特点,声音与图像的数字化、常见声音与图像媒体的文件格式、多媒体数据的压缩等内容。

1.5.1 多媒体的特征

媒体(Media)在计算机中有两种含义:一是指存储信息的物理实体,如磁盘、磁带、光盘等;二是指信息的表现形式或载体,如大家已熟悉的文字、图形、图像、声音、动画和视频等。

多媒体技术是指利用计算机技术把多种媒体信息综合一体化,使它们建立起逻辑联系,并能进行加工处理的技术。这里所说的"加工处理"主要是指对这些媒体的录入,对信息的压缩和解压缩、存储、显示、传输等。显然,多媒体技术是一种基于计算机的综合技术,包括数字化信息的处理技术、音频和视频技术、计算机硬件和软件技术、人工智能和模式识别技术、通信和图像技术等,因而是一门跨学科的综合技术。

多媒体技术的主要特性包括信息媒体的多样性、集成性、交互性和数字化等,也是在多媒体研究中必须要解决的主要问题。

多媒体技术具有交互性、集成性、多样性、实时性等特征,这也是它区别于传统计算机系统的显著特征。

1. 交互性

交互性是指能够为用户提供更加有效的控制和使用信息的手段。交互性可以提高用户对信息的注意和理解,延长信息的保留时间。从数据库中检索出用户需要的文字、照片和声音资料,是多媒体交互性的初级应用;通过交互性特征使用户介入信息过程中,则是交互应用的中级阶段;当用户完全进入一个与信息环境一体化的虚拟信息空间遨游时,才达到了交互应用的高级阶段。

2. 集成性

集成性是指多种媒体信息的集成以及与这些媒体相关的设备集成。前者是指将多种不同的媒体信息有机地进行同步组合,使之成为一个完整的多媒体信息系统;后者是指多媒体设备应该成为一体,包括多媒体硬件设备、多媒体操作系统和创作工具等。

3. 多样性

多样性是指处理多种媒体信息,包括文本、音频、图形、图像、动画和视频等。

4. 实时性

实时性是指当多种媒体集成时,其中的声音和运动图像是与时间密切相关的,甚至是实时的。因此,多媒体技术必然要支持实时处理,如视频会议系统和可视电话等。

1.5.2 媒体的数字化

1. 声音

声音是一种重要的媒体,其种类繁多,如人的语音、动物的声音、乐器声、机器声等。

1) 声音的数字化

声音的主要物理特征包括频率和振幅。声音用电表示时,声音信号是在时间上和幅度上都连续的模拟信号。而计算机只能存储和处理离散的数字信号。将连续的模拟信号变成离散的数字信号就是数字化。数字化的基本技术是脉冲编码调制(PCM),主要包括采样、量化、编码 3 个基本过程。

采样是以固定的时间间隔对模拟波形的幅度值进行抽取,把时间上连续的信号变成时间上离散的信号。这个时间间隔称为采样周期,其倒数为采样频率。故时间间隔越短,记录的信息就越精确。

根据奈奎斯特采样定理,当采样频率大于或等于声音信号最高频率的两倍时,就可以将采集到的样本还原成原声音信号。

量化是将一定范围内的模拟量变成某一最小数量单位的整数倍。表示采样点幅值的二进制位数称为量化位数,它是决定数字音频质量的另一重要参数,一般为 8 位、16 位。量化位数越大,采集到的样本精度就越高,声音的质量就越高。

记录声音时,每次只产生一组声波数据,称为单声道;每次产生两组声波数据,称为双声道。双声道具有空间立体效果,但所占空间比单声道多一倍。

经过采样、量化后,还需要进行编码,即将量化后的数值转换成二进制码组。编码是将量化的结果用二进制数的形式表示。有时也将量化和编码过程统称为量化。

音频数据量(B)=采样时间(s)×采样频率(Hz)×量化位数(b)×声道数/8

2) 声音文件的格式

现在网络上的音频文件格式多种多样,常用的有 WAV、MP3、VOC 文件等。

WAV 是微软公司开发的一种声音文件格式,它符合 PIFF Resource Interchange File Format 文件规范,用于保存 Windows 平台的音频信息资源,被 Windows 平台及其应用程序所支持。WAV 格式支持 MSA DPCM、CCITT A LAW 等多种压缩算法,支持多种音频位数、采样频率和声道。标准格式的 WAV 文件和 CD 格式一样,也是 44.1kHz

的采样频率,速率为 88kb/s,16 位量化位数。WAV 格式的声音文件质量和 CD 相差无几,也是目前 PC 上广为流行的声音文件格式,几乎所有的音频编辑软件都"认识"WAV格式。

MP3 格式诞生于 20 世纪 80 年代的德国。所谓的 MP3 指的是 MPEG 标准中的音频部分,也就是 MPEG 音频层。根据压缩质量和编码处理的不同分为 3 层,分别对应MP1、MP2、MP3 这 3 种声音文件。MPEG 音频文件的压缩是一种有损压缩,MPEG-3 音频编码具有 10:1~12:1 的高压缩率,同时基本可以保持低音频部分不失真,但是牺牲了声音文件中 12~16kHz 高音频这部分的质量来换取文件的尺寸,相同长度的音乐文件,用 MP3 格式来储存,一般只有 WAV 文件的 1/10,而音质要次于 CD 格式或 WAV 格式的声音文件。由于 MP3 文件尺寸小,音质好,所以在它问世之初还没有其他音频格式可以与之匹敌,因而为它的发展提供了良好的条件。

做音乐的人应该经常会听到 MIDI(Musical Instrument Digital Interface)这个词,MIDI 允许数字合成器和其他设备交换数据。MID 文件格式由 MIDI 继承而来。MID 文件并不是一段录制好的声音,而是记录声音的信息,然后再告诉声卡如何再现音乐的一组指令。这样一个 MIDI 文件每存 1 分钟的音乐只用 5~10KB。MID 文件重放的效果完全依赖声卡的档次。MID 格式的最大用处是在计算机作曲领域。

RealAudio 主要是用于网络上的在线音乐欣赏,现在大多数的用户仍然在使用 56kbs或更低速率的 Modem,所以典型的回放并非最好的音质。有的下载站点会提示根据Modem 速率选择最佳的 Real 文件。现在 Real 的文件格式主要有 RA(RealAudio)、RM(RealMedia,RealAudio G2)、RMX(RealAudio Secured)。这些格式的特点是可以随网络带宽的不同而改变声音的质量,在保证大多数人听到流畅声音的前提下,令带宽较富裕的听众获得较好的音质。

VOC 文件是声霸卡使用的音频文件格式,它以 .voc 作为文件的扩展名。其他音频文件格式还有很多,例如,AU 文件主要用在 UNIX 工作站上,它以 .au 作为文件的扩展名;AIF 文件是苹果机的音频文件格式,它以 .aif 作为文件的扩展名。

2. 图像

图像是多媒体中最基本、最重要的数据,图像有黑白图像、灰度图像、彩色图像、摄影图像等。图像一般是指自然界中的客观景物通过某种系统的映射,使人们产生的视觉感受。自然界中,景和物有两种形态,即动和静。静止的图像称为静态图像;活动的图像称为动态图像。静态图像根据其在计算机中生成的原理不同,分为矢量图形和位图图像两种。动态图像又分为视频和动画。

1)静态图像的数字化

一幅图像可以近似地看成是由许许多多的点组成的,因此它的数字化通过采样和量化就可以得到。图像的采样就是采集组成一幅图像的点。量化就是将采集到的信息转换成相应的值。组成一幅图像的每个点被称为一个像素,每个像素的值表示其颜色、属性等信息。存储图像颜色的二进制数的位数,称为颜色深度。

2)动态图像的数字化

动态图像是将静态图像以每秒钟 n 幅的速度播放,当 $n \geqslant 25$ 时,显示在人眼中的就是连续的画面。

3）点位图和矢量图

表达或生成图像常采用两种方法：点位图法和矢量图法。点位图法就是将一幅图像分成很多小像素，每个像素用若干二进制位表示像素的颜色、属性等信息。矢量图法就是用一些指令来表示一幅图像。

4）图像文件格式

BMP 文件：Windows 操作系统中的标准图像文件格式，能够被多种 Windows 应用程序所支持。

GIF 文件：供联机图形交换使用的一种图像文件格式，目前 Internet 上大量采用的彩色动画文件多为这种格式的文件。

TIFF 文件：二进制文件格式。广泛用于桌面出版系统、图形系统和广告制作系统，也可用于一种平台到另一种平台间图形的转换。

PNG 文件：图像文件格式，其开发的目的是替代 GIF 文件格式和 TIFF 文件格式。

WMF 文件：大多数 Windows 应用程序都可以有效处理的格式，其应用很广泛，是桌面排版系统中常用的图形格式。

DXF 文件：一种向量格式，大多数绘图软件都支持这种格式。

5）视频文件格式

AVI 文件：Windows 操作系统中数字视频文件的标准格式。

MOV 文件：QuickTime for Windows 视频处理软件所采用的视频文件格式，其图像画面的质量比 AVI 文件要好。

ASF 文件：是高级流格式。其优点有：本地或网络回放、可扩充的媒体类型、部件下载以及扩展性好等。

WMV 文件：是微软推出的一种采用独立编码方式并且可以直接在网上实时观看视频节目的文件压缩格式，使用 Windows Media Player 可以播放 ASF 和 WMV 两种格式的文件。

1.5.3　多媒体数据压缩

数据压缩可以分为两种类型：无损压缩和有损压缩。

1. 无损压缩

无损是缩是利用数据的统计冗余进行压缩，又称可逆编码，其原理是统计被压缩数据中重复数据的出现次数来进行编码。解压缩是对压缩的数据进行重构，重构后的数据与原来的数据完全相同。无损压缩能够确保解压后的数据不失真，是对原始图像的完整复制。无损压缩的主要特点是压缩比较低，一般为 2∶1～5∶1。常用的无损压缩算法包括行程编码、熵编码、算术编码等。

1）行程编码

行程编码简单直观，编码和解码速度快；其压缩比与压缩数据本身有关，行程长度大，压缩比就高。适用于计算机绘制的图像如 BMP、AVI 格式文件；对于彩色照片，由于色彩丰富,采用行程编码压缩比会较小。

2) 熵编码

根据信源符号出现概率的分布特性进行码率压缩的编码方式称为熵编码,也叫统计编码。目的在于在信源符号和码字之间建立明确的一一对应关系,以便在恢复时能准确地再现原信号,同时要使平均码长或码率尽量小。熵编码包括赫夫曼编码和算术编码。

3) 算术编码

算术编码的优点是每个传输符号不需要被编码成整数"比特"。虽然实现方法复杂,但性能通常优于赫夫曼编码。

JPEG 标准:第一个针对静止图像压缩的国际标准。该标准制定了两种基本的压缩编码方案:以离散余弦变换为基础的有损压缩编码方案和以预测技术为基础的无损压缩编码方案。JPEG 2000 与 JPEG 最大的不同之处在于,它放弃了 JPEG 所采用的以离散余弦变换为主的区块编码方式,而采用以离散小波变换为主的多解析编码方式。

MPEG 标准:规定了声音数据和电视图像数据的编码和解码过程、声音和数据之间的同步等问题。MPEG-1 和 MPEG-2 是数字电视标准,其内容包括 MPEG 电视图像、MPEG 声音及 MPEG 系统等。MPEG-4 是 1999 年发布的多媒体应用标准,其目标是在异种结构网络中能够具有很强的交互功能并能够高度可靠地工作。MPEG-7 是多媒体内容描述接口标准,应用领域有数字图书馆、多媒体创作等。

2. 有损压缩

有损压缩指压缩后的数据不能够完全还原成压缩前的数据。也称为破坏性压缩,常用于音频、图像和视频的压缩。

1) 预测编码

预测编码是根据离散信号之间存在着一定相关性的特点,利用前面一个或多个信号对下一个信号进行预测,然后对实际值和预测值之差进行编码和传输。

预测编码中典型的压缩方法有脉冲编码调制(PCM)、差分脉冲编码调制(DPCM)、自适应差分脉冲编码调制(ADPCM)等。

2) 变换编码

变换编码是指先对信号进行某种函数变换,从一种信号空间变换到另一种信号空间,然后对信号进行编码。变换编码包括四个步骤:变换、变换域采样、量化和编码。变换本身并不进行数据压缩,它把信号映射到另一个域,使信号在变换域里容易进行压缩。典型的变换有离散余弦变换(DCT)、离散傅里叶变换(DFT)、沃尔什-哈达码变换(WHT)和小波变换等。

3) 基于模型编码

基于模型编码的基本思想是:在发送端,利用图像分析模块对输入图像提取紧凑和必要的描述信息,得到一些数据量不大的模型参数;在接收端,利用图像综合模块重建原图像,是对图像信息的合成过程。

4) 分形编码

分形编码法(Fractal Coding)的目的是发掘自然物体在结构上的自相似形,这种自相似形是图像整体与局部相关性的表现。与前面的编码相比,在思想和思维上有了很大的突破。

5）矢量量化编码

矢量量化编码是把输入数据几个一组地分成许多组，成组地量化编码。它是一种有限失真编码，其原理仍可用信息论中的信息率失真函数理论来分析。

1.6 计算机病毒及其防治

在《中华人民共和国计算机信息系统安全保护条例》中明确定义了计算机病毒（Computer Virus）是指"编制或者在计算机程序中插入的破坏计算机功能或者破坏数据，影响计算机使用并且能够自我复制的一组计算机指令或者程序代码"。而现在较为普遍的定义认为，计算机病毒是一种人为制造的、隐藏在计算机系统的数据资源中的、能够自我复制进行传播的程序。

1.6.1 计算机病毒的特征和分类

计算机病毒具有如下特征。

1. 计算机病毒的特征

（1）寄生性。它是一种特殊的寄生程序，不是一个通常意义上的完整的计算机程序，而是寄生在其他可执行的程序中，因此，它能享有被寄生的程序所能得到的一切权利。

（2）破坏性。任何计算机病毒侵入到机器中，都会对系统造成不同程度的影响。轻者占有系统资源，降低工作效率；重者数据丢失，机器瘫痪。

（3）传染性。计算机病毒的传染性是指病毒具有把自身复制到其他程序中的特性。病毒可以附着在程序上，通过磁盘、光盘、计算机网络等载体进行传染，被破坏的计算机又成为病毒生成的环境及新的传染源。传染性是病毒的基本特征，是否具有传染性是判别一个程序是否为计算机病毒的最重要条件。

（4）隐蔽性。计算机病毒是一种具有很高编程技巧、短小精悍的可执行程序，通常附着在正常程序中或磁盘较隐蔽的地方，也有个别的以隐含文件形式出现，如不经过程序代码分析或计算机病毒代码扫描，病毒程序与正常程序是不容易区分开的。

（5）潜伏性。计算机病毒具有依附其他媒体而寄生的能力。有些计算机病毒并不是一侵入你的机器，就会对机器造成破坏，它可能隐藏在合法文件中，静静地待几周或者几个月甚至几年，具有很强的潜伏性，一旦时机成熟就会迅速繁殖、扩散。

2. 计算机病毒的命名

如果用户掌握一些病毒的命名规则，就能通过杀毒软件的报告中出现的病毒名来判断病毒的一些共有的特性。计算机病毒命名的一般格式为：

<病毒前缀>.<病毒名>.<病毒后缀>

病毒前缀是指一个病毒的种类，它是用来区别病毒的种族分类的。不同种类的病毒，其前缀也是不同的。比如常见的木马病毒的前缀是 Trojan，蠕虫病毒的前缀是 Worm，DOS 下的病毒一般无前缀。

　　病毒名是指一个病毒的家族特征，是用来区别和标识病毒家族的，如振荡波蠕虫病毒的家族名是 Sasser。

　　病毒后缀是指一个病毒的变种特征，是用来区别具体某个家族病毒的某个变种的。一般都采用英文字母来表示，如 Worm. Sasser. b 就是指振荡波蠕虫病毒的变种 B，因此一般称为"振荡波 B 变种"或"振荡波变种 B"。如果该病毒变种非常多，可以采用数字与字母混合表示变种标识。

3. 计算机病毒的症状

　　计算机病毒一般会表现出如下症状。

- 磁盘文件数目无故增多。
- 系统文件长度发生变化。
- 出现异常信息、异常图形。
- 运行速度减慢，系统引导、打印速度变慢。
- 系统内存异常减少。
- 系统不能由硬盘引导。
- 系统出现异常死机。
- 数据丢失。
- 显示器上经常出现一些莫名其妙的信息或异常现象。
- 文件名称、扩展名、日期、属性被更改过。

　　我国计算机病毒应急处理中心通过对互联网监测发现新型后门程序（Backdoor_Undef. CDR），该程序利用一些常用的应用软件信息，诱骗计算机用户单击下载运行。一旦单击运行，恶意攻击者就会通过该后门远程控制计算机用户的操作系统，下载其他病毒或是恶意木马程序，进而盗取用户的个人私密数据信息等。该后门程序运行后，会在感染的操作系统中释放一个伪装成图片的动态链接库（DLL）文件，之后将其添加成系统服务，实现后门程序随操作系统开机而自动启动运行。还有"代理木马"新变种 Trojan_Agent. DDFC。专家说，该变种是远程控制的恶意程序，自身为可执行文件，在文件资源中捆绑动态链接库资源，运行后鼠标没有任何反应，且不会进行自我删除。

4. 计算机病毒的分类

　　计算机病毒的种类很多，其分类的方法也不尽相同，按照计算机病毒的感染方式分为如下五类。

1) 引导区型病毒

　　通过读 U 盘、光盘及各种移动存储介质感染引导区型病毒，感染硬盘的主引导记录，当硬盘主引导记录感染病毒后，病毒就企图感染每个插入计算机进行读写的移动盘的引导区。这类病毒常常用其病毒程序替代主引导区中的系统程序。引导区病毒总是先于系统文件装入内存储器，获得控制权，并进行传染和破坏。

2) 文件型病毒

　　文件型病毒主要感染扩展名为 COM、EXE、DRV、BIN、OVL、SYS 等的可执行文件。通常寄生在文件的首部或尾部，并修改程序的第一条指令。一旦计算机运行该文件就会被感染,从而达到传播的目的。

3）混合型病毒

混合型指具有引导型病毒和文件型病毒寄生方式的计算机病毒。混合型病毒的破坏性更大,传染的机会也更多,杀灭也更困难。这种病毒扩大了病毒程序的传染途径,它既感染磁盘的引导记录,又感染可执行文件。当染有此种病毒的磁盘用于引导系统或调用执行染毒文件时,病毒都会被激活。

4）宏病毒

宏病毒是一种寄存在文档或模板的宏中的计算机病毒。一旦打开这样的文档,其中的宏就会被执行,于是宏病毒就会被激活,转移到计算机上,并驻留在 Normal 模板上。从此以后,所有自动保存的文档都会“感染”上这种宏病毒,而且如果其他用户打开了感染病毒的文档,宏病毒又会转移到他的计算机上。对 Word 文件的破坏是:不能正常打印;封闭或改变文件存储路径;将文件改名;乱复制文件;封闭有关菜单;文件无法正常编辑。宏病毒的隐蔽性强,传播迅速,危害严重,难以防治。

5）Internet 病毒（网络病毒）

Internet 病毒大多通过 E-mail 传播。黑客利用通信软件,通过网络非法进入他人的计算机系统,截取或篡改数据,危害信息安全。已经发现的黑客程序有 BO、NetBus、NetSpy、Backdoor 等。

1.6.2　计算机病毒的防治

1. 计算机病毒的预防

计算机病毒的预防是指在病毒尚未入侵或刚刚入侵时,就拦截、阻止病毒的入侵或立即报警。目前在预防病毒的工具中采用的技术主要有如下几种。

（1）将大量的消毒/杀毒软件汇集于一体,检查是否存在已知病毒,如在开机时或在执行每一个可执行文件前执行扫描程序。

（2）检测一些病毒经常要改变的系统信息,如引导区、中断向量表、可用内存空间等,以确定是否存在病毒行为。其缺点是无法准确识别正常程序与病毒程序的行为,常常报警,而频频误报警的结果是使用户失去对病毒的戒心。

（3）监测写盘操作,对引导区 BR 或主引导区 MBR 的写操作报警。若某个程序对可执行文件进行写操作,就认为该程序可能是病毒,阻止其写操作,并报警。

（4）对计算机系统中的文件形成一个密码检验码和实现对程序完整性的验证,在程序执行前或定期对程序进行密码校验,如有不匹配现象即报警。

（5）智能判断型。设计病毒行为过程判定知识库,应用人工智能技术,有效区分正常程序与病毒程序行为,是否误报警取决于知识库选取的合理性。

（6）智能监察型。设计病毒特征库、病毒行为知识库、受保护程序存取行为知识库等多个知识库及相应的可变推理机。通过调整推理机,能够对付新类型病毒,误报和漏报较少。这是未来预防病毒技术发展的方向。

（7）安装防毒软件。首次安装时,要对计算机作一次彻底的病毒扫描。每周至少应更新一次病毒定义码或病毒引擎,并定期扫描计算机。防毒软件必须使用正版软件。

2. 计算机病毒的检测

现在几乎所有的杀毒软件都具有在线监测病毒的功能,例如金山网彪的病毒防火墙就能在机器启动时自动加载并动态地监测网络上传输的数据,一旦发现有病毒可疑现象就能马上给出警告和提示信息。

计算机病毒的检测技术是指通过一定的技术手段判定出计算机病毒的一种技术。病毒检测技术主要有两种:一种是根据计算机病毒程序中的关键字、特征程序段内容、病毒特征及传染方式、文件长度的变化,在特征分类的基础上建立的病毒检测技术;另一种是不针对具体病毒程序的自身检验技术,即对某个文件或数据段进行检验和计算并保存其结果,以后定期或不定期地根据保存的结果对该文件或数据段进行检验,若出现差异,即表示该文件或数据段的完整性已遭到破坏,从而检测到病毒的存在。

3. 计算机病毒的清除

一旦检测到计算机病毒,就应该想办法将病毒立即清除,可采取如下治疗方法。

(1) 停止使用机器,用干净启动磁盘启动机器,将所有资料备份;用正版杀毒软件进行杀毒,最好能将杀毒软件升级到最新版。

(2) 如果一个杀毒软件不能杀除,可到网上找一些专业性的杀毒网站下载最新版的其他杀毒软件,进行查杀。

(3) 如果多个杀毒软件均不能杀除,可下载专杀工具或到专门的 BBS 论坛留下帖子,也可将此染毒文件上报杀毒网站,让专业性的网站或杀毒软件公司帮你解决。

(4) 若遇到清除不掉的同种类型的病毒,可到网上下载专杀工具进行杀毒。

(5) 若以上方法均无效,只有格式化磁盘,重装系统。

目前市场上的查杀病毒软件有许多种,可以根据需要选购合适的杀毒软件。下面简要介绍常用的几个查杀病毒软件。

1) 金山毒霸

由金山公司设计开发的金山毒霸杀毒软件有多种版本。可查杀超过 2 万种病毒和近百种黑客程序,具备完善的实时监控(病毒防火墙)功能,它能对多种压缩格式文件进行病毒查杀,能进行在线查毒,具有功能强大的定时自动查杀功能。

2) 瑞星杀毒软件

瑞星杀毒软件是专门针对目前流行的网络病毒研制开发的,采用多项最新技术,有效提升了对未知病毒、变种病毒、黑客木马和恶意网页等新型病毒的查杀能力,在降低系统资源消耗、提升查杀病毒速度、快速智能升级等多方面进行了改进,是保护计算机系统安全的工具软件。

3) 诺顿防毒软件

诺顿防毒软件(Norton Antivirus)是 Symantec 公司设计开发的软件,可侦测上万种已知和未知的病毒。每当开机时,诺顿自动防护系统会常驻在 System Tray,当用户从磁盘、网络上或 E-mail 附件中打开文档时便会自动检测文档的安全性,若文档内含有病毒,便会立即警告,并作适当的处理。Symantec 公司平均每周更新一次病毒库,可通过诺顿防毒软件附有的自动更新(LiveUpdate)功能,连接 Symantec 公司的 FTP 服务器下载最新的病毒库,下载完后自动完成安装更新的工作。

4) 卡巴斯基杀毒软件

卡巴斯基(Kaspersky)杀毒软件来源于俄罗斯,它具有超强的中心管理和杀毒能力,提供了一个广泛的抗病毒解决方案。它提供了所有类型的抗病毒防护:抗病毒扫描仪、监控器、行为阻断和完全检验。它几乎支持所有的普通操作系统、E-mail 通路和防火墙。卡巴斯基控制所有可能的病毒进入端口,它具有强大的功能和局部灵活性以及网络管理工具,为自动信息搜索、中央安装和病毒防护控制提供了最大的便利,可以用最少的时间来建构抗病毒分离墙。

5) 江民杀毒软件

江民杀毒软件由江民科技公司设计开发,能够检测或清除目前流行的近 8 万种病毒;具有实时内存、注册表、文件和邮件监视功能,能实时监控软硬盘、移动盘等设备,实时监控各种网络活动,遇到病毒即报警并隔离。

由于现在的杀毒软件都具有在线监视功能,一般在操作系统启动后即自动装载并运行,可以时刻监视打开的磁盘文件、从网络上下载的文件以及收发的邮件等。有时,在一台计算机上同时安装多个杀毒软件后,使用时可能会有冲突,容易导致原有杀毒软件不能正常工作。对用户来说选择一个合适的杀毒软件主要应该考虑以下几个因素。

- 能够查杀的病毒种类越多越好。
- 对病毒具有免疫功能,即能预防未知病毒。
- 具有在线检测和即时查杀病毒的能力。
- 能不断对杀毒软件进行升级服务,因为每天都可能有新病毒产生,所以杀毒软件必须能够对病毒库不断地进行更新。

1.7 Internet 基础及其应用

1.7.1 计算机网络的基本概念

1. 计算机网络与数据通信

计算机网络是由计算机设备、通信设备、终端设备等网络硬件和软件组成的大的计算机系统。网络中的各个计算机系统具有独立的功能,它们在脱离网络时,仍可单机使用。

所谓计算机网络,是指互联起来的、功能独立的计算机集合。这里的“互联”意味着互相联接的两台或两台以上的计算机能够互相交换信息,达到资源共享的目的。而“功能独立”是指每台计算机的工作是独立的,任何一台计算机都不能干预其他计算机的工作,例如启动、停止等,任意两台计算机之间没有主从关系。

从这个简单的定义可以看出,计算机网络涉及三个方面的问题。

(1) 两台或两台以上的计算机相互联接起来才能构成网络,达到资源共享的目的。

(2) 两台或两台以上的计算机联接,互相通信交换信息,需要有一条通道。这条通道的连接是物理的,由硬件实现,这就是联接介质(有时称为信息传输介质)。它们可以是双绞线、同轴电缆或光纤等“有线”介质;也可以是激光、微波或卫星等“无线”介质。

（3）计算机系统之间的信息交换，必须有某种约定和规则，这就是协议。这些协议可以由硬件或软件来完成。

因此，可以把计算机网络定义为：将地理位置分散的、功能独立的多台计算机系统通过线路和设备互连，以功能完善的网络软件实现网络中资源共享和信息交换的系统。

数据通信是通信技术和计算机技术相结合而产生的一种新的通信方式。要在两地间传输信息必须有传输信道，根据传输媒体的不同，有有线数据通信与无线数据通信之分。但它们都是通过传输信道将数据终端与计算机联结起来，而使不同地点的数据终端实现软、硬件和信息资源的共享。数据通信中常用术语有以下几个。

（1）信道：是信息传输的通道，即信息进行传输时所经过的一条通路，是传输媒质。可分为有线信道和无线信道两类。有线信道包括双绞线、同轴电缆、光纤等；无线信道有地波传播、短波电离层反射、超短波或微波视距中继、人造卫星中继以及各种散射信道等。

（2）数字信号与模拟信号：数字信号是一种离散的脉冲序列，计算机产生的电信号用两种不同的电平表示 0 和 1；模拟信号是一种连续变化的信号，如电话线上传输的按照声音强弱幅度连续变化所产生的电信号。

（3）调制与解调：调制是将数据信息变换成适合于模拟信道上传输的电磁波信号，并将频率限制在模拟信道支持的频率范围内。解调是将从模拟信道上收取的载波信号还原成数字信号。

（4）带宽与传输速率：在模拟信道中，以带宽表示信道传输信息的能力。带宽是以信号的最高频率和最低频率之差表示，即频率的范围。频率是模拟信号波每秒的周期数，用 Hz、kHz、MHz 或 GHz 作为单位。在某一特定带宽的信道中，同一时间内，数据既可以用一种频率传输，也可以用多种不同的频率传输。因此，信道的带宽越宽，其可用的频率就越多，传输的数据量就越大。在数字信道中，用数据传输速率（比特率）表示信道的传输能力，即每秒传输的二进制位数（bps，b/s，比特/秒）。

研究表明，信道的最大传输速率与信道带宽之间存在着明确的关系，所以人们经常用"带宽"来表示信道的数据传输速率。带宽与数据传输速率是通信系统的主要技术指标之一。

（5）误码率：误码率是指二进制码元在数据传输系统中被传错的概率，它在数值上近似等于被传错的码元数/传输的二进制码元总数。在计算机通信网络中要求的误码率低于 10^{-6}。

2. 计算机网络的分类

计算机网络的分类方法很多，可以从不同的角度对计算机网络进行分类。常用的分类方法有按网络覆盖的地理范围分类和按网络的拓扑结构分类。

1）按网络覆盖的地理范围分类

按网络覆盖的地理范围分类是最常用的分类方法，也是我们最熟悉的分类方法。按照网络覆盖的地理范围的大小，可以把计算机网络划分为局域网（Local Area Network，LAN）、城域网（Metropolitan Area Network，MAN）和广域网（World Area Network，WAN）三种类型。

（1）局域网。

局域网我们最常见、应用最广泛的一种网络。随着整个计算机网络技术的发展和提高，局域网得到充分的应用和普及，几乎每个单位都有自己的局域网，甚至有的家庭中都有自己的小型局域网。因此，局域网就是在局部地区范围内使用的网络，它所覆盖的地区范围较小。局域网在计算机数量配置上没有太多的限制，少的可以只有两台，多的可以达到几百台。一般来说，在企业局域网中，工作站的数量在几十到几百台。在网络所涉及的地理距离上一般来说可以是几米至 10 千米以内。

这种网络的特点是：连接范围窄、用户数量少、配置容易、连接速率高。目前局域网最快的速率要算现今的 10G 以太网。IEEE 802 标准委员会定义了多种主要的 LAN：以太网（Ethernet）、令牌环（Token Ring）网、光纤分布式接口（FDDI）网络、异步传输模式（ATM）网以及最新的无线局域网（WLAN）。

（2）城域网。

城城网一般来说是在一个城市，但不在同一地理范围内的计算机互联。这种网络的连接范围可以为 10～100 千米，它采用的是 IEEE 802.6 标准。MAN 与 LAN 相比扩展的距离更长，连接的计算机数量更多，在地理范围上可以说是 LAN 网络的延伸。在一个大型城市或都市地区，一个 MAN 通常连接着多个 LAN。如连接政府机构的 LAN、医院的 LAN、电信的 LAN、公司企业的 LAN 等。由于光纤连接的引入，使 MAN 中调整的 LAN 互联成为可能。

（3）广域网。

广域网也称为远程网，所覆盖的范围比城域网（MAN）更广，它一般是指不同城市之间的 LAN 或者 MAN 互联，地理范围可从几百公里到几千公里。因为距离远，信息衰减比较严重，所以这种网络一般要租用专线，通过 IMP（接口信息处理）协议和线路连接起来，构成网状结构，解决寻径问题。这种广域网所连接的用户数多，总出口带宽有限，所以用户的终端连接速率一般较低，通常为 9.6k～45Mbps，如中国宽带互联网（CHINANET）、中国公用分组交换网（CHINAPAC）和中国公用数字数据网（CHINADDN）。

2）按网络的拓扑结构分类

网络物理连接的构型称为拓扑结构。常见的拓扑结构有星型、总线型、环型、树型等（见图 1-17）。图中的小圆圈又称为节点。在节点处既可以是一台计算机，也可以是另外一个网络。

（1）星型结构。

星型结构是局域网中最常用的物理拓扑结构，它是一种集中控制式的结构。星型结构以一台设备为中央节点，其他外围节点都通过一条点到点的链路单独与中心节点相连，各外围节点之间的通信必须通过中央节点完成。中央节点可以是服务器或专门的网络设备（如集线器、交换机），负责信息的接收和转发。

（2）总线型结构。

总线型结构只用一条电缆，它把网络中的所有计算机连接在一条线上，而不用任何有源电子设备来放大或改变信号。

这种结构的优点是：连接形式简单，易于实现，组网灵活方便，所用的线缆最短，增

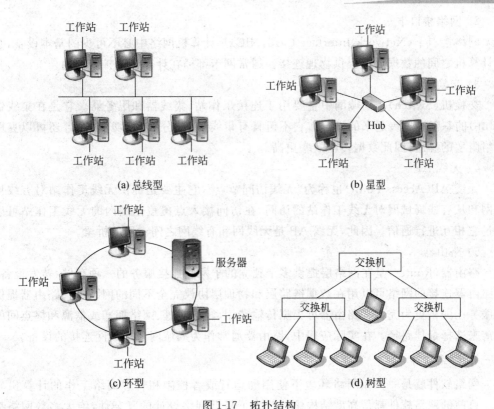

图 1-17 拓扑结构

加、撤销节点比较灵活,个别节点发生故障不影响网络中其他节点的正常工作。

（3）环型结构。

各个节点通过链路连接,在网络中形成一个首尾相接的闭合环路,信息在环中作单向流动,通信线路共享。

这种拓扑结构的优点是:结构简单、容易实现,信息的传输延迟时间固定,且每个节点的通信机会相同。

（4）树型结构。

树型结构可以看作是星型结构的扩展,是一种分层结构,具有根结点和各分支结点。除了叶节点外,所有根节点和子节点都具有转发功能。其结构比星型结构复杂,数据在传输的过程中需要经过多条链路,延迟较大,适用于分级管理和控制的网络系统,是一种广域网或规模较大的快速以太网常用的拓扑结构。

3. 网络硬件

计算机网络由硬件和软件两大部分组成。网络硬件负责数据处理和数据转发,它为数据的传输提供一条可靠的传输通道。常见的网络硬件设备如下。

1）传输介质

网络传输介质是网络中发送方与接收方之间的物理通路,它对网络的数据通信具有一定的影响。常用的传输介质有双绞线、同轴电缆、光纤、无线传输媒介。

2）网络接口卡

网络接口卡（Network Interface Card，NIC）是计算机网络中必不可少的基本设备，它为计算机之间的数据通信提供物理连接。通常网卡都插在计算机的扩展槽内。

3）交换机

交换机（Switch）在局域网中主要用于连接工作站、集线器和服务器。它是在集线器（Hub）的基础上发展起来的，因此，它不但具有集线器的"分线盒"功能，而且还可以克服网络阻塞的弊病，因此数据传输效率更高。

4）无线 AP

无线 AP（Access Point）也称为"无线访问节点"，它主要是提供无线工作站对有线局域网和从有线局域网对无线工作站的访问，在访问接入点覆盖范围内的无线工作站可以通过它相互进行通信。因此，无线 AP 是无线网和有线网之间沟通的桥梁。

5）路由器

路由器（Router）是在网络层提供多个独立的子网间连接服务的一种存储/转发设备。用路由器连接的网络可以用在数据链路层和物理层协议完全不同的网络中。路由器提供的服务比网桥更为完善。路由器可根据传输费用、转接时延、网络拥塞或信源和终点间的距离来选择最佳路径。在实际应用中，路由器通常作为局域网与广域网连接的设备。

4. 网络软件

网络软件就是一种在网络环境下使用和运行或者控制和管理网络工作的计算机软件。目前的网络软件都是高度结构化的。为了降低网络设计的复杂性，绝大多数网络都划分层次，每一层都在其下一层的基础上，每一层都向上一层提供特定的服务。提供网络硬件设备的厂商很多，不同的硬件设备如何统一划分层次，并且能够保证通信双方对数据的传输理解一致，这些就要通过单独的网络软件——协议来实现。

协议由语义、语法和变换规则三部分组成。语义规定通信双方准备"讲什么"，即确定协议元素的种类；语法规定通信双方"如何讲"，确定数据的格式、信号电平；变换规则规定通信双方彼此的"应答关系"。TCP/IP 是当前最流行的商业化协议，被公认为当前的工业标准或事实标准。

TCP/IP 其实是一组协议，它包括许多协议，组成了 TCP/IP 协议簇，如图 1-18 所示。但传输控制协议（TCP）和网际协议（IP）是其中最重要的、确保数据完整传输的两个协议。IP保证数据的传输，TCP 确保数据传输的质量。

1）TCP/IP 的数据链路层

数据链路层不是 TCP/IP 的一部分，但它是 TCP/IP 赖以存在的各种通信网和 TCP/IP之间的接口，这些通信网包括多种广域网

图 1-18　TCP/IP 参考模型

AKPANET 如 ARPANFT、MILNET 和 X. 25 公用数据网，以及各种局域网，如 Ethernet、IEEE 的各种标准局域网等。IP 层提供了专门的功能，解决与各种网络物理地址的转换。

一般情况下,各物理网络可以使用自己的数据链路层协议和物理层协议,不需要在数据链路层上设置专门的 TCP/IP。但是,当使用串行线路连接主机与网络,或连接网络与网络时,例如用户使用电话线和 Modem 接入或两个相距较远的网络通过数据专线互联时,则需要在数据链路层运行专门的 SLIP(Serial Line IP)PPP(Point to Point Protocol)。

2) 网络层

网络层中含有四个重要的协议:互联网协议(IP)、互联网控制报文协议(ICMP)、地址转换协议(ARP)和反向地址转换协议(RARP)。

网络层的功能主要由 IP 来提供。除了提供端到端的分组分发功能外,IP 还提供了很多扩充功能。例如,为了克服数据链路层对帧大小的限制,网络层提供了数据分块和重组功能,这使得很大的 IP 数据包能以较小的分组在网上传输。

网络层的另一个重要服务是在互相独立的局域网上建立互联网络,即网际网。网间的报文来往根据它的目的 IP 地址通过路由器传到另一网络。

3) TCP/IP 传输层

TCP/IP 在这一层提供了两个主要的协议:传输控制协议(TCP)和用户数据协议(UDP),另外还有一些别的协议,例如用于传送数字化语音的 NVP。

4) TCP/IP 应用层

TCP/IP 的上三层与 OSI 参考模型有较大区别,也没有非常明确的层次划分。其中FTP、TELNET、SMTP、DNS 是几个在各种不同机型上广泛实现的协议,TCP/IP 中还定义了许多别的高层协议。

5. 无线局域网

无线局域网(Wireless Local Area Networks,WLAN)利用无线技术在空中传输数据、语音和视频信号。作为传统布线网络的一种替代方案或延伸,无线局域网把个人从办公桌边解放了出来,使他们可以随时随地获取信息,提高了员工的办公效率。此外,WLAN 还有其他一些优点:它能够方便地联网,因为 WLAN 可以便捷、迅速地接纳新加入的用户,而不必对网络的用户管理配置进行过多的变动;WLAN 在有线网络布线困难的地方比较容易实施,使用 WLAN 方案,不必再实施打孔敷线作业,因而不会对建筑设施造成任何损害。

针对无线局域网,美国电气和电子工程师协会(Institute of Electrical and Electronics Engineers,IEEE)制定了一系列无线局域网标准,即 IEEE 802.11 家族,包括 IEEE 802.11a、IEEE 802.11b、IEEE 802.11g 等,IEEE 802.11 现在已经非常普及了。随着协议标准的发展,无线局域网的覆盖范围更广、传输效率更高、安全性与可靠性也大幅提高。

1.7.2　Internet 基础

Internet 作为一种计算机网络通信系统和一个庞大的技术实体,促进了人类社会从工业社会向信息社会的发展。美国联邦网络理事会给出如下定义:Internet 是一个全球性的信息系统;它是基于 Internet 协议(IP)及其补充部分的全球的一个由地址空间逻辑联接而成的信息系统;它通过使用 TCP/IP 组及其补充部分或其他 IP 兼容协议支持通信;它公开或非公开地提供使用或访问存放于通信和相关基础结构的高级别服务。简言之,Internet 是一种以 TCP/IP 为基础的、国际性的计算机互联网络,是世界上规模最大的计算机网络系统,通常称为因特网或国际互联网。

1. Internet 的起源与发展

Internet 的前身是 ARPANET(Advance Research Projects Agency Network),始建于 1969 年。Internet 的第一次快速发展是在 20 世纪 80 年代的中期。当时美国国家科学基金会鼓励各大学与研究机构共享 ARPANET 所连接的四台计算机主机中的信息资源,采用 TCP/IP,于 1986 年建立了 NSFNET(National Science Foundation Network)。在美国国家科学基金会的鼓励与资助下,很多大学和研究机构都纷纷把自己的局域网并入 NSFNET 中。这样 NSFNET 逐渐取代了 ARPANET,成为 Internet 的主干网。

第二次飞跃在于 Internet 的商业化。20 世纪 90 年代以前,Internet 的使用一直仅限于研究与学术领域,商业性机构进入 Internet 一直受到限制。1991 年"商用 Internet 协会"成立,并承诺:他们的 Internet 子网允许工商企业及个人无限制地进行商用 Internet 访问。其后,众多的 Internet 提供商纷纷推出了类似的服务。商业机构的加入促进了 Internet 在通信、信息查询、客户服务等方面的发展,带来了 Internet 发展史上一个新的飞跃。

20 世纪 90 年代初,Internet 进入了全盛的发展时期,发展最快的是欧美地区,其次是亚太地区。我国于 1994 年 4 月正式接入 Internet,从此中国的网络建设进入了大规模发展阶段。到 1996 年年初,中国的 Internet 已经形成了中国科技网(CSTNET)、中国教育和科研计算机网(CERNET)、中国公用计算机互联网(CHINANET)和中国金桥信息网(CHINAGBN)四大具有国际出口的网络体系。

2. TCP/IP 工作原理

TCP/IP 是 Internet 最基本的协议、Internet 国际互联网络的基础,主要由传输层的 TCP 和网络层的 IP 组成。

1) TCP

TCP 提供的是可靠的、面向连接的传输控制协议,即在传输数据前要先建立逻辑连接,然后再传输数据,最后释放连接 3 个过程。TCP 提供端到端、全双工通信;采用字节流方式,如果字节流太长,将其分段;提供紧急数据传送功能。依赖于 TCP 的应用层协议主要是需要大量传输交互式报文的应用,如远程登录协议 Telnet、简单邮件传输协议(SMTP)、文件传输协议(FTP)、超文本传输协议(HTTP)等。

2) IP

IP 称为网际协议,用来给各种不同的局域网和通信子网提供一个统一的互联平台。IP 实现两个基本功能:分段和寻址。

IP 的分段(或重组)功能是靠 IP 数据包头部的一个字段来实现的。网络只能传输一定长度的数据包,而当待传输的数据包超出这一限制时,就需要利用 IP 的分段功能将长的数据报分解为若干较小的数据包。

IP 的寻址功能同样也在 IP 数据包头部实现。数据包头部包含源端地址、目的端地址以及一些其他信息字段,可用于对 IP 数据包进行寻址。

3. Internet IP 地址和域名工作原理

1) IP 地址

IP 地址是一个 32 位的二进制数,由地址类别、网络号和主机号三部分组成,如图 1-19 所示。

图 1-19　IP 地址组成

为了表示方便,国际上通行一种"点分十进制表示法",即将 32 位地址分为 4 段,每段 8 位,组成一个字节,每个字节用一个十进制数表示。每个字节之间用点号(.)分隔。这样,IP 地址就表示成了以点号隔开的四个数字,每组数字的取值范围是 0~255(即一个字节表示的范围),如图 1-19 所示。

IP 地址分为 A、B、C、D 和 E 5 类,详细结构如图 1-20 所示。

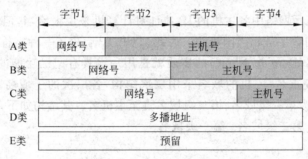

图 1-20　IP 地址的分类

(1) A 类地址。

A 类地址网络号占一个字节,主机号占三个字节,并且第一个字节的最高位为 0,用来表示地址是 A 类地址,因此,A 类地址的网络数为 2^7(128)个,每个网络对应的主机数可达 2^{24}(16 777 216)个,A 类地址的范围是 0.0.0.0~127.255.255.255。

由于网络号全为 0 和全为 1 用于特殊目的,所以 A 类地址有效的网络数为 126 个,其范围是 1~126。另外,主机号全为 0 和全为 1 也有特殊作用,所以每个网络号对应的主机数最多应该是 $2^{24}-2$ 个,即 16 777 214 个。因此,一台主机能使用的 A 类地址的有效范围是 1.0.0.1~126.255.255.254。

(2) B 类地址。

B 类地址网络号、主机号各占两个字节,并且第一个字节的最高两位为 10,用来表示地址是 B 类地址,因此 B 类地址网络数为 2^{14} 个(实际有效的网络数是 $2^{14}-2$ 个),每个网络号所对应的主机数可达 2^{16} 个(实际有效的主机数是 $2^{16}-2$ 个)。B 类地址的范围为

128.0.0.0～191.255.255.255，与 A 类地址类似(网络号和主机号全为 0 和全为 1 有特殊作用)，一台主机能使用的 B 类地址的有效范围是 128.1.0.1～191.254.255.254。

(3) C 类地址。

C 类地址网络号占 3 个字节，主机号占 1 个字节，并且第一个字节的最高三位为 110，用来表示地址是 C 类地址，因此 C 类地址网络数为 2^{21} 个(实际有效的网络数为 $2^{21}-2$)，每个网络号所对应的主机数可达 256 个(实际有效的主机数为 254 个)。C 类地址的范围为 192.0.0.0～223.255.255.255，同样，一台主机能使用的 C 类地址的有效范围是 192.0.1.1～223.255.254.254。

(4) D 类地址。

D 类地址用于多播，多播就是同时把数据发送给一组主机，只有那些已经登记可以接收多播地址的主机，才能接收多播数据包。D 类地址的范围是 224.0.0.0～239.255.255.255。

(5) E 类地址。

E 类地址是为将来预留的，也可用于实验目的，它们不分给主机。

A、B、C 类地址是基本的 Internet 地址，是用户使用的地址，为主类地址。D、E 类地址为次类地址，有特殊用途，是为系统保留的地址。

2) 域名

虽然用数字表示网络中各主机的 IP 地址对计算机来说很恰当，但对于用户来说，记忆一组毫无意义的数字是相当困难的。为此，TCP/IP 引进了一种字符型的主机命名制，这就是域名。域名(Domain Name)的实质就是用一组具有记忆功能的英文简写名代替 IP 地址。为了避免重名，主机的域名采用层次结构，各层次的子域名之间用圆点"."隔开，从右到左分别为第一级域名、第二级域名直至主机名。其结构如下。

主机名.…….第二级域名. 第一级域名

例如，

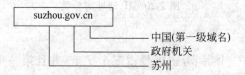

常用的一级子域名的标准代码如表 1-5 所示。

表 1-5　常用一级子域名的标准代码

域名代码	意　　义	域名代码	意　　义
COM	商业组织	NET	主要网络支持中心
EDU	教育机构	ORG	其他组织
GOV	政府机构	INT	国际组织
MIL	军事部门		

域名和 IP 地址都是表示主机的地址，实际上是同一个事物的不同表示。用户可以使

用主机的 IP 地址,也可以使用它的域名。从域名到 IP 地址或者从 IP 地址到域名的转换由域名服务器(Domain Name Server,DNS)完成。

域名系统的提出为用户提供了极大方便,但主机域名不能直接用于 TCP/IP 的路由选择。当用户使用主机域名进行通信时,必须首先将其映射成 IP 地址,这个过程叫域名解析。在 Internet 中,域名服务器中有相应的软件把域名转换成 IP 地址,从而帮助寻找主机域名所对应的 IP 地址。

3)DNS 原理

DNS 是域名系统(Domain Name System)的缩写,该系统用于命名组织到域层次结构中的计算机和网络服务。在 Internet 上域名与 IP 地址是一一对应的,域名虽然便于人们记忆,但机器之间只能识别 IP 地址,域名与 IP 地址之间的转换工作称为域名解析,域名解析需要由专门的域名解析服务器完成,DNS 即为进行域名解析的服务器。

在 Internet 上,一个域名由两台域名服务器提供"权威"性的域名解析。如果是国际域名,域名注册管理机构是 InterNIC(国际互联网信息中心);如果是国内域名,域名注册管理机构是 CNNI(中国互联网信息中心)。域名注册管理机构的数据库的记录最终体现在"根"域名服务器上。

当用户打开浏览器,访问某个站点时,如 www.163.com,用户的计算机需要知道这个站点的 IP 地址。这时用户可以将希望转换的域名放在一个 DNS 请求信息中,并将这个请求发送给 DNS 服务器,DNS 从请求中取出域名,将它转换为对应的 IP 地址,然后在应答信息中将结果地址返回给用户。

4. 接入 Internet

Internet 接入方式通常有专线连接、局域网连接、无线连接和电话拨号连接四种。其中使用 ADSL 方式拨号连接对众多个人用户和小单位来说,是最经济、简单、采用最多的一种接入方式。无线连接也成为当前流行的一种接入方式,给网络用户提供了极大的便利。

1)ADSL

ADSL 的中文名称是非对称数字用户线路,它是一种上、下行不对称的高速数据调制技术,提供下行 6～8Mbps、上行 1Mbps 的上网速率。它以传统用户铜线为传输介质,采用先进的数字调制技术和信号处理技术,在普通电话线上传送电话业务的同时还可以向用户提供高速宽带数据业务和视频服务,使传统电话网络同时具有提供各种综合宽带业务接入 Internet 的能力,在提高性能的同时,充分保护了现有资源。ADSL 连接原理如图 1-21 所示。

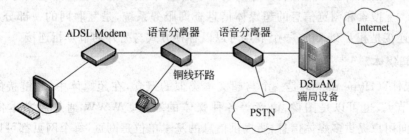

图 1-21 采用 ADSL 连接 Internet

ADSL 接入方式的主要特点如下。

- 提供各种多媒体服务。由于 ADSL 接入方式无可比拟的高下行速率,使得用户可以通过 Internet 享受到各种多媒体服务,如在线电影、网上电视等。
- 使用方便。ADSL 不需要拨号,一直在线,用户只需接上 ADSL 电源便可以享受高速网上冲浪服务了,而且可以同时拨打电话。
- 静态 IP 地址。ADSL 个人用户具有一个固定的静态 IP 地址,可以建立个人主页,无须再申请。

2) ISP

ISP(Internet Service Provider,互联网服务提供商),是向广大用户综合提供互联网接入业务、信息业务和增值业务的电信运营商。ISP 是经国家主管部门批准的正式运营企业,享受国家法律保护。

目前国内提供因特网接入服务的 ISP 比较多,较为有影响几家公司(机构)是:中国电信公司、中国网络通信公司、中国铁通公司、中国联通公司、中国国电科技公司和中国教育网等。

3) 无线连接

无线局域网络(Wireless Local Area Networks,WLAN)是相当便利的数据传输系统,它利用射频(Radio Frequency,RF)技术,取代旧式碍手碍脚的双绞铜线(Coaxial)所构成的局域网络,使得无线局域网络能利用简单的存取架构,让用户透过它达到"信息随身化、便利走天下"的理想境界。

1.7.3　Internet 应用

一旦进入 Internet 世界,你一定会为它所包含的丰富的信息资源和拥有的多种多样的信息交流手段而惊讶!从早期的远程登录访问 Telnet、FTP 文件传输服务、电子邮件 E-mail、网络新闻服务 USENET、电子公告牌 BBS,到目前最流行的万维网 WWW 服务,Internet 提供了形式多样、功能各异的信息服务。

下面介绍几个关于 Internet 的基本概念。

1. 万维网

万维网(World Wide Web,WWW),可以缩写为 W3 或 Web,又称为"全球信息网"、"环球信息网"、"环球网"等。它并不是独立于 Internet 的另一个网络,而是基于"超文本(Hypertext)"技术将许多信息资源连接成一个信息网,由节点和超链接组成的、方便用户在 Internet 上搜索和浏览信息的超媒体信息查询服务系统,是互联网的一部分。WWW 中节点的连接是相互交叉的,一个节点可以以各种方式与另外的节点相连接。

2. "超媒体"

"超媒体"(Hypermedia)是一个与超文本类似的概念,在超媒体中,超链接的两端可以是文本节点,也可以是图像、语音等各种媒体的数据。WWW 通过超文本传输协议(HTTP)向用户提供多媒体信息,所提供信息的基本单位是网页,每个网页都可以包含文字、图像、动画、声音、3D(三维)世界等多种信息。

3. URL

URL(Uniform Resource Locator,统一资源定位器)是用于完整描述 Internet 上网页和其他资源的地址的一种标识方法。Internet 上的每一个网页都具有一个唯一的名称标识,通常称之为 URL 地址,这种地址可以是本地磁盘,也可以是局域网上的某台计算机,更多的是 Internet 上的站点。简单地说,URL 就是 Web 地址,俗称"网址"。

URL 由三部分组成:协议类型、主机名和路径及文件名。协议就是指定使用的传输协议,如 HTTP、FTP 等;主机名是指存放资源的服务器的域名系统主机名或 IP 地址;路径及文件名是用路径的形式表示 Web 页在主机中的具体位置(如文件夹、文件名等)。如 http://www.jseti.edu.cn/s/21/t/50/a/31370/info.jspy 就是一个 Web 页的 URL,其中,使用的协议是 HTTP,资源所在主机的域名是 www.jseti.edu.cn,要访问的文件具体位置在文件夹 s/21/t/50/a/31370 下,文件名是 info.jspy。

4. 浏览器

浏览器是指可以显示网页服务器或者文件系统的 HTML 文件内容,并让用户与这些文件交互的一种软件。网页浏览器主要通过 HTTP 与网页服务器交互并获取网页,这些网页由 URL 指定,文件格式通常为 HTML,并由 MIME 在 HTTP 中指明。一个网页中可以包括多个文档,每个文档都是分别从服务器获取的。大部分的浏览器本身支持除了 HTML 之外的广泛的格式,例如 JPEG、PNG、GIF 等图像格式,并且能够扩展支持众多的插件(plug-ins)。另外,许多浏览器还支持其他的 URL 类型及其相应的协议,如 FTP、Gopher、HTTPS(HTTP 的加密版本)。HTTP 内容类型和 URL 协议规范允许网页设计者在网页中嵌入图像、动画、视频、声音、流媒体等。个人计算机上常见的网页浏览器包括微软的 Internet Explorer、Mozilla 的 Firefox、Apple 的 Safari、Opera、Google Chrome、GreenBrowser、360 安全浏览器、搜狗高速浏览器、腾讯 TT、傲游浏览器、百度浏览器、腾讯 QQ 浏览器等,浏览器是经常会用到的客户端程序。

5. FTP

FTP(File Transfer Protocol,文件传输协议)使得主机间可以共享文件。FTP 使用 TCP 生成一个虚拟连接用于控制信息,然后再生成一个单独的 TCP 连接用于数据传输。控制连接使用类似 TELNET 的协议在主机间交换命令和消息。FTP 是 TCP/IP 网络上两台计算机传送文件的协议,是在 TCP/IP 网络和 Internet 上最早使用的协议之一,它属于网络协议组的应用层。

通常所说的 FTP 实际上是一套文件传输服务软件,它以文件传输为界面,使用简单的 get 或 put 命令进行文件下载或上传,如同在 Internet 上执行文件复制命令一样。大多数 FTP 服务器主机系统采用 UNIX 操作系统,但普通用户通过 Windows 2008 或 Windows 7 等也能方便地使用 FTP。

1.7.4 用 IE 浏览网页

IE 是 Microsoft 公司的一款浏览器,比较常用,是一个把在互联网上找到的文本文档

（和其他类型的文件）翻译成网页的工具。网页可以包含图形、音频和视频，还有文本。由此可见，浏览器的主要作用是接受客户的请求并进行相应的操作，以跳转到相应的网站获取网页并显示出来。其实浏览器就是一个应用软件，就像一个字处理程序一样（如Microsoft Word）。同时，浏览器有很多种类，我们以 Microsoft 公司的 Internet Explorer 7.0（简称为 IE 7.0）为例来介绍。

1. 启动 IE

启动 IE 有以下两种方法。

- 双击桌面上的 IE 快捷方式图标，如图 1-22（a）所示。
- 选择"开始"|"所有程序"|Internet Explorer 命令，即可启动 IE 浏览器，如图 1-22（b）所示。

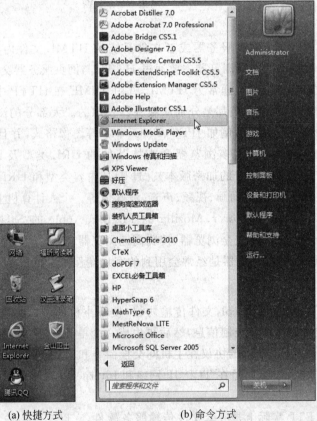

(a) 快捷方式   (b) 命令方式

图 1-22   IE 的启动方法

2. 认识 IE 窗口

IE 窗口大体上可以分为标题栏、菜单栏、地址栏、工具栏和状态栏几部分，如图 1-23所示。

图 1-23　IE 窗口

3. 浏览网页

1) 通过地址栏浏览

如图 1-24 所示,在地址栏中输入需要浏览的网站的网址,然后按 Enter 键即可。

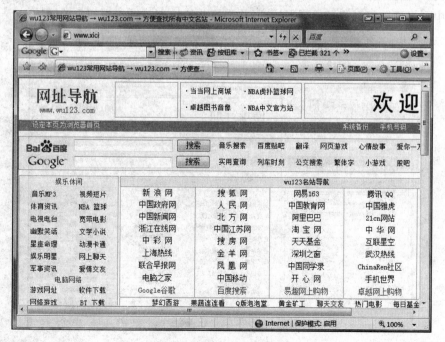

图 1-24　通过地址栏浏览网页

2）通过地址栏浏览

如图 1-25 所示，单击地址栏右侧的下拉按钮![]，可以看到经常浏览的网站的地址，通过单击这些地址也可链接到相应的网站。

图 1-25　通过地址栏浏览网页

3）通过历史记录栏浏览

单击工具栏上的"历史"按钮![]，在浏览器页面的左侧出现如图 1-26 所示的地址列表框，其中列出了曾经浏览过的网页地址，单击这些地址即可链接到相应的网站。

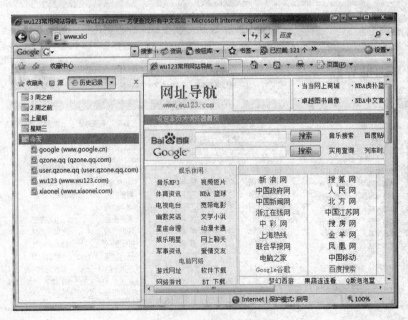

图 1-26　通过历史记录栏浏览网页

4）通过网站页面的链接浏览

在一些网站，也可以通过网站中的超链接链接到目标网站进行浏览。一般在鼠标指针碰到有超链接的项目时，超链接的文字等会有颜色的变化，如图 1-27 所示。

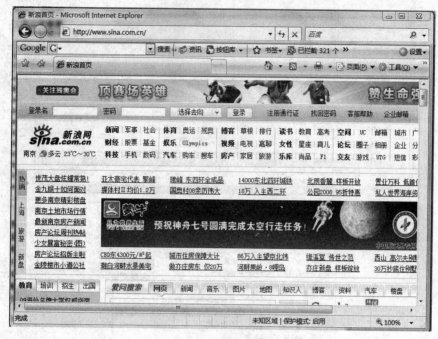

图 1-27　通过页面链接浏览网页

4. 保存网页信息

保存网页内容的操作步骤如下。

（1）单击"工具"按钮，在下拉菜单中依次选择"文件"｜"另存为"命令。

（2）在弹出的"保存网页"对话框中选择准备用于保存网页的文件夹。在"文件名"文本框中输入该页的名称，如图 1-28 所示。

（3）在"保存类型"下拉列表框中选择保存类型。

（4）单击"保存"按钮。

如果想直接保存网页中超链接指向的网页或图像，而不打开并显示，可进行如下操作。

（1）右击所需项目的链接。

（2）在弹出的快捷菜单中选择"目标另存为"命令，如图 1-29 所示，弹出 Windows 保存文件标准对话框。

（3）在"保存文件"对话框中选择准备保存网页的文件夹，在"文件名"文本框中输入名称，然后单击"保存"按钮。

5. 将网页添加到收藏夹

对于常用网站，可以通过收藏网址来达到方便上网的目的。例如我们将新浪网加入

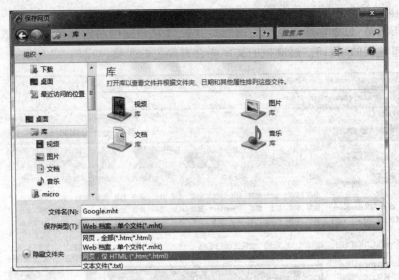

图 1-28 "保存网页"对话框

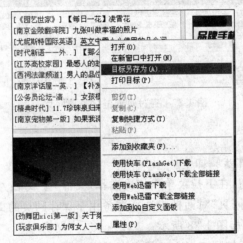

图 1-29 选择命令

到收藏夹中。首先打开新浪网网站,单击工具栏上的"收藏夹"按钮 ☆收藏夹 ,在浏览器的左侧会出现收藏夹,如图 1-30 所示;单击左上角的"添加到收藏夹"按钮,出现如图 1-31 所示的对话框;单击"添加"按钮,即可收藏此网页。单击收藏夹中的网址即可浏览相关网页,不必每次都输入网址。

1.7.5 电子邮件

电子邮件(E-mail)是目前 Internet 上使用最频繁的服务之一,它为 Internet 用户之间发送和接收信息提供了一种快捷、廉价的通信手段,特别是在国际之间的交流中发挥着重要的作用。

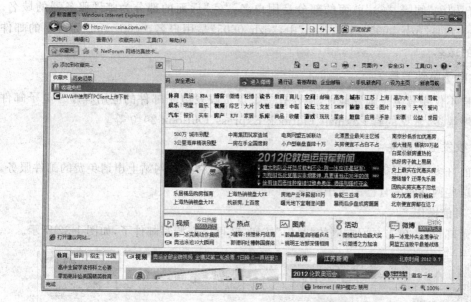

图 1-30 收藏夹

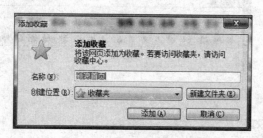

图 1-31 "添加收藏"对话框

1. 电子邮件定义

电子邮件简称 E-mail,它是利用计算机网络与其他用户进行联系的一种快速、简便、高效、价廉的现代化通信手段。电子邮件与传统邮件大同小异,只要通信双方都有电子邮件地址即可以电子传播为媒介,交互邮件。可见电子邮件是以电子方式发送传递的邮件。

2. 电子邮件协议

Internet 上电子邮件系统采用客户机/服务器模式,信件的传输通过相应的软件来实现,这些软件要遵循有关的邮件传输协议。传送电子邮件时使用的协议有 SMTP(Simple Mail Transport Protocol)和 POP(Post Office Protocol),其中 SMTP 用于电子邮件发送服务,POP 用于电子邮件接收服务。当然,还有其他的通信协议,在功能上它们与上述协议是相同的。

3. 电子邮件地址

用户在 Internet 上收发电子邮件,必须拥有一个电子信箱(Mailbox),每个电子信箱有一个唯一的地址,通常称为电子邮件地址(E-mail Address)。E-mail 地址由两部分组成,以符号"@"间隔,"@"前面的部分是用户名,"@"后面的部分为邮件服务器的域名。如 E-mail 地址"qzh_0605@163.com"中,"qzh_0605"是用户名,"163.com"为网易的邮件服务器的域名。

4. 电子邮件工具

用户不仅要有电子邮件地址,还要有一个负责收发电子邮件的应用程序。电子邮件应用程序很多,常见的有 Foxmail、Outlook Express、Outlook 2010 等。

5. 收发电子邮件

目前许多网站都提供免费的邮件服务,用户可以在这些网站上申请免费的邮件服务,并通过这些网站收发自己的电子邮件。

1) 写信操作

登录邮箱后,单击页面左侧的"写信"按钮,就可以开始写邮件了,如图 1-32 所示。

图 1-32　写信操作

2) 收信操作

登录邮箱后,单击页面左侧的"收信"按钮,就可以打开收件箱,查看收到的邮件。单击邮件发件人或者邮件主题,打开读信界面后,会出现该信的正文、主题、发件人、收件人地址以及发送时间。如有附件也会在正文上方出现,既可以在浏览器中打开附件,也可以下载到本地文件夹中,如图 1-33 所示。

3) 删除邮件

选中要删除的邮件,单击页面上方的"删除"按钮,邮件即可删除到"已删除"文件夹中。若要删除"已删除"文件夹中的邮件,应打开"已删除"文件夹,选择需要彻底删除的邮件,单击"彻底删除"按钮完成;单击"清空"按钮将彻底删除"已删除"文件夹中的全部邮件。若要将收件箱中的邮件直接删除,而不通过删除到"已删除"文件夹的中间过程,只需选择要删除的邮件,直接单击页面上方"删除"下拉列表中的"直接删除"选项即可。

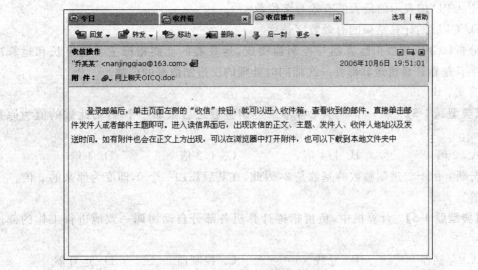

图 1-33 收信操作

1.8 典型题详解

【典型题 1-1】 用高级程序设计语言编写的程序( )。

A. 计算机能直接执行　　　　　　B. 具有良好的可读性和可移植性

C. 执行效率高　　　　　　　　　D. 依赖于具体机器

分析：高级语言是最接近人类自然语言和数学公式的程序设计语言，它基本脱离了硬件系统，具有良好的可读性和可移植性。但是，用高级语言编写的源程序在计算机中是不能直接执行的，必须翻译成机器语言程，因此执行效率不高。

答案：B

【典型题 1-2】 下列各组软件中，属于应用软件的一组是( )。

A. Windows XP 和管理信息系统　　B. Office 2003 和军事指挥程序

C. UNIX 和文字处理程序　　　　　D. Linux 和视频播放系统

分析：Windows、UNIX、Linux 都是操作系统，属于系统软件。

答案：B

【典型题 1-3】 下列设备中，可以作为微机输入设备的是( )。

A. 绘图仪　　　　B. 打印机　　　　C. 显示器　　　　D. 鼠标器

分析：绘图仪、打印机、显示器都是输出设备，常见的输入设备有鼠标器、键盘、扫描仪、触摸屏、手写笔、摄像头、语音输入装置（麦克风）等。

答案：D

【典型题 1-4】 字长是 CPU 的主要技术性能指标之一，它表示的是( )。

A. CPU 能表示的十进制整数的位数

B. CPU 一次能处理的二进制数据位数

C. CPU 能表示的最大的有效数字位数

D. CPU 的计算结果的有效数字长度

分析：CPU 主要由运算器与控制器构成，运算器的性能指标主要有字长和运算速度。字长是指计算机运算部件一次能同时处理的二进制数据的位数。

答案：B

【典型题 1-5】 在一个非零无符号二进制整数之后添加一个 0，则此数的值为原数的（ 　 ）。

A. 2 倍　　　　　　B. 1/4 倍　　　　　　C. 1/2 倍　　　　　　D. 4 倍

分析：由于二进制整数的基数是 2，因此，在其后添加一个 0，即变为原来的 2 倍。

答案：A

【典型题 1-6】 计算机中，负责指挥计算机各部分自动协调一致地进行工作的部件是（ 　 ）。

A. 存储器　　　　B. 总线　　　　　　C. 控制器　　　　　D. 运算器

分析：存储器是存储程序和数据的部件，它可以自动完成程序或数据的存取。

总线是系统部件之间传送信息的公共通道，各部件由总线连接并通过它传递数据信号和控制信号。

控制器（CU）是计算机的心脏，由它指挥计算机各个部件自动、协调工作。

运算器（ALU）的主要功能是对二进制数码进行算术运算或逻辑运算。

答案：C

【典型题 1-7】 下列的英文缩写和中文名字的对照中，正确的是（ 　 ）。

A. CAD——计算机辅助设计　　　　B. CAM——计算机辅助教育

C. CICIMS——计算机集成管理系统　　D. CAI——计算机辅助制造

分析：CAD——计算机辅助设计，CAM——计算机辅助制造，CIMS——计算机集成制造系统，CAI——计算机辅助教学。

答案：A

【典型题 1-8】 用来存储当前正在运行的应用程序和其相应数据的存储器是（ 　 ）。

A. RAM　　　　　B. 硬盘　　　　　　C. ROM　　　　　　D. CD-ROM

分析：RAM 是与 CPU 直接交换数据的内部存储器，通常作为操作系统或其他正在运行的应用程序的临时数据存储媒介。

答案：A

【典型题 1-9】 在 Internet 上浏览时，浏览器和 WWW 服务器之间传输网页使用的协议是（ 　 ）。

A. IP　　　　　　B. FTP　　　　　　C. SMTP　　　　　D. HTTP

分析：在 Internet 上浏览时，使用的是 TCP/IP 协议集，其中 IP 是网络层协议、TCP 是传输层协议。应用层的协议有 FTP（文件传输协议）、Telnet（远程登录协议）、SMTP（简单邮件传送协议）、SNMP（简单网络管理协议）、HTTP（超文本传输协议）。

答案：D

【典型题 1-10】 根据域名代码规定,表示政府部门网站的域名代码是( )。

A. .org B. .com C. .gov D. .net

分析:.org 代表其他组织,.com 代表商业组织,.gov 代表政府机关、.net 代表国际组织。

答案:C

【典型题 1-11】 若要将计算机与局域网连接,至少需要具有的硬件是( )。

A. 集线器 B. 网关 C. 网卡 D. 路由器

分析:网卡是构成网络所必需的基本设备,用于将计算机和通信电缆连接起来,以便使电缆在计算机中进行高速数据传输,因此,每台连到局域网的计算机都要安装一块网卡。

答案:C

1.9 习 题

一、选择题

1. 下列选项属于"计算机安全设置"的是( )。

   A. 定期备份重要数据 B. 不下载来路不明的软件及程序

   C. 停掉 Guest 账号 D. 安装杀(防)毒软件

2. 一个完整的计算机系统的组成部分的确切提法应该是( )。

   A. 计算机主机、键盘、显示器和软件 B. 计算机硬件和应用软件

   C. 计算机硬件和系统软件 D. 计算机硬件和软件

3. 下列关于 ASCII 编码的叙述中,正确的是( )。

   A. 一个字符的标准 ASCII 码占一个字节,其最高二进制位总为 1

   B. 所有大写英文字母的 ASCII 码值都小于小写英文字母'a'的 ASCII 码值

   C. 所有大写英文字母的 ASCII 码值都大于小写英文字母'a'的 ASCII 码值

   D. 标准 ASCII 码表有 256 个不同的字符编码

4. CPU 主要技术性能指标有( )。

   A. 字长、主频和运算速度 B. 可靠性和精度

   C. 耗电量和效率 D. 冷却效率

5. 计算机系统软件中,最基本、最核心的软件是( )。

   A. 操作系统 B. 数据库管理系统

   C. 程序语言处理系统 D. 系统维护工具

6. 下列设备组中,完全属于计算机输出设备的一组是( )。

   A. 喷墨打印机,显示器,键盘 B. 激光打印机,键盘,鼠标器

   C. 键盘,鼠标器,扫描仪 D. 打印机,绘图仪,显示器

7. 按电子计算机传统的分代方法,第一代至第四代计算机依次是( )。

   A. 机械计算机,电子管计算机,晶体管计算机,集成电路计算机

   B. 晶体管计算机,集成电路计算机,大规模集成电路计算机,光器件计算机

    C. 电子管计算机,晶体管计算机,小、中规模集成电路计算机,大规模和超大规模
       集成电路计算机

    D. 手摇机械计算机,电动机械计算机,电子管计算机,晶体管计算机

8. 计算机操作系统通常具有的五大功能是( )。

    A. CPU 管理、显示器管理、键盘管理、打印机管理和鼠标器管理

    B. 硬盘管理、U 盘管理、CPU 的管理、显示器管理和键盘管理

    C. 处理器(CPU)管理、存储管理、文件管理、设备管理和作业管理

    D. 启动、打印、显示、文件存取和关机

9. 下列叙述中,正确的是( )。

    A. 计算机病毒只在可执行文件中传染,不执行的文件不会传染

    B. 计算机病毒主要通过读/写移动存储器或 Internet 网络进行传播

    C. 只要删除所有感染了病毒的文件就可以彻底消除病毒

    D. 计算机杀病毒软件可以查出和清除任意已知的和未知的计算机病毒

10. 下列各类计算机程序语言中,不属于高级程序设计语言的是( )。

    A. Visual Basic 语言   B. FORTAN 语言

    C. C++语言   D. 汇编语言

11. 下列各选项中,不属于 Internet 应用的是( )。

    A. 新闻组   B. 远程登录   C. 网络协议   D. 搜索引擎

12. 在计算机中,每个存储单元都有一个连续的编号,此编号称为( )。

    A. 地址   B. 位置号   C. 门牌号   D. 房号

13. 下列关于指令系统的描述,正确的是( )。

    A. 指令由操作码和控制码两部分组成

    B. 指令的地址码部分可能是操作数,也可能是操作数的内存单元地址

    C. 指令的地址码部分是不可缺少的

    D. 指令的操作码部分描述了完成指令所需要的操作数类型

14. 下列关于指令系统的描述,正确的是( )。

    A. 指令由操作码和控制码两部分组成

    B. 指令的地址码部分可能是操作数,也可能是操作数的内存单元地址

    C. 指令的地址码部分是不可缺少的

    D. 指令的操作码部分描述了完成指令所需要的操作数类型

第 2 章　利用 Word 2010 高效创建电子文档

Word 2010 是微软公司推出的一款功能强大的文字处理软件，是集成办公软件 Microsoft Office 2010 中的重要成员。Word 2010 界面友好，工具丰富多彩，操作一目了然，除了具有文字格式设置、段落格式设置、文字排版、表格处理、图文等功能外，还能方便快捷地进行屏幕截图和简单抠图、编辑和发送电子邮件，甚至可以编辑和发布个人博客。Word 2010 已被广泛应用于各种办公文档的处理，是目前世界上最优秀、最流行的图片、文字和表格处理软件之一。

知识要点

1. 文档的创建与格式编辑
2. 长文档编辑与管理
3. 文档的修订与共享
4. 文档中表格的制作与编辑
5. 文档中图形、图像等对象的编辑和处理
6. 利用邮件合并功能批量制作和处理文档

2.1　文档的创建与编辑

Word 是 Office 套件的核心应用程序之一，是最流行的字处理程序，为用户提供了许多易于使用的文档创建工具，也提供了丰富的功能供创建复杂的文档使用，使简单的文档变得比只使用纯文本更具有吸引力。

2.1.1　文档的创建

1. 创建空白的新文档

如果 Word 应用程序还未打开，则此时创建空白的新文档的步骤如下。

（1）单击 Windows 任务栏中"开始"按钮，执行"所有程序"命令。

（2）在展开的程序列表中，执行 Microsoft Office | Microsoft Word 2010 命令，启动 Word 2010 应用程序。

（3）此时，系统会自动创建一个基于 Normal 模板的空白文档，可以直接在空白文档

中输入并编辑内容。

提示：如果最近使用过 Word 2010 应用程序，则单击 Windows 任务栏中的"开始"按钮，即可找到 Microsoft Word 2010 命令。

如果已经启动了 Word 2010 应用程序，则可以通过如下步骤创建空白文档。

（1）单击"文件"选项卡中的"新建"命令。

（2）在"可用模板"的"主页"区中选择"空白文档"模板，如图 2-1 所示。

图 2-1　创建空白文档

（3）单击"创建"按钮，即可创建一个新的空白文档。

2. 利用模板创建新文档

使用模板可以快速创建外观精美、格式专业的文档。Word 2010 提供了许多模板，可以根据具体应用的需要选用不同的模板。

利用模板创建新文档的操作步骤如下。

（1）启动 Word 2010 应用程序。

（2）单击"文件"选项卡中的"新建"命令。

（3）在"可用模板"的"主页"区中可选择"博客文章"、"书法字帖"等。若选择"样本模板"，则打开本地计算机中已经安装的 Word 模板类型，在左侧窗格中选择需要的模板后，在右侧窗格中即可预览文档外观，如图 2-2 所示。

（4）单击"创建"按钮，即可创建一个带有格式的新文档。

提示：若选择"office.com 模板"，则需要通过 Internet 进入微软公司的网站，在网上模板库中挑选。

2.1.2　工作窗口的组成

Word 2010 取消了传统的菜单操作方式，取而代之的是功能区和选项卡。Word

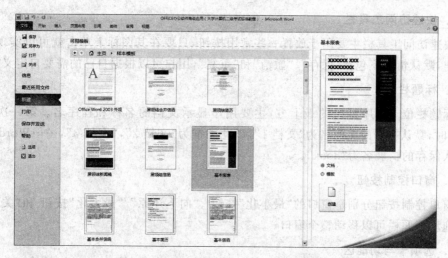

图 2-2　通过本地计算机上的模板创建文档

2010 具有非常人性化的操作界面，使用起来很方便。启动 Word 2010 后出现的是它的标准界面，如图 2-3 所示。

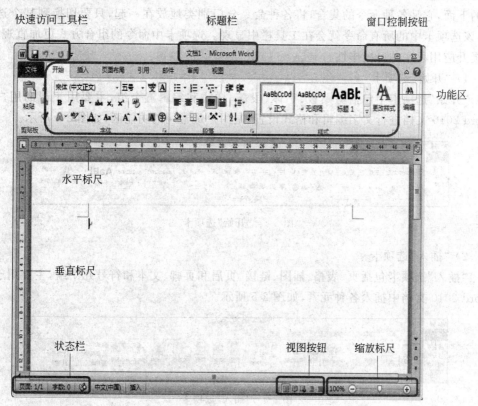

图 2-3　Word 2010 工作窗口

下面简单介绍 Word 文档窗口中各组成部分及其功能。

1. 快速访问工具栏

快速访问工具栏主要用于放置一些常用按钮，只要在其图标上单击就可以实现相应的操作，默认情况下包括"保存"、"撤销"和"重复"，用户可以根据自己的需要自定义添加。

2. 标题栏

标题栏位于程序窗口的最上方，主要用于显示文档的名称和程序名。第一次打开Word时，默认打开的文档名为"文档 1"，以此类推为"文档 2"，"文档 3"，……Word 2010的默认保存的扩展名为"docx"。

3. 窗口控制按钮

窗口控制按钮分别是窗口的"最小化"按钮 、"向下还原"/"最大化"按钮 和"关闭"按钮。拖动标题栏可以移动整个窗口。

4. 选项卡与功能区

在 Word 2010 中，传统的菜单和工具栏已经被功能区所替代。功能区是窗口上方看起来像菜单的名称其实是功能区的名称，当单击这些名称时并不会打开菜单，而是切换到与之相对应的功能区面板，每个功能区根据功能的不同又分为若干个组，选项卡位于标题栏的下面，它是各种命令的集合，将各种命令分门别类地放在一起，只要切换到某个选项卡，该选项卡中的所有命令就会在工具栏中显现。选项卡中命令的组合方式更加直观，大大提升应用程序的可操作性。

1）"开始"选项卡

"开始"选项卡中包括剪贴板、字体、段落、样式和编辑五个组，主要用于帮助用户对Word 2010 文档进行文字编辑和格式设置，是用户最常用的功能区，如图 2-4 所示。

图 2-4 "开始"选项卡

2）"插入"选项卡

"插入"选项卡包括页、表格、插图、链接、页眉和页脚、文本和符号几个组，主要用于在Word 2010 文档中插入各种元素，如图 2-5 所示。

图 2-5 "插入"选项卡

3）"页面布局"选项卡

"页面布局"选项卡包括主题、页面设置、稿纸、页面背景、段落和排列几个组，用于帮助用户设置 Word 2010 文档页面样式,如图 2-6 所示。

图 2-6　"页面布局"选项卡

4)"引用"选项卡

"引用"选项卡包括目录、脚注、引文与书目、题注、索引和引文目录几个组,用于实现在 Word 2010 文档中插入目录等比较高级的功能,如图 2-7 所示。

图 2-7　"引用"选项卡

5)"邮件"选项卡

"邮件"选项卡包括创建、开始邮件合并、编写和插入域、预览结果和完成几个组,作用比较专一,专门用于在 Word 2010 文档中进行邮件合并方面的操作,如图 2-8 所示。

图 2-8　"邮件"选项卡

6)"审阅"选项卡

"审阅"选项卡包括校对、语言、中文简繁转换、批注、修订、更改、比较和保护几个组,主要用于对 Word 2010 文档进行校对和修订等操作,适用于多人协作处理 Word 2010 长文档,如图 2-9 所示。

图 2-9　"审阅"选项卡

7)"视图"选项卡

"视图"选项卡包括文档视图、显示、显示比例、窗口和宏几个组,主要用于帮助用户设置 Word 2010 操作窗口的视图类型,以方便操作,如图 2-10 所示。

选项卡和功能区显示的内容并不是一成不变的,Office 2010 会根据应用程序窗口的宽度自动调整显示的内容,当窗口较窄时,一些图标会相对缩小以节省空间,如果窗口进

图 2-10 "视图"选项卡

一步变窄,某些命令分组就会只显示图标。

5. 状态栏

在窗口的最下边是状态栏,用于表明当前光标所在页面,文档字数总和,Word 2010下一步准备要做的工作和当前的工作状态等,右边还有视图按钮、显示比例按钮等。

6. 帮助按钮

单击"帮助"按钮,可以打开"Word 帮助"窗口,其中列出了一些帮助的内容,如图 2-11所示。可以在"搜索"文本框中输入要搜索的内容,然后单击"搜索"按钮,向 Word 2010寻求帮助。

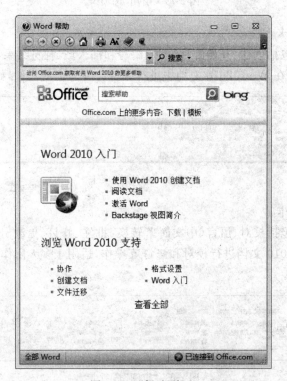

图 2-11 "帮助"窗口

7. 视图按钮

所谓"视图",简单地说就是查看文档的方式。同一个文档可以在不同的视图下查看,虽然文档的显示方式不同,但是文档的内容是不变的。Word 有五种视图:Web 版式视图、页面视图、大纲视图、阅读版式和草稿视图,可以根据对文档的操作需求不同采用不同的视图。视图之间的切换可以使用"视图"选项卡中的"文档视图"组中的按钮来实现,但更简洁的方法是使用状态栏左端的视图切换按钮。

1) Web 版式视图

使用 Web 版式视图,无须离开 Word 即可查看 Web 页在 Web 浏览器中的效果。

2) 页面视图

页面视图主要用于版面设计,页面视图显示所得文档的每一页面都与打印所得的页面相同,即"所见即所得"。在页面视图下可以像在普通视图下一样输入、编辑和排版文档,也可以处理页边距、文本框、分栏、页眉和页脚、图片和图形等。但在页面视图下占有计算机资源相应较多,使处理速度变慢。

3) 大纲视图

大纲视图适合于编辑文档的大纲,以便能审阅和修改文档的结构。在大纲视图中,可以折叠文档以便只查看到某一级的标题或子标题,也可以展开文档查看整个文档的内容。在大纲视图下,"大纲"工具栏替代了水平标尺。使用"大纲"工具栏中的相应按钮可以容易地"折叠"或"展开"文档,对大纲中各级标题进行"上移"或"下移"、"提升"或"降低"等调整文档结构的操作。

4) 阅读版式视图

阅读版式将原来的文章编辑区缩小,而文字大小保持不变。如果字数多,它会自动分成多屏。在该视图下同样可以进行文字的编辑工作,视觉效果好,眼睛不会感到疲劳。阅读版式视图的目标是增加可读性,可以方便地增大或减小文本显示区域的尺寸,而不会影响文档中的字体大小。想要停止阅读文档时,单击"阅读版式"工具栏上的"关闭"按钮或按 Esc 或 Alt+C,可以从阅读版式视图切换回来。如果要修改文档,只需在阅读时简单地编辑文本,而不必从阅读版式视图切换出来。

5) 草稿视图

在草稿视图下不能显示绘制的图形、页眉、页脚、分栏等效果,所以一般利用普通视图进行最基本的文字处理,工作速度较快。

2.1.3　文本的编辑

新建一个空白文档后,就可输入文本了。在窗口工作区的左上角有一个闪烁着的黑色竖条"|"称为插入点,它表明输入字符将出现的位置。输入文本时,插入点自动后移。若需要进入一个新段落,直接按键盘上回车键就新起一段。Word 有自动换行的功能,当输入到每行的末尾时不必按 Enter 键,Word 就会自动换行。

1. 输入和删除文本

1) 输入文本

输入文本是 Word 中的一项基本操作。当新建一个 Word 文档后,在文档的开始位置将出现一个闪烁的光标,称为插入点,在 Word 中输入的文本都会在插入点后出现。在定位了插入点的位置后,选择一种输入法即可开始文本的输入。

文本的输入模式可以分为两种:插入模式和改写模式。在 Word 2010 中,默认的文本输入模式为插入模式。在插入模式下,用户输入的文本将在插入点的左侧出现,而插入点右侧的文本将依次向后顺延;在改写模式下,用户输入的文本将依次替换输入点右侧的文本。

2) 删除文本

删除一个字符或汉字的最简单的方法是:将插入点移到此字符或汉字的左边,然后按 Delete 键可逐字删除;或者将插入点移到此字符或汉字的右边,然后按 Backspace 键可逐字删除。

删除几行或一大块文本:首先选定要删除的该块文本,然后按 Delete 键。

如果删除之后想恢复所删除的文本,那么只要单击"快速访问工具栏"的撤销按钮 🔄 即可。

2. 移动和复制文本

1) 用剪贴板移动和复制文本

移动文本和复制文本的操作步骤基本相同,下面仅介绍复制文本的操作步骤,要移动文本,只需将以下步骤中的"复制"变成"剪切"即可。利用 Office 剪贴板复制文本的操作步骤如下。

(1) 选中要复制的文本内容;

(2) 切换到"开始"选项卡下的"剪贴板"组,单击"复制"按钮,如图 2-12 所示,或者在所选文本上右击,在弹出的快捷菜单中选择"复制"命令;

(3) 移动插入符移至要插入文本的新位置;

(4) 选择"开始"选项卡,在"剪贴板"组中单击"粘贴"按钮,或单击鼠标右键,在弹出的快捷菜单中选择"粘贴"命令,可将刚刚复制到剪贴板上的内容粘贴到插入符所在的位置。

图 2-12   "剪贴板"组

重复步骤(4)的操作,可以在多个地方粘贴同样的文本。

2) 用鼠标拖动实现移动文本和复制文本

当用户在同一个文档中进行短距离的文本复制或移动时,可使用拖动的方法。由于使用拖动方法复制或移动文本时不经过"剪贴板",因此,这种方法要比通过剪贴板交换数据简单一些。用拖动鼠标的方法移动或复制文本的操作步骤如下。

(1) 选择需要移动或复制的文本;

(2) 鼠标指针移到选中的文本内容上,鼠标指针变成 ▷ 形状;

(3) 按住鼠标左键拖动文本,如果把选中的内容拖到窗口的顶部或底部,Word 将自动向上或向下滚动文档,将其拖动到合适的位置上后释放鼠标,即可将文本移动到新的位置;

(4) 如果需要复制文本,在按住 Ctrl 键的同时单击鼠标左键并拖动鼠标,将其拖到合适的位置上后松开鼠标,即可复制所选的文本。

3. 插入符号

如果需要输入符号,可以切换到"插入"选项卡,在"符号"组内单击"公式"、"符号"或"编号"按钮,可输入运算公式、符号、特殊编号等。也可以单击"符号"组中的"符号"按钮后,执行"其他符号"命令,在弹出的"符号"对话框选择"特殊字符"选项卡,可输入更多的特殊符号。

把光标定位在要插入处,切换到"插入"选项卡,在"符号"组内单击"符号"按钮,选中"其他符号"按钮,如图 2-13 所示,在弹出的"符号"对话框选择"✿"符号即可,保存。

4. 插入日期和时间

把光标定位在要插入处,切换到"插入"选项卡,在"文本"组内单击"日期和时间"按钮,如图 2-14 所示,在弹出的对话框中选中相应的日期格式即可,用原文件名保存该文档。

图 2-13 "其他符号"对话框

插入日期和时间

图 2-14 "日期和时间"按钮

5. 插入脚注和尾注

脚注和尾注是对文档中的引用、说明或备注等附加注解。在编写文章时,常常需要对一些从别人的文章中引用的内容、名词或事件附加注解,这称为脚注或尾注。Word 提供了插入脚注和尾注的功能,可以在指定的文字处插入注释。脚注和尾注都是注释,脚注一般位于页面底端或文字下方。尾注一般位于文档结尾或节的结尾。

编辑脚注或尾注:用鼠标双击某个脚注或尾注的引用标记,打开脚注或尾注窗格,然后在窗格中对脚注或尾注进行编辑操作。

删除脚注或尾注:用鼠标双击某个脚注或尾注的引用标记,打开脚注或尾注窗格,然后在窗格中选定脚注或尾注号后按 Delete 键。

(1) 将光标点定位在要插入处,切换到"引用"选项卡,单击"脚注"组中的"插入脚注"命令,如图 2-15 所示。

(2) 光标会直接跳到该页的最下面,如图 2-16 所示,然后直接输入脚注内容"Chinese linguistics & Literature"即可。

2.1.4 文本的查找和替换

在 Word 2010 中,可通过文本的查找和替换功能,提高文本编辑的效率和准确性。

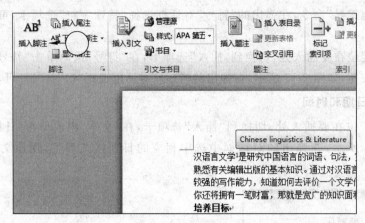

图 2-15   插入脚注

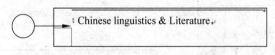

图 2-16   插入脚注内容

1．文本的查找

1）普通查找

在"开始"选项卡"编辑"选项组中单击"查找"按钮，或者按 Ctrl＋F 快捷键，在窗口左侧立即打开"导航"窗格，在搜索文本框中输入内容，按 Enter 键，即可在文档中以黄色突出显示查找到的所有内容。

2）高级查找

在"开始"选项卡"编辑"选项组中单击"查找"按钮旁的下三角按钮，在下拉菜单中选择"高级查找"命令，弹出"查找和替换"对话框；在"查找内容"下拉列表框中输入需查找的内容或选择列表中最近用过的内容，单击"查找下一处"按钮，即会在文档中反白显示该内容的第一处，每单击一次"查找下一处"按钮，就会在文档中查找该内容的下一处。

在"查找和替换"对话框中单击"更多"按钮，在对话框的下方会显示多项设置，如图 2-17 所示。

（1）"搜索"下拉列表框：选择文本查找的方向（向上、向下、全部）。

（2）"区分大小写"复选框：此项被选中时，区分大写和小写字符。

（3）"全字匹配"复选框：与查找内容完全一致的完整单词。

（4）"使用通配符"复选框：此项被选中时，"?"和"＊"表示通配符。"?"表示一个任意字符，"＊"表示多个任意字符。

（5）"同音（英文）"复选框：与"查找内容"发音相同但拼写不同的英文单词。

（6）"查找单词的所有形式"复选框：在英文文档中查找具有相同词性、不同形式的单词。如查找 has，也会找到 have、had、having 等形式的单词。

（7）"区分全/半角"复选框：此项被选中时，区分字符的全角和半角形式。

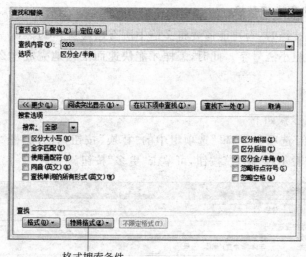

格式搜索条件

图 2-17　"查找和替换"对话框的"查找"选项卡

（8）"格式"按钮：根据字体、段落、制表位等格式进行查找。

（9）"特殊格式"按钮：在文档中查找段落标记、制表符、省略号等特殊字符。

（10）"不限定格式"按钮：清除在"查找内容"下拉列表框中显示的"格式"搜索条件。

2. 文本内容的替换

在"开始"菜单"编辑"选项组中单击"替换"按钮，出现"查找和替换"对话框；在"查找内容"下拉列表框中输入替换之前的内容，在"替换为"下拉列表框中输入替换之后的内容，如图 2-18 所示；单击"全部替换"按钮，则将文档中所有的"word"替换为"letter"。也可单击"查找下一处"按钮，查找到一处时，若需替换，则单击"替换"按钮；若不需替换，则再单击"查找下一处"按钮，查找下一处。

图 2-18　"查找和替换"对话框的"替换"选项卡

3. 文本格式的查找与替换

当编辑一篇长文档时,有可能需要将文档中所有已经统一为黑体三号字的章节标题全部更改为宋体加粗小三号字。此时,怎样才能快速而准确地完成这么多文本格式的查找和替换呢?

1) 替换法

替换法的操作步骤如下。

(1) 单击"开始"选项卡"编辑"选项组中的"替换"按钮,打开如图 2-19 所示的"查找和替换"对话框,若看不到"格式"按钮,可单击"更多"按钮。

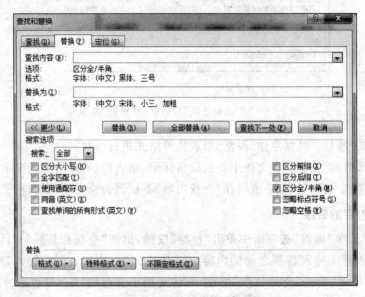

图 2-19　文本格式的查找和替换

(2) 单击"查找内容"下拉列表框,并确认其中内容为空,单击"格式"按钮,单击"字体"命令,在弹出的"字体"对话框中设置字体为黑体、字号为三号,单击"确定"按钮。

(3) 单击"替换为"下拉列表框,并确认其中内容为空,单击"格式"按钮,单击"字体"命令,在弹出的"字体"对话框中设置字体为宋体、字号为小三号、字形为加粗,单击"确定"按钮。

(4) 单击"全部替换"按钮。

2) 选择法

选择法的操作步骤如下。

(1) 将插入点移动到文档中某一黑体三号字的章节标题上。

(2) 单击"开始"选项卡"编辑"选项组中的"选择"按钮,弹出如图 2-20 所示的下拉列表,执行其中的"选定所有格式类似的文本(无数据)",则文档中所有的黑体三号字的章节标题都被选中。

(3) 在"开始"选项卡的"字体"选项组中,设置字体为

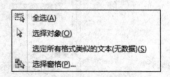

图 2-20　"选择"下拉列表

宋体、字号为小三号、字形为加粗。

　　提示：与替换法相比，选择法操作简单，但不能在进行格式更改的同时更换文本。

4．文本中特殊字符的替换

　　网络资源非常丰富，用户经常需要到网上下载一些文字资料，可是，当将这些文字资料复制到 Word 2010 中时，会发现在文档中出现了很多手动换行符等特殊符号。这些特殊符号的出现，使得用户无法按照常规的方法设置文档格式。可以运用 Word 2010 中特殊字符的替换功能将不需要的特殊字符删除或替换成另一种特殊字符，以便能正常设置 Word 2010 文档的格式。

　　以在 Word 2010 中将手动换行符替换成段落标记为例，操作步骤如下。

　　（1）打开含有手动换行符的 Word 2010 文档，单击"开始"选项卡"编辑"选项组中的"替换"按钮，打开如图 2-21 所示的对话框。

　　（2）确认"替换"选项卡为当前选项卡，单击"更多"按钮，将光标定位于"查找内容"下拉列表框中。

　　（3）单击"特殊格式"按钮，在打开的如图 2-22 所示的"特殊格式"下拉列表中选择"手动换行符"命令。

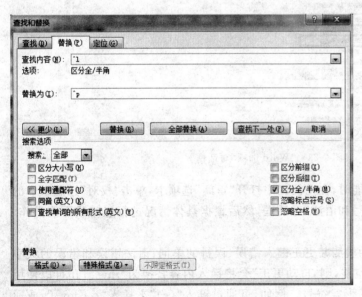

图 2-21　"查找和替换"对话框

图 2-22　"特殊格式"
下拉列表

　　（4）将光标定位于"替换为"下拉列表框中，单击"特殊格式"按钮，在打开的"特殊格式"下拉列表中选择"段落标记"命令。

（5）单击"全部替换"按钮，"查找和替换"工具开始将"手动换行符"替换成段落标记，完成替换后单击"确定"按钮即可。

2.1.5 校对功能

用户在输入文本时难免出现错误，自己检查会花费大量的时间，Word 2010 不仅提供了自动拼写和语法检查功能，还能实现错误的自动更正。Word 2010 的拼写和语法功能开启后，将自动在它认为有错误的字句下面加上波浪线，提醒用户。开启拼写和语法功能的操作步骤如下：单击"文件"选项卡，单击执行"选项"命令，打开"Word 选项"对话框，切换到"校对"选项卡，在"在 Word 中更正拼写和语法时"选项区选中"键入时检查拼写"和"键入时标记语法错误"复选框，如图 2-23 所示，单击"确定"按钮，拼写和语法检查功能开启成功。

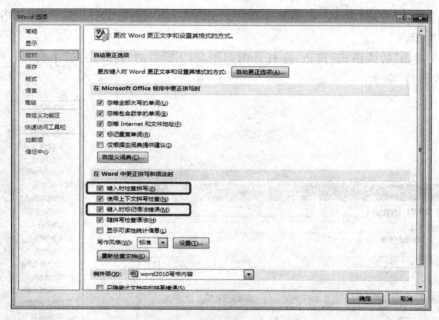

图 2-23 "Word 选项"对话框

使用拼写和语法检查功能时，在功能区中打开"审阅"选项卡，单击"校对"选项组中的"拼写和语法"按钮，打开"拼写和语法"对话框，然后根据具体情况进行忽略或更改操作，如图 2-24 所示。

自动更正功能，可以自动检测并更正键入错误、误拼的单词、语法错误和错误的大小写。例如，如果键入"teh"及空格，则"自动更正"会将键入内容替换为"the"。还可以使用"自动更正"快速插入文字、图形或符号。例如，可通过键入"(c)"来插入"©"，或通过键入"ac"来插入"Acme Corporation"，其操作步骤如下。

在"文件"选项卡中单击"选项"按钮，打开"Word 选项"对话框，如图 2-23 所示。单击"校对"标签，在对应的选项卡中单击"自动更正选项"按钮，弹出"自动更正"对话框，如图 2-25"自动更正"对话框所示。在"替换"文本框中输入出错的文本，在"替换为"文本框中输入正确的文本,单击"确定"按钮,完成自动更正的设置。

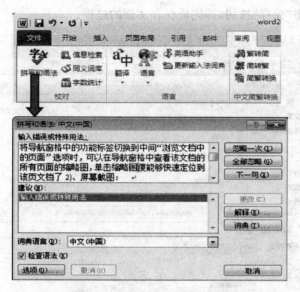

图 2-24 "拼写和语法"对话框

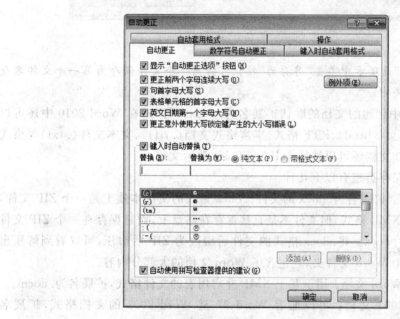

图 2-25 "自动更正"对话框

2.1.6 保存文档

文档输入、编辑完成后,若想保留其内容,需进行存盘操作。具体操作为:在"文件"选项卡中单击"保存"按钮,或在快速访问工具栏中单击"保存"按钮,或按 Ctrl+S 快捷键。第一次保存时会弹出如图 2-26 所示的"另存为"对话框。选择需保存的磁盘和文件夹,在"文件名"下拉列表框中输入文件的名称,在"保存类型"下拉列表框中选择需保存的文件类型,最后单击"保存"按钮,即完成保存文件的过程。

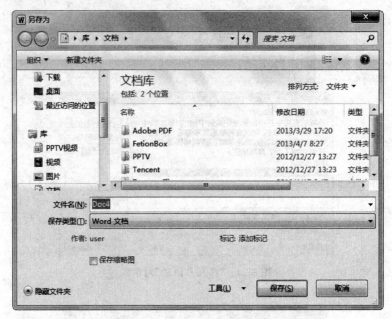

图 2-26 "另存为"对话框

提示:在"文件"选项卡中单击"另存为"按钮可将同一个文件保存为另一个文件名或保存在另一个文件夹中。

在 Word 2010 中创建的文档的默认扩展名为.docx。另外,在 Word 2010 中还可以将文档保存为 Web 页(.html)、RTF 格式(丰富格式文档(.rtf))、文本文件(.txt)等格式的文件。Word 2010 文档还可以转换为 PowerPoint 演示文稿。

Word 2010 的保存类型有以下几种。

(1) Word 文档:扩展名为.docx 的文件。.docx 格式的文件本质上是一个 ZIP 文件,其主要内容保存为 XML 格式,但文件不是直接保存在磁盘上,而是保存在一个 ZIP 文件中,然后取扩展名为.docx。将.docx 格式的文件后缀改为 ZIP 后解压,可以看到解压出来的文件夹中有一个 Word 文件夹,它包含了 Word 文档的大部分内容。

(2) 启用宏的 Word 文档:用于基于 XML 并启用宏的文件格式,扩展名为.docm。

(3) Word 97-2003 文档:可以兼容 Word 97 至 Word 2003 的文档格式,扩展名为.doc。

(4) Word 模板:Word 模板是指 Microsoft Word 中内置的包含固定格式设置和版式设置的模板文件,用于帮助用户快速生成特定类型的 Word 文档。若用户要将本文档设置为可多次运用的模板,则选择此文档类型。

(5) PDF 文档:PDF(Portable Document Format)是便携式文档格式的简称,是由 Adobe 公司开发的独特的跨平台文件格式。它将文档的文本、格式、字体、颜色、分辨率、链接及图形图像、声音、动态图像等封装在一个特殊的整合文件中,是新一代电子文本的不可争议的行业标准。

（6）XPS 文档：XPS(XML Paper Specification)是一种版面配置固定的电子文件格式，是微软公司开发的一种文档保存与查看的规范，该规范本身描述了这种格式以及分发、归档、显示以及处理 XPS 文档所遵循的规则，可用 IE 浏览器打开。

（7）纯文本文档：没有任何文本修饰，没有任何粗体、下划线、斜体、图形、符号或特殊字符及特殊打印格式，只保存文本，不保存格式设置。扩展名为.txt。

将 Word 文档保存为"纯文本文档"时，会弹出如图 2-27 所示的"文件转换"对话框。

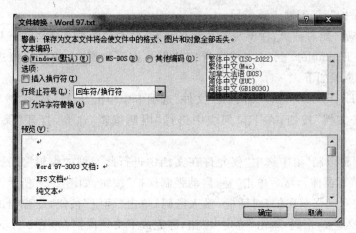

图 2-27　"文件转换"对话框

（8）RFT 格式：RFT(Rich Text Format，富文本格式)是由微软公司开发的跨平台文档格式，大多数的文字处理软件都能读取和保存 RTF 文档。

（9）Word XML 文档：将 Word 文档保存为 XML 文档，Word 使用自己的 XML 架构、WordML 来应用存储信息（例如文件属性）的 XML 标记，并且定义文档的结构（如段落、标题和表格）。根据 Word XML 架构，Word 还使用 XML 标记存储格式和版式信息，扩展名为.xml。

（10）OpenDocument 文本：扩展名为.odt，是一种基于 XML 的文件格式，因应试算表、图表、演示稿和文字处理文件等电子文件而设置。OpenDocument 格式正在试图提供一个取代私有专利文件格式的方案，使得组织或个人不会因为文件格式而被厂商套牢。

（11）Works 6-9 文档：扩展名为.wtf，是 Microsoft Work 6.0 到 9.0 版的默认文件格式。

2.1.7　保护文档

若不想别人修改或使用文档内容，可在"文件"选项卡中单击"信息"按钮，在显示的信息区域单击"保护文档"按钮，然后在下拉列表中选择"限制编辑"命令，窗口右侧出现如图 2-28 所示的"保护文档"任务窗格。

文档的保护分为"格式设置限制"和"编辑限制"，先选中相应的复选框，再进行具体设置。其中"编辑限制"又可分为 4 种方式。

- 修订：允许审阅者修改或使用文档内容，但所有修改将作为修订。
- 批注：允许审阅者添加批注，但不能修改文档内容。
- 填写窗体：审阅者无法修改或使用文档内容，快速访问工具栏上和功能选项卡中的相关功能按钮、命令及右键快捷菜单（复制、粘贴等）也不可用。只能在此区域中填写窗体。
- 不允许任何更改（只读）：审阅者只能阅读文档，不能作任何修改。

设置完毕后单击"是，启动强制保护"按钮，输入保护密码，以真正达到保护的目的。在"解除文档保护"时，需输入该密码。

提示：密码只能用一次，即解除了文档保护后，该文档就与普通文档一样了。

下面以为 Example1.docx 文档设置窗体保护密码为例，介绍对文档进行保护的方法。具体操作步骤如下。

（1）打开 Example1.doxc 文档，在"文件"选项卡中单击"信息"按钮，然后在中间的窗格中单击"保护文档"按钮，在下拉列表中选择"限制编辑"命令，打开"保护文档"任务窗格。

（2）在"编辑限制"组中选中"仅允许在文档中进行此类型的编辑"复选框，在下拉列表框中选择"填写窗体"，然后单击"是，启动强制保护"按钮，如图 2-28 所示。

（3）打开"启动强制保护"对话框，输入密码，单击"确定"按钮，在弹出的"确认密码"对话框中再输入一遍密码，单击"确定"按钮，即完成了文档保护，如图 2-29 所示。

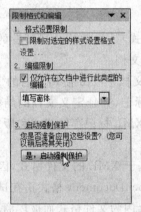

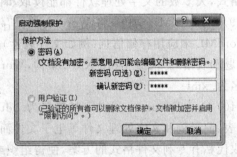

图 2-28　"保护文档"任务窗格　　　　图 2-29　"启动强制保护"对话框

这时在文档中进行增、删、改操作，会发现光标总是位于文档开始处，无法通过鼠标或键盘选定文本，功能选项卡中的按钮都不可用。即使将文档另存为另一个文件，再次打开后文档仍处于保护状态。

如果要结束对文档的保护，可进行如下操作：打开"保护文档"任务窗格，单击"停止保护"按钮，弹出"取消保护文档"对话框；在"密码"文本框中输入正确的密码，单击"确定"按钮，即可对文档进行编辑。

2.2 格式设置

通过设置文档中字符和段落的格式，可以使文档更加美观。可以先设置格式后再录入文字，后面录入的文字便按照设置好的格式显示；也可以先录入文字后设置格式，但在设置之前应先选定需设置格式的文字。

2.2.1 设置基本格式

1. 设置字体和字号

通过给文档中不同的文本设置不同的字体和字号，可使文档变得美观大方，不那么索然无味。操作步骤如下。

（1）选中需要设置字体和字号的文本。

（2）单击"开始"选项卡中的"字体"下拉列表框右侧的下三角按钮。

（3）弹出如图2-30所示的"字体"列表框，在其中选择需要的字体选项，如"隶书"。此时，被选中的文本即以所设置的字体显示。

（4）单击"开始"选项卡中的"字号"下拉列表框右侧的下三角按钮。

（5）弹出如图2-31所示的列表框，在其中选择需要的字号。此时，被选中的文本即以所设置的字号显示。

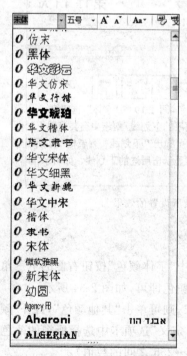

图2-30 "字体"列表框

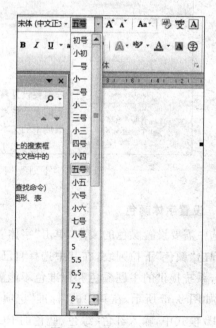

图2-31 "字号"列表框

提示：如果需要同时设置中文文本与西文文本的字体和字号，则需要单击"开始"选项卡中的"字体"选项组中的"对话框启动器"按钮，打开"字体"对话框进行设置。

2. 设置字形

可通过设置文本的字形，如加粗、倾斜、删除线、下划线等增加文本显示效果。选中需要设置字形的文本，然后单击"开始"选项卡的"字体"选项组中相应按钮即可，如图 2-32 所示。

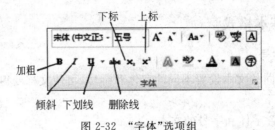

图 2-32　"字体"选项组

若需要设置具有特殊效果的下划线，则选中需要设置下划线的文本，单击"下划线"按钮右侧的下三角按钮，即可弹出"下划线"下拉列表，如图 2-33 所示，在其中选择所需的下划线样式及下划线的颜色，被选中的文本下方即可显示所设置的下划线样式，如图 2-33 所示。

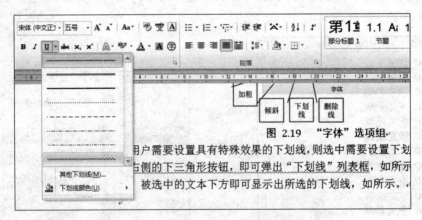

图 2-33　"下划线"下拉列表及所设置的效果

3. 设置字体颜色

选中需要设置颜色的文本，单击"字体"选项组中"字体颜色"按钮右侧的下三角按钮，即可弹出"颜色"下拉列表，在其中选择自己喜欢的颜色即可，如图 2-34 所示。

若系统提供的主题颜色和标准色不能满足要求，则可单击"其他颜色"，打开"颜色"对话框，如图 2-35 所示，在其中的"标准"选项卡和"自定义"选项卡中选择所需的颜色，也可在 RGB 模式中，输入红色、绿色、蓝色的 RGB 值（0～255 之间的数值）。

4. 设置文本效果

选中需要设置"文本效果"的文本，单击"字体"选项组"文本效果"按钮右侧的下三角

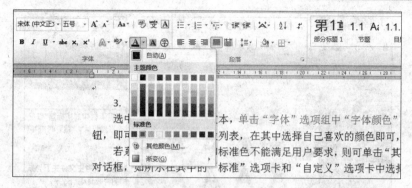

图 2-34 设置字体颜色

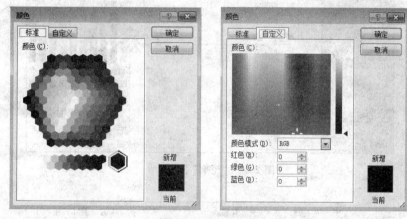

图 2-35 "颜色"对话框的"标准"选项卡和"自定义"选项卡

按钮,即可打开"文本效果"下拉列表,如图 2-36 所示,在其中选择喜欢的文本效果即可。还可通过如图 2-37 所示的"轮廓"下拉列表、如图 2-38 所示的"阴影"下拉列表、如图 2-39 所示的"映像"下拉列表、如图 2-40 所示的"发光"下拉列表为文本设置特殊效果。

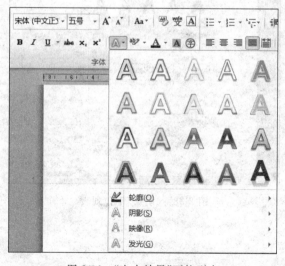

图 2-36 "文本效果"下拉列表

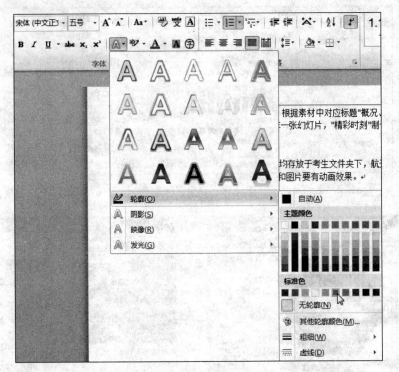

图 2-37　"轮廓"下拉列表

图 2-38　"阴影"下拉列表

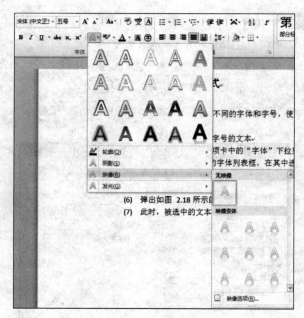

图 2-39　"映像"下拉列表

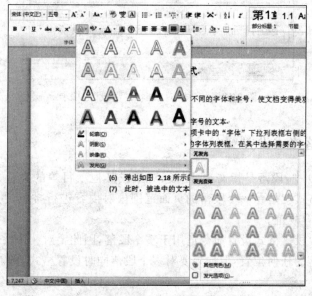

图 2-40　"发光"下拉列表

5. 设置字符间距

　　选中需要设置字符间距的文本,单击"字体"选项组右下角的"对话框启动器"按钮,如图 2-41 所示,打开"字体"对话框,在如图 2-42 所示的"高级"选项卡中即可完成字符间距的设置。

图 2-41 "字体"选项组的"对话框启动器"按钮

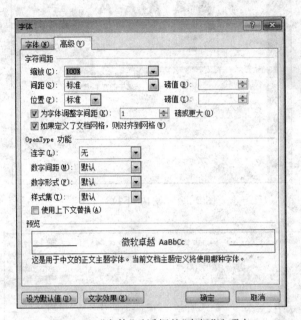

图 2-42 "字体"对话框的"高级"选项卡

2.2.2 段落格式设置

在 Word 2010 中,段落是指文本、图形、对象或其他项目等的集合,其后有一个段落标记。设置段落格式就是在一个段落的页面范围内对内容进行排版,使得整个段落显得更美观大方,更符合规范。

Word 2010 中段落格式设置命令适用于整个段落,因此要对一个段落进行排版,可以将光标置于该段落的任何位置,但如果要对多个段落同时设置格式,则需要将这几个段落同时选中。

1. 段落对齐方式

段落有 5 种对齐方式:左对齐,将文本向左对齐;右对齐,将文本向右对齐;两端对齐,将所选段落(除末行外)的左、右两边同时与左、右页边距或缩进对齐;居中对齐,将所选段落的各行文字居中对齐;分散对齐,将所选段落的各行文字均匀分布在该段左、右页边距之间。

可以在如图 2-43 所示的"段落"对话框中的"对齐方式"下拉列表框中设置段落的对齐方式;也可以利用"段落"选项组中的对齐按钮来设置,如图 2-44 所示的 5 个按钮分别为左对齐、居中对齐、右对齐、两端对齐和分散对齐。

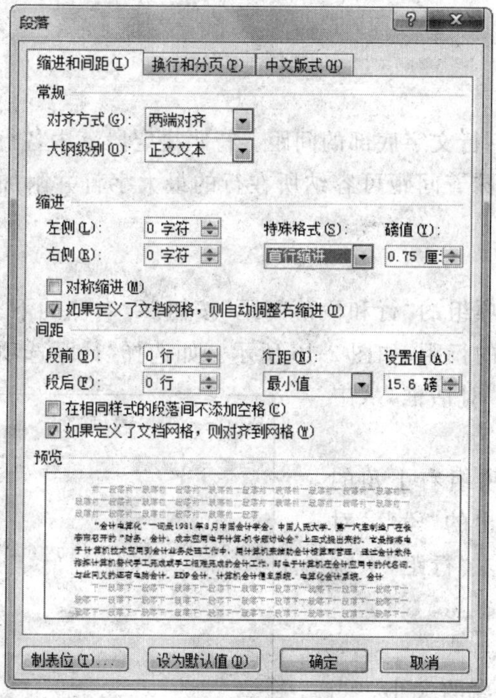

图 2-43　"段落"对话框

图 2-44　"段落"对齐按钮

2. 段落缩进

段落缩进是指文本与页边距之间保持的距离。段落的缩进包括 4 种方式：左缩进，设置段落与左页边距之间的距离；右缩进，设置段落与右页边距之间的距离；首行缩进，段落中第一行缩进的空格位；悬挂缩进，段落中除第一行之外其他各行缩进的距离。

设置段落缩进的方法有以下三种。

1）利用水平标尺

水平标尺上有多种标记，通过调整标记的位置可设置光标所在段落的各种缩进，如图 2-45 所示。在设置的同时按住 Alt 键不放，可以更精确地在水平标尺上设置段落缩进。

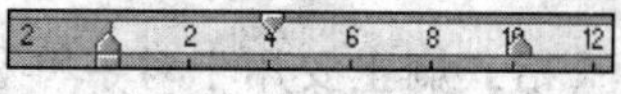

图 2-45　水平标尺上的缩进标记

2）利用功能选项卡

将光标定位在需设置格式的段落，单击"开始"选项卡"段落"选项组右下角的"对话框启动器"按钮 ，弹出"段落"对话框，如图 2-43 所示。在"左侧"和"右侧"微调框中可分别设置左、右缩进，若在这两个框中输入负值，则文字会显示在左、右页边距上。在"特殊格式"下拉列表框中可设置首行缩进或悬挂缩进。

3）利用按钮

在"段落"选项组中有"减少缩进量"按钮 和"增加缩进量"按钮 ，通过单击这两个按钮，可减少或增加段落的整体缩进量，每单击一次，可减少或增加一个中文字符的缩进量。

提示：如果窗口中没有显示标尺，可以在"视图"选项卡的"显示"组中选中"标尺"复选框。

3. 行距和段落间距

1）设置行距

行距是指从一行文字的底部到下一行文字底部的间距。行距决定段落中各行文本间的垂直距离。其默认值是单倍行距，意味着间距可容纳所在行的最大字符并附加少许额外间距。

设置行距的方法有如下两种。

- 单击"开始"选项卡中"段落"选项组的"行和段落间距"按钮 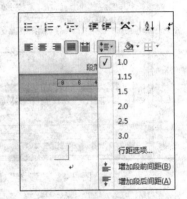右侧的下三角，在弹出的下拉列表中选择所需要的行距，如图 2-46 所示。如选择"行距选项"命令，则打开如图 2-43 所示的"段落"对话框，从中可选择所需要的行距。

- 单击"开始"选项卡"段落"选项组右下角的"对话框启动器"按钮，在弹出的"段落"对话框的"间距"选项区域中，单击"行距"下拉列表框进行设置。

2）设置段落间距

段落间距决定段落的前后空白距离的大小。当按下 Enter 键重新开始一段时，光标会跨过段间距到下一段的开始位置，此时可以为每一段更改设置。

图 2-46   "行和段落间距"下拉列表

设置段落间距的方法有以下几种。

- 选择如图 2-46 所示的"行和段落间距"下拉列表中的"增加段前间距"或"增加段后间距"命令，可迅速调整段落间距。

- 在如图 2-43 所示的"段落"对话框中的"段前"或"段后"微调框中输入数值或单击其中的微调按钮设置段落间距。

- 在"页面布局"选项卡的"段落"选项组中设置段前或段后间距。

4. 格式刷

格式刷主要用于对字符和段落进行格式化。其工作原理是将已设定好的样本格式快速应用到文档中需设置此格式的其他部分，使之自动与样本格式一致。在进行版面格式的排版时，使用格式刷可以避免大量的重复性操作，大大提高工作效率。操作步骤如下。

（1）选中已设置好格式的文字或段落。

（2）单击"开始"选项卡的"剪贴板"选项组中的"格式刷"按钮 格式刷，鼠标指针变成插入点旁加一把刷子的形状。

（3）移动鼠标指针到需要此格式的文本的开始位置，按下鼠标左键并拖动格式刷到结束位置。松开鼠标时，刷过的文本范围内的所有字符格式自动与样式格式一致。

提示：如果需要将样本格式应用到多个文本块，则将上述第（2）步单击操作改为双击，当格式复制结束时，按下 Esc 键即可结束格式复制操作，恢复文本编辑状态。

5. 边框和底纹

为了突出文档中某些文本、段落、表格、单元格的打印或显示效果,可以通过"开始"选项卡的"段落"选项组中的"底纹"按钮 和"边框"按钮 给它们添加边框或底纹以表示强调。

设置边框的操作步骤如下。

(1) 选中需要设置边框的文本。

(2) 单击"边框"按钮 ,即可为选中的文本添加上默认线形的边框。

如对文本的边框有特殊要求,可单击"边框"按钮 右侧的下三角按钮,执行其中的"边框和底纹"命令,弹出如图 2-47 所示的"边框和底纹"对话框。先设置边框线的样式、颜色和宽度,再设置边框是方框或阴影或三维等。

图 2-47　"边框和底纹"对话框

设置底纹的操作步骤如下。

(1) 选中需要设置底纹的文本。

(2) 单击"底纹"按钮 右侧的下三角按钮,在打开的"底纹"下拉列表中选择所需要的颜色即可。

如果对底纹的图案有特殊要求,可单击"边框"按钮 右侧的下三角按钮,执行其中的"边框和底纹"命令,弹出如图 2-47 所示的"边框和底纹"对话框,单击"底纹"选项卡,如图 2-48 所示,在其中设置底纹颜色、图案样式、图案颜色。

2.2.3　页面格式设置

页面格式设置可以在文档开始编辑之前,也可以在文档结束编辑之后进行。如果从制作文档的角度来讲,页面设置应该在开始编辑之前,这样有利于文档编辑过程中的版式排版。页面布局如图 2-49 所示。

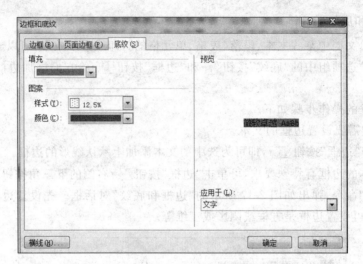

图 2-48 "边框和底纹"对话框的"底纹"选项卡

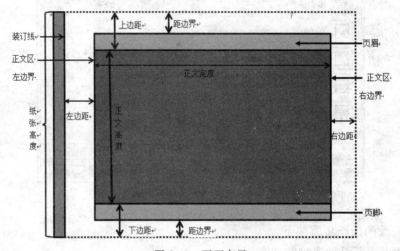

图 2-49 页面布局

1. 设置页边距、纸张大小、纸张方向、文字方向

设置页边距的方法有如下几种。

- 单击"页面布局"选项卡"页面设置"选项组中的"页边距"按钮,弹出如图 2-50 所示的"页边距"下拉列表,在其中有系统预定义设置好的页边距,单击其中某一项即可,也可以自己指定页边距。
- 单击"页边距"下拉列表中的"自定义边距"命令,打开如图 2-51 所示的"页面设置"对话框,在其中的"页边距"选项卡中进行设置即可。
- 单击"页面布局"选项卡"页面设置"选项组中的"对话框启动器"按钮,打开"页面设置"对话框。在"页面设置"对话框中的"应用于"下拉列表框中有"整篇文档"和"插入点之后"两个选项。若选择"整篇文档",则用户设置的页边距就应用于整篇文档,这是默认状态。如只需设置部分页面,则首先将光标移动到需设置页边距的页面的起始位置,然后选择"插入点之后",则从插入点之后的所有页面均应用当前设置。

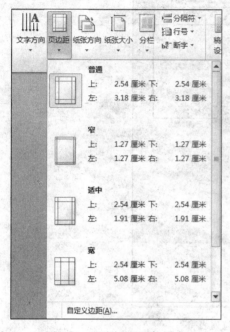

图 2-50　"页边距"下拉列表

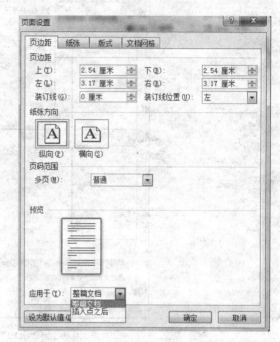

图 2-51　"页面设置"对话框

纸张大小、纸张方向、文字方向的设置方法与页边距的设置方法相类似,在此不再赘述。

2. 设置页面背景

Word 2010 提供了丰富的页面背景设置工具,如"水印"、"页面颜色"等。

1) 设置水印

某些特殊文档需要在页面内容后插入"绝密"、"严禁复制"等虚影文字,此时可以使用"水印"工具进行设置。

单击"页面布局"选项卡中的"页面背景"选项组中的"水印"按钮,打开"水印"下拉列表,如图 2-52 所示,在其中有系统预定义的水印,可选择其中之一进行设置。如需自定义水印,则选择"自定义水印"命令,即可打开如图 2-53 所示的"水印"对话框,在其中可设置文本水印,也可设置图片水印。

2) 设置页面颜色

通过页面颜色可以为文档背景设置渐变、图案、图片、纯色或纹理等填充效果,从而可制作出针对不同应用场景的专业美观的文档。

单击"页面布局"选项卡"页面背景"选项组中的"页面颜色"按钮,弹出如图 2-54 所示的列表框,在"主题颜色"或"标准色"区域中选择所需要的颜色,如果其中没有所需的颜色,则可以单击"其他颜色"命令,在弹出的"颜色"对话框中进行选择。如果希望添加特殊

图 2-52 "水印"下拉列表

图 2-53 "水印"对话框

效果,可以在图 2-54 中选择"填充效果"命令,弹出如图 2-55 所示的对话框,在该对话框中可通过"渐变"、"纹理"、"图案"或"图片"选项卡设置页面的特殊效果。

2.2.4 使用主题快速调整文档外观

如果希望能够快速变换整个文档的显示风格,则可以应用 Office 提供的文档主题功能。该功能在 Word、Excel、PowerPoint 应用程序之间共享,确保应用了相同主题的 Office 文档都能保持高度统一的外观。操作步骤如下。

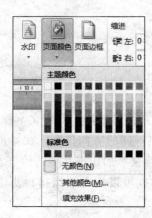

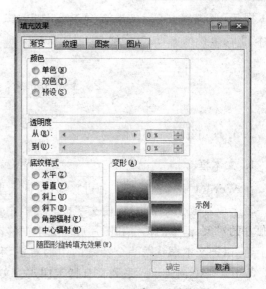

图 2-54 "页面颜色"下拉列表框   图 2-55 "填充效果"对话框

（1）在 Word 2010 的功能区中，打开"页面布局"选项卡。

（2）单击"主题"选项组中的"主题"按钮。

（3）在弹出的如图 2-56 所示的下拉列表中，选择合适的主题，当鼠标指针指向某一种主题时，会在 Word 文档中显示应用该主题预览效果。

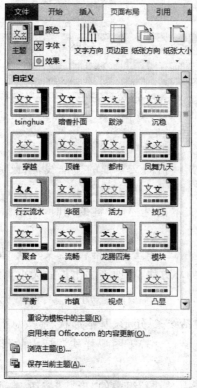

图 2-56 "主题"下拉列表

提示：如果希望将主题恢复到 Word 模板默认的主题，可以在"主题"下拉列表框中执行"重设为模板中的主题"命令。

2.3　插　入　对　象

2.3.1　图形

1. 文本框

在 Word 中文本框是指一种可移动、可调大小的文字或图形容器。使用文本框，可以在一页上放置数个文字块，或使文字按与文档中其他文字不同的方向排列。文本框是一个独立的对象，框中的文字和图片可随文本框移动，它与给文字加边框是不同的概念。实际上，可以把文本框看做一个特殊的图形对象，利用文本框可以把文档编排得更丰富多彩。Word 2010 内置了一系列具有特定样式的文本框。

1）绘制文本框

单击"插入"选项卡中"文本"组中的"文本框"按钮，在下拉菜单中单击"内置"栏中所需的文本框图标即可。如果要插入一个无格式的文本框，可选择"绘制文本框"或"绘制竖排文本框"命令，然后在页面文档中拖动鼠标指针绘出文本框。也可以单击"插入"选项卡中"插图"组中"形状"按钮，在下拉菜单中单击"文本框"或"垂直文本框"，鼠标变成十字，在文中的任意位置按住鼠标左键拖动一个区域，则添加一个空白的文本框。此时选中文本框，则出现如图 2-57 所示的选项卡。

图 2-57　"绘图工具"中的"格式"选项卡

2）改变文本框的位置、大小和环绕方式

（1）移动文本框：鼠标指针指向文本框的边框线，当鼠标指针变成十字双向箭头形状时，用鼠标拖动文本框，实现文本框的移动。

（2）复制文本框：选中文本框，按 Ctrl 键的同时，用鼠标拖动文本框，可实现文本框的复制。

（3）改变文本框的大小：首先单击文本框，选定文本框，在它四周出现 8 个小方块，向内/外拖动文本框边框线上的小方块，可改变文本框的大小。

2. 形状

Word 2010 中的形状包括线条、矩形、基本形状、箭头总汇、公式形状、流程图、星与旗帜、标注 8 种类型，每种类型又包含若干图形样式。插入的形状中可以添加文字、设置阴影、发光、三维旋转等各种特殊效果。

通过单击"插入"选项卡中"插图"组中的"形状"按钮，在下拉菜单的形状库中单击需要的图标,然后在文档中按住鼠标左键拖动一个区域完成图形的绘制,需要编辑和格式化时,先选中形状,在如图 2-57 所示的"绘图工具"中的"格式"选项卡或快捷菜单中操作。

在"绘图工具"中的"格式"选项卡中各组的具体功能说明如下。

- 插入形状:用于插入图形,以及在图形中添加和编辑文本。
- 形状样式:用于更改图形的总体外观样式。
- 艺术字样式:用于更改艺术字的样式。
- 文本:用于更改文本格式。
- 排列:用于指定图形的位置、层次、对齐方式以及组合和旋转图形。
- 大小:用于指定图形的大小尺寸。

形状最常用的编辑和格式化操作包括缩放和旋转、添加文字、组合与取消组合、叠放次序、设置形状样式等。

1)缩放和旋转

单击图形,在图形四周会出现 8 个方向的控制句柄和一个绿色圆点,拖动控制句柄可以进行图形缩放,拖动绿色圆点可以进行图形旋转。

2)添加文字

在需要添加文字的图形上右击,在快捷菜单中选择"添加文字"命令即可。文字会随图形一起移动。

3)组合与取消组合

如果要使添加的图形构成一个整体,可以同时移动和编辑,则可以按住 Shift 键再分别单击其他图形,然后当鼠标变成十字箭头形状时右击,选择快捷菜单中的"组合"选项中的"组合"命令。若要取消组合,选中图形,右击,在快捷菜单的"组合"选项中选择"取消组合"命令即可。组合效果如图 2-58 所示。

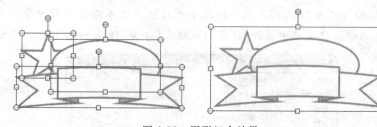

图 2-58　图形组合效果

4)叠放次序

当在文档中绘制多个重叠的图形时,每个重叠的图形有叠放的次序,这个次序与绘制的顺序相同,最先绘制的在最下面。选中图形,右击,在弹出的快捷菜单的"置于顶层"命令组中可以选择置于顶层、上移一层和浮于文字上方,在"置于底层"命令组中可以选择置于底层、下移一层、衬于文字下方的叠放次序。设置完成后,上层图形会遮盖下层图形,所以要选择合适的叠放次序,让图形可以完美呈现,如图 2-59 所示。

5)设置形状样式

在"形状样式"组中,可以设置图形的形状填充、形状轮廓以及形状效果。形状轮廓主

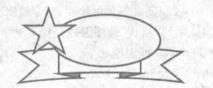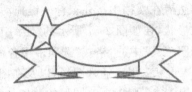

图 2-59   叠放次序的不同效果

要对形状的外边框进行设置,此选项可以实现隐藏外边框的效果,只需要将"形状样式"中"形状轮廓"设置为"无轮廓"即可。形状效果主要如图 2-60 所示,可以给图形对象添加阴影或产生立体效果。

使用形状可以绘制如图 2-61 所示的流程图。

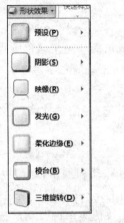

图 2-60   "形状效果"设置内容

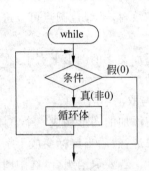

图 2-61   绘制流程图

注意:"假(0)"和"真(非 0)"是两个隐藏了外边框的文本框。隐藏外边框的方法是:选中文本框,在右键快捷菜单中选择"设置形状格式"命令,弹出如图 2-62 所示的对话框,

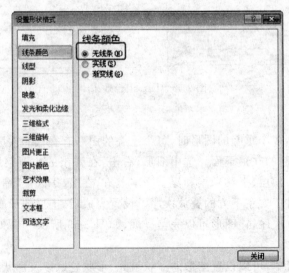

图 2-62   "设置形状格式"对话框

单击"线条颜色",选择"无线条"即可取消文本的边框了。或者单击"格式"选项卡"形状样式"组中的"形状轮廓"的下拉按钮,在下拉菜单中选择"无轮廓"即可。

2.3.2　艺术字

艺术字是经过专业的字体设计师艺术加工的汉字变形字体,字体特点符合文字含义、具有美观有趣、易认易识、醒目张扬等特性,是一种有图案意味或装饰意味的字体变形。艺术字能从汉字的义、形和结构特征出发,对汉字的笔画和结构作合理的变形装饰,书写出美观形象的变体字。艺术字的使用会使文档产生艺术美的效果,常用来创建旗帜鲜明的标志或标题。

在文档中插入艺术字可以通过"插入"选项卡中"文本"组中的"艺术字"下拉按钮来实现,生成艺术字后,会出现如图 2-57 所示的选项卡,可在其中的"艺术字样式"组中进行编辑操作,如改变艺术字样式、增加艺术字效果等,如图 2-63 所示。

图 2-63　艺术字效果

将艺术字的版式设为浮动型后,其周围将出现 3 种标志,拖动 8 个白色控点,可改变其大小,转动绿色旋转控点可对其进行旋转,拖动黄色菱形控点可改变其形状。此外,还可以利用"绘图工具"上的"填充颜色"、"线条颜色"、"线型"、"虚线线型"、"阴影样式"、"三维阴影样式"等按钮对艺术字进行修饰。

如果要删除艺术字,只要选中艺术字,按 Delete 键即可。

Word 中插入艺术字的效果如图 2-63 所示。

2.3.3　SmartArt 图形

SmartArt 图形是信息和观点的视觉表示形式。可以通过从多种不同布局中进行选择来创建 SmartArt 图形,从而快速、轻松、有效地传达信息。

虽然插图和图形比文字更有助于读者理解和回忆信息,但大多数人仍创建仅包含文字的内容。创建具有设计师水准的插图很困难,尤其是当您本人是非专业设计人员或者聘请专业设计人员对于您来说过于昂贵时。如果使用早期版本的 Microsoft Office,则可能无法专注于内容,而是要花费大量时间进行以下操作:使各个形状大小相同并且适当对齐;使文字正确显示;手动设置形状的格式以符合文档的总体样式。使用 SmartArt 图形和其他新功能,如"主题"(主题:主题颜色、主题字体和主题效果三者的组合。主题可以作为一套独立的选择方案应用于文件中),只需单击几下鼠标,即可创建具有设计师水准的插图。

Word 中插入 SmartArt 图形的方法:

(1) 切换到"插入"选项卡,在"插图"分组中单击 SmartArt 按钮。

（2）打开"选择 SmartArt 图形"对话框，如图 2-64 所示，单击左侧的类别名称选择合适的类别，然后在对话框右侧单击选择需要的 SmartArt 图形，并单击"确定"按钮。

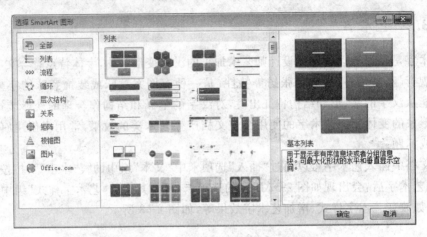

图 2-64   "选择 SmartArt 图形"对话框

（3）在插入的 SmartArt 图形中单击文本占位符输入合适的文字即可。

插入 SmartArt 图形后，可以利用其"SmartArt 工具"下的"设计"和"格式"两个选项卡完成设计和格式的编辑操作，如图 2-65 所示。

图 2-65   "SmartArt 工具"中的"设计"选项卡

2.3.4   图片

在文档的实际处理过程中，用户往往需要在文档中插入一些图片或剪贴画来修饰文档，增强文档视觉效果。文档中插入的图片主要来源有四个方面：

- 从图片剪辑库中插入剪贴画或图片。
- 通过扫描仪获取出版物上的图片。
- 来自数码相机。
- 从网络上下载所需图片。

在 Word 2010 中可以插入多种格式的图片，如 bmp、jpg、tif、gif、png 等。

1. 插入剪贴画

Office 为用户提供了大量的剪贴画，并存储在剪辑管理器中。剪辑管理器中包含剪贴画、照片、影片、声音和其他媒体文件，统称为剪辑，用户可以将其插入到文档中。文档中插入剪贴画的方法如下：

（1）将光标移到文档需要放置剪贴画的位置，单击"插入"选项卡中的"插图"组中的

"剪贴画"按钮 。窗口右侧将打开"剪贴画"任务窗格。

（2）在"搜索文字"文本框中输入剪贴画的关键字，如"pc"，在"结果类型"下拉列表框中选择搜索结果的类型，其中包括"剪贴画"、"照片"、"影片"和"声音"。单击"搜索"按钮，符合条件的剪贴画就会在"剪贴画"任务窗格中的列表框中显示出来。

（3）选择合适的剪贴画单击，或单击剪贴画右侧的下拉菜单，选择"插入"命令，完成插入任务。

2. 插入图片

（1）将光标移到文档需要放置剪贴画的位置，单击"插入"选项卡中的"插图"组中的"图片"按钮。

（2）在"插入图片"对话框中找到一个合适的图片，单击"插入"按钮图片就插入到文档中了。

（3）插入图片后，Word 会自动出现"图片工具"中的"格式"上下文选项卡，如图 2-66 所示。

图 2-66　"图片工具"中的"格式"选项卡

"图片工具"中的"格式"选项卡中各组的功能介绍如下。

1）图片样式

在"格式"选项卡中"图片样式"组中包括"图片边框"、"图片效果"和"图片版式"。"图片样式库"中有许多内置样式，如图 2-67 所示，还可以通过以上三个按钮进行多方面属性的设置，对某图片设置图片样式后的效果如图 2-68 所示。

2）大小

在"大小"选项组中单击"对话框启动器"按钮，打开如图 2-69 所示对话框，在"缩放比例"选项区域中，选中"锁定纵横比"复选框，只需要修改高度和宽度中的一项，另一项将会自动更改，如果需要改变原图片纵横的比例，就不能选中此项。

3）调整

在"调整"组中的"更正"、"颜色"和"艺术效果"按钮可以让用户自由地调节图片的亮度、对比度、清晰度以及艺术效果。这些之前只能通过专业图形图像

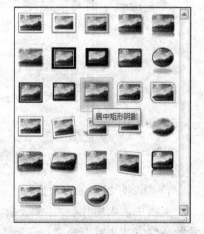

图 2-67　图片样式库

编辑工具才可以达到的效果，在 Office 2010 中仅需要单击鼠标就能轻松完成了。

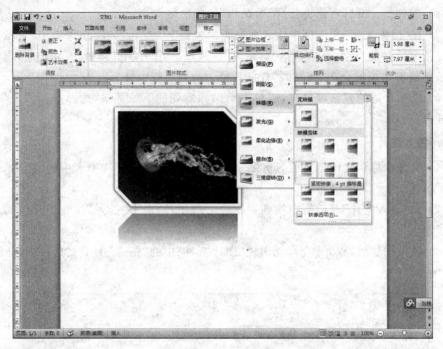

图 2-68   设置图片效果

图 2-69   "布局"中"大小"对话框

4)"排列"组中的自动换行

文档中插入图片后,常常会把周围的正文"挤开",形成文字对图片的环绕。文字对图片的环绕方式主要有两类:一类是将图片视为文字对象,与文档中的文字一样占有实际位置;另一类是将图片视为文字以外的外部对象。选中图片,单击"图片工具"中"格式"选项组中的"自动换行"下拉菜单,会出现如图 2-70 所示的文字环绕效果,单击其中的"其他布局选项"会弹出如图 2-71 所示对话框。

不同环绕方式在文档中的布局效果如表 2-1 所描述。

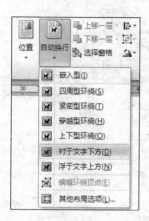

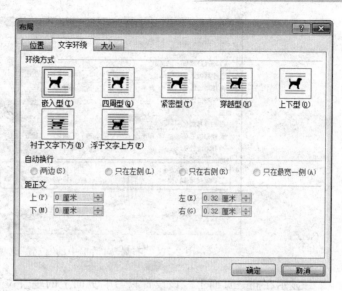

图 2-70　"自动换行"下拉菜单　　　　图 2-71　"布局"对话框中的"文字环绕"选项卡

表 2-1　环绕方式

环 绕 设 置	在文档中的效果
嵌入型	插入到文字层,可以拖动图形,但只能从一个段落标记移动到另一个段落中,通常用在简单文档和正式报告中
四周型	文本中放置图形的位置会出现一个方形的"洞",文字会环绕在图形周围,使文字和图形之间产生间隙,可将图形拖到文档中的任意位置。通常用在带有大片空白的新闻稿和传单中
紧密型	在文本放置图形的位置创建了一个形状与图形轮廓相同的"洞",使文字环绕在图形周围,可以通过环绕顶点改变文字环绕的"洞"的形状,可将图形拖到文档中任何位置,通常用在纸张空间有限且可以接受不规则形状(甚至希望使用不规则形状)的出版物中
穿越型	文字围绕着图形的环绕顶点(环绕顶点可以调整),这种环绕样式产生的效果和表现的行为与"紧密型"相同
上下型	创建了一个与页边距等宽的矩形,文字位于图形的上方或下方,但不会在图形的旁边,可将图形拖动到文档的任何位置,当图形在文档中最重要的地方时会使用这种方式
衬于文字下方	嵌入在文档底部或下方的绘制层,可将图形拖到文档的任何位置,通常用作水印或页面背景图片,文字位于图形上方
浮于文字上方	嵌入在文档上方的绘制层,可将图形拖到文档的任何位置,文字位于图形下方,通常用在有意用某种方式来遮盖文字来实现某种特殊效果

5)"排列"组中的位置

Word 2010 提供了可以便捷控制图片位置的工具,让用户可以合理地根据文档类型布局图片,单击"图片工具"中的"格式"选项卡中的"位置"下拉菜单,选择需要的位置效果,单击其中的"其他布局选项"会弹出如图 2-72 所示对话框。

• 对象随文字移动:该设置将图片与特定的段落关联起来,使段落始终保持与图片

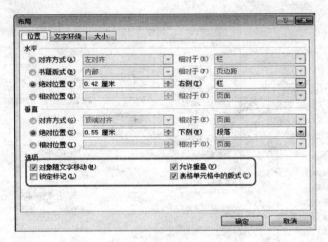

图 2-72 "布局"对话框中的"位置"选项卡

显示在同一页面上。该设置只影响页面上的垂直位置。

- 锁定标记：该设置锁定图片在页面上的当前位置。
- 允许重叠：该设置允许图形对象相互覆盖。
- 表格单元格中的版式：该设置允许使用表格在页面上安排图片位置。

注意：图片所选的文字环绕方式不同将影响位置选项的可用性。

6）删除图片背景和裁剪图片

插入在文档中的图片，有时由于原始图片的大小、内容等因素不能满足需要，希望能对图片采取进一步的处理，Word 2010 提供了去除图片背景和对其进行裁剪的功能。

删除图片背景并裁剪的操作步骤如下：

（1）选中图片，单击"格式"选项卡中"调整"组的"删除背景"按钮，此时在图片上出现遮幅区域，如图 2-73 所示。

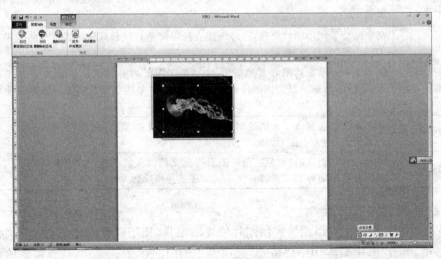

图 2-73 删除图片背景

（2）在图片上调整选择区域拖动柄，使要保留的图片内容浮现出来，调整完成后，在"图片工具"中的"消除背景"选项卡中单击"保留更改"按钮，完成图片背景的消除工作。

虽然图片背景被消除，但是图片的大小和原始图片相同，因此希望将空白区域裁剪掉。

（3）在"图片工具"中的"格式"选项卡中单击"大小"组中的"裁剪"按钮，在图片上拖动图片边框的滑块，以调整到适当的图片大小，按 Esc 键退出裁剪操作，此时在文档中保存了合适的图片。

注意：裁剪完成后，图片多余的部分仍保留在文档中，彻底删除图片中被裁剪的多余区域，单击"调整"组中的"压缩图片"按钮，打开如图 2-74 所示的对话框，选中"压缩选项"组中的"删除图片的剪裁区域"复选框，完成此项操作。

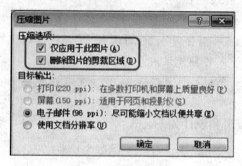

图 2-74 压缩图片

7）使用绘图画布

Word 中的绘图是指一个或一组图形对象（包括形状、图表、流程图、线条和艺术字等），用户可以使用颜色、边框或其他效果对齐进行设置。向 Word 文档插入图形对象时，可以将图形对象放置在绘图画布中。

绘图画布在绘图和文档的其他部分之间提供了一条框架式的边界。在默认情况下，绘图画布没有背景或边框，也可以像其他对象一样，进行格式设置。

绘图画布还能帮助用户将绘图的各个部分组合起来，适合于若干个形状组成的绘图情况。插入画布的方法：将光标插入到绘制画布的位置，单击"插入"选项卡中"插图"组中的"形状"按钮的下拉列表框中的"新建绘图画布"命令，即可在插入的绘图画布中插入图形等相关对象。当选择绘图画布时，功能区会出现"格式"上下文选项卡，可以利用提供的按钮实现对画布对象的设置。

如果用户要删除整个绘图或部分绘图，可选择绘图画布或要删除的图形对象，然后按 Delete 键删除。

2.3.5 公式

在编写论文或一些学术著作时，经常需要处理数学公式，利用 Word 2010 的公式编辑器，可以方便快捷地制作和编辑专业的数学公式。Word 2010 提供有创建空白公式对象的功能，用户可以根据实际需要在文档中灵活创建公式。

在文档合适的位置，单击"插入"选项卡中的"符号"组中的"公式"按钮，可以使用下拉菜单中预定义好的公式，也可以选择"插入新公式"命令自定义公式，此时，在文档中会出现公式输入框，同时，功能区也会出现如图 2-75 所示的"公式工具"的"设计"选项卡。

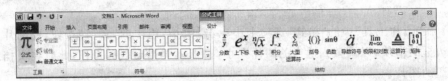

图 2-75　"公式工具"的"设计"选项卡

在 Word 2010 文档中将创建一个空白公式框架，然后通过键盘或"公式工具/设计"功能区的"符号"分组输入公式内容。

注意：在"公式工具/设计"功能区的"符号"分组中，默认显示"基础数学"符号。除此之外，Word 2010 还提供了"希腊字母"、"字母类符号"、"运算符"、"箭头"、"求反关系运算符"、"手写体"、"几何学"等多种符号供用户使用。

在输入公式时，插入点光标的位置很重要，它决定了当前输入内容在公式中所处的位置，可通过在所需的位置处单击来改变光标位置。

利用公式编辑器可编辑和设计如下公式：

$$\sqrt[3]{a^2+b^2}, \quad \int_0^u \frac{\sin x}{\sqrt{x}} = \sum_1^\infty \frac{2+u^5}{\sqrt[3]{u^2+1}}$$

2.3.6　文档封面

专业的文档要配以漂亮的封面才会更加完美，在 Word 2010 中，内置的"封面库"为用户封面的设计提供了充足的选择空间。

在文档中添加封面的操作方法是：单击"插入"选项卡"页"组中的"封面"按钮，"封面库"以图示的方式列出了许多文档封面，用户单击任意需要的封面，该封面就会自动插入到当前文档的第一页，现有的文档内容会自动后移。单击封面中的文本属性，输入相应的文字信息，一个漂亮的封面就制作完成了。

如果用户要删除该封面，可以在"插入"选项卡"页"组中的"封面"按钮，在下拉列表中单击"删除当前封面"命令即可。

如果用户自己设计了符合特定需要的封面，也可以将其保存在"封面库"中（使用文档构建），以避免在下次使用时重新设计，浪费时间。

2.3.7　使用主题

在 Office 2010 中，主题功能简化了用户设置协调一致、美观专业的文档的操作过程，可以为表格、图表、形状和图示选择相同的颜色或样式，节省时间。

文档主题是一套具有统一设计元素的格式选项，包括一组主题颜色（配色方案的集合）、一组主题字体（包括标题字体、正文文字）和一组主题效果（包括线条和填充效果）。通过应用文档主题，用户可以快速而轻松地设置整个文档的格式，使其外观专业和时尚。

　　文档主题可以在 Word、Excel 和 PowerPoint 应用程序之间共享，确保了应用相同主题的 Office 文档高度一致的外观。

　　文档中使用主题的方法是：单击"页面布局"选项卡中"主题"组中的"主题"按钮，系统内置的"主题库"以图示的方式为用户罗列了 20 余种文档主题，用户可以在这些主题之间活动鼠标，通过实时预览功能试用每个主题的应用效果。单击一个符合用户需要的主题，即可完成文档主题的设置。

　　用户不仅可以应用预定义的文档主题，还能依照实际的使用需求创建自定义文档主题。要自定义文档主题，需要完成对主题颜色、主题字体和主题效果的设置工作。对一个或多个这样的主题组建所做的更改将影响当前文档的显示外观。如果要将这些更改应用到新文档中，可以将它们另存为自定义主题文档。

2.4　表　格　处　理

　　Word 2010 提供了丰富的表格编辑功能，可以方便地生成较为复杂的表格。表格以行和列的形式体现，结构严谨，效果直观且信息量大。Word 2010 表格具有创建、选择、插入、合并及排序等强大的功能，而且表格与文本之间还能相互转换。

　　表中包含了一些不规则的单元格，单元格中的文字内容是按一定的方式对齐的，表格又是由不同的线形及底纹颜色构成的。要完成表格的制作，必须利用 Word 中的合并与拆分单元格、单元格的对齐方式、设置表格的边框和底纹等功能实现。

　　本节以创建如图 2-76 所示的表格为例，讲述表格的创建与编辑。

安排＼星期	时间	地点	内容	主持人	申请经费	参加人员
星期一	9：00	1号楼第三会议室	校国家社科基金项目管理工作座谈会	李院长	150	科技处、教务处、各院系负责人
星期一	14：30	1号楼第三会议室	软件高职人才培养基地调研	沈处长	260	教务处、信息学院党政领导、软件高职人才培养基地负责人
星期五	9：30	行政楼226会议室	第十三次教工代表大会	沈书记	380	各部门教工代表
星期五	14：00	校门球场	老年节门球友谊赛	贾院长	450	离退休处
经费总数					1240	
备注：请有关人员准时参加会议，如果有特殊情况不能参加，请找学院办公室主任说明情况。经费的单位为：元						

图 2-76　样表

2.4.1　建立规则表格

方法1：单击"插入"选项卡中的"表格"组中的"表格"下拉按钮,在下拉菜单中的虚拟
表格里移动鼠标指针,经过需要插入的表格行列,确定
后单击,即可创建一个规则表格。

方法2：单击"插入"选项卡中的"表格"组中的"表
格"下拉按钮,在下拉菜单中选择"插入表格"命令,弹
出如图 2-77 所示的对话框,选择或直接输入所需的列
数和行数,单击"确定"按钮,完成表格的创建。

2.4.2　建立不规则表格

单击"插入"选项卡中的"表格"组中的"表格"下拉
按钮,在下拉菜单中选择"绘制表格"命令,此时,光标
呈铅笔状,可直接绘制表格外框、行列线和斜线(在线

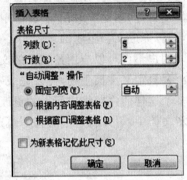

图 2-77　"插入表格"对话框

段的起点单击并拖拽至终点释放),绘制完成后,单击"表格工具"选项卡中的"设计"中的
"绘制表格"按钮,取消选定状态或按 Esc 键。也可以在绘制完规则图形后,利用"绘制表
格"功能实现单元格的拆分、画斜线,利用"擦除"按钮实现单元格的合并,用鼠标沿表格线
拖拽或单击即可。

2.4.3　文本和表格的相互转换

Word 可以实现文档中的文字与表格间的相互转换,比如可以一次性将多行文字转
换为表格的形式,或将表格形式转换为文字形式。按规律分隔的文本可以转换成表格,文
本的分隔符可以是空格、制表符、逗号或其他符号等。

1. 文本转换成表格

选中所需转换的文本,然后单击"插入"选项卡中的"表格"按钮,在下拉菜单中选择
"文本转换成表格"命令,弹出"将文字转换成表格"对话框。在"列数"微调框中输入所需
的列数,在"自动调整操作"选项组中选中"固定列宽"单选按钮,在"文字分隔位置"选项组
中选中"制表符"单选按钮,如图 2-78 所示,单击"确定"按钮即可。

注意：如果在转换的过程中,表格的列数始终是一列的话,说明文字分隔符的选择不
正确,根据原文档中分隔数据用的符号,可以是段落标记、逗号、空格、制表符,也可以是其
他字符,选择不同的符号,看表格的列数是否发生更改,如果没有任何变化,可以在其他字
符后填入文档中出现的字符。

2. 表格转换成文本

选中要转换的表格,单击"布局"选项卡中的"转换为文本"按钮 ⬚ 转换为文本 。在弹出的
"表格转换为文本"对话框中选中"制表符"单选按钮,如图 2-79 所示,单击"确定"按钮,表
格即变成文本形式了。

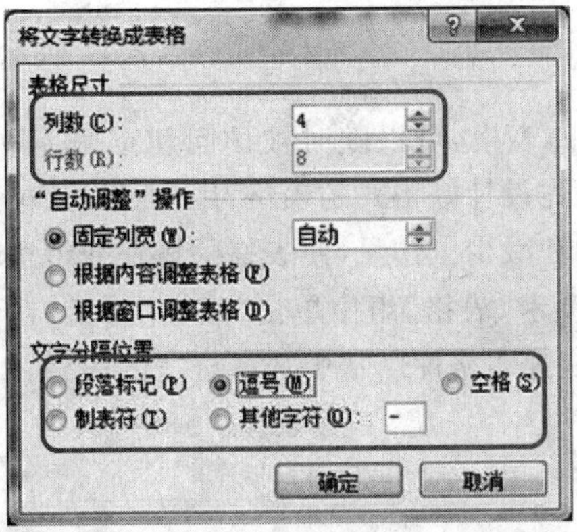

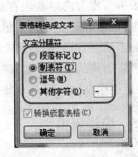

图 2-78　"将文字转换成表格"对话框　　　　2-79　选中"制表符"单选按钮

　　将图 2-80 所示的表格转换为文本后的效果如图 2-81 所示。如果选择逗号,效果如图 2-82 所示。

姓名	数学	英语	语文	平均成绩
李国强	77	73	73	74
李露	67	86	45	66
王芳	89	74	75	79
王晓	71	84	95	83
徐珊珊	87	90	71	83
张一鸣	92	83	86	87
数学总分	483			

图 2-80　原表格数据

```
姓名      数学      英语      语文      平均成绩
李国强    77        73        73        74
李露      67        86        45        66
王芳      89        74        75        79
王晓      71        84        95        83
徐珊珊    87        90        71        83
张一鸣    92        83        86        87
数学总分  483
```

图 2-81　表格转换为文本后数据

```
姓名, 数学, 英语, 语文, 平均成绩
李国强, 77, 73, 73, 74
李露, 67, 86, 45, 66
王芳, 89, 74, 75, 79
王晓, 71, 84, 95, 83
徐珊珊, 87, 90, 71, 83
张一鸣, 92, 83, 86, 87
数学总分, 483
```

图 2-82　逗号分隔符效果

2.4.4 使用快速表格

快速表格是作为构建基块存储在库中的表格，可以随时被访问和重用。Word 2010提供了一个"快速表格库"，其中包含一组预先设计好格式的表格，用户可以从中选择实现快速表格的创建，可以节省创建表格的时间和减少工作量，使表格的操作变得很轻松。

快速表格创建的方法是：在"插入"选项卡"表格"组中单击"表格"按钮，在下拉列表中选择"快速表格"命令，打开系统内置的"快速表格库"，从中选择合适的表格。

2.4.5 编辑表格

1. 数据录入

表格中行和列交叉处的一个小方格称为单元格。将光标定位在单元格中，可输入数据，按 Tab 键或按键盘上的右方向键"→"，可将光标移到下一个单元格，继续输入内容，如图 2-83 所示。

	时间	地点	内容	主持人	申请经费	参加人员
星期一	9：00	1号楼第三会议室	校国家社科基金项目管理工作座谈会	李院长	150	科技处、教务处、各院系负责人
	14：30	1号楼第三会议室	软件高职人才培养基地调研	沈处长	260	教务处、信息学院党政领导、软件高职人才培养基地负责人
星期五	9：30	行政楼226会议室	第十三次教工代表大会	沈书记	380	各部门教工代表
	14：00	校门球场	老年节门球友谊赛	贾院长	450	离退休处
经费总数						

图 2-83　输入表格中文字

2. 行、列、单元格和表格的选择

1）选定行

将光标移到一行的最左边，鼠标指针变成指向右上角的箭头时，单击，即选定一行。

2）选定列

将光标移到一列的最上边，鼠标指针变成向下的黑色小箭头时，单击，即选定一列。

3）选定单元格

将光标移到一个单元格的最左边，鼠标指针变成指向右上角的黑色小箭头时，单击，即选定这个单元格。

4）选定表格

鼠标指针指向表格，单击表格左上角的标记⊞，如图 2-84 所示，可选定整个表格。

在"布局"选项卡的"表"组中单击"选择"按钮,通过下拉菜单中的命令也可选择行、列、单元格或整个表格。

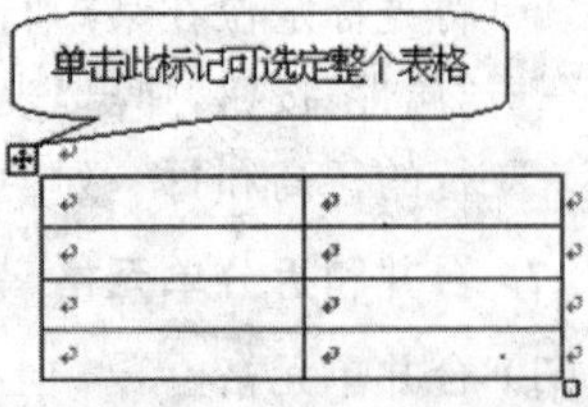

3. 插入和删除行

1)插入行

将光标定位在某一行中,在出现的"表格工具"中选择"布局"选项卡,在"行和列"组单击"从上方插入行"或"从下方插入行"按钮,即可在当前行的上方或下方插入一新的行。

图 2-84 选定整个表格

2)删除行

将光标定位在某一行中,在"布局"选项卡的"行和列"组中单击"删除"按钮,在下拉菜单中选择"删除行"命令,即可删除当前行。

4. 插入和删除列

1)插入列

将光标定位在某一列中,在"布局"选项卡的"行和列"组中单击"从左侧插入"或"从右侧插入"按钮,即可在当前列的左侧或右侧插入一新的列。

2)删除列

将光标定位在某一列中,在"布局"选项卡的"行和列"组中单击"删除"按钮,在下拉菜单中选择"删除列"命令,即可删除当前列。

5. 插入和删除单元格

1)插入单元格

将光标定位在某一单元格中,在出现的"表格工具"中选择"布局"选项卡,在"行和列"组中单击右下角的"对话框启动器"按钮 ，即弹出如图 2-85 所示的"插入单元格"对话框,在其中选择某种插入方式,单击"确定"按钮即可。

2)删除单元格

将光标定位在某一个单元格中,在"布局"选项卡的"行和列"组中单击"删除"按钮,在下拉菜单中选择"单元格"命令,即弹出如图 2-85 所示的"删除单元格"对话框,在其中选择某种删除方式,单击"确定"按钮即可。

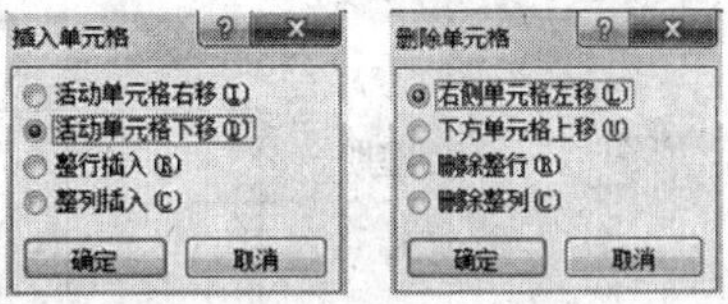

图 2-85 "插入单元格"和"删除单元格"对话框

6. 调整行高、列宽和单元格宽度

调整行高、列宽和单元格宽度的方法如下。

- 鼠标指针指向表格的行、列线,指针变成双向箭头时,按住鼠标左键拖动,即可调整表格各行、列的高度和宽度。若同时按住 Alt 键,则可精确调整。
- 将鼠标指针置于表格中,在出现的"表格工具"中选择"布局"选项卡,在"单元格大小"组中单击"自动调整"按钮,在其下拉菜单中选择"根据内容自动调整表格"、"根据窗口自动调整表格"、"固定列宽"等命令可调整表格大小。

- 将光标定位在某一行,在出现的"表格工具"中选择"布局"选项卡,在"表"组单击"属性"按钮,弹出"表格属性"对话框,在"行"选项卡和"列"选项卡中可调整每一行的行高和每一列的列宽。

7. 合并和拆分单元格

1) 合并单元格

选定多个连续的单元格,在出现的"表格工具"中选择"布局"选项卡,在"合并"组中单击"合并单元格"按钮,则将多个单元格合并为一个单元格。

2) 拆分单元格

将光标定位在某一个单元格中,在出现的"表格工具"中选择"布局"选项卡,在"合并"组中单击"拆分单元格"按钮,弹出如图 2-86 所示的"拆分单元格"对话框,在"列数"和"行数"微调框中调整数值,单击"确定"按钮,可将一个单元格拆分成多个单元格。

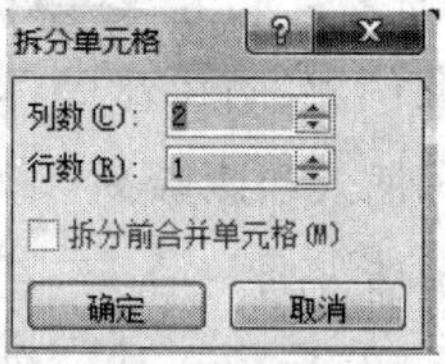

8. 对齐方式

选定行、列、表格中的内容,或将光标定位在某个单元格中,在出现的"表格工具"中选择"布局",在"对齐方式"组中单击对齐按钮;或者在"开始"选项卡的"段落"组中设置其"缩进和间距"选项卡中的"对齐方式",都可设置表格中数据的对齐方式。但后者只能设置水平对齐方式。

图 2-86　"拆分单元格"对话框

如图 2-83 所示的表格经过合并单元格、单元格对齐方式的设置后形成如图 2-87 所示的表格。

	时间	地点	内容	主持人	申请经费	参加人员
星期一	9:00	1号楼第三会议室	校国家社科基金项目管理工作座谈会	李院长	150	科技处、教务处、各院系负责人
	14:30	1号楼第三会议室	软件高职人才培养基地调研	沈处长	260	教务处、信息学院党政领导、软件高职人才培养基地负责人
星期五	9:30	行政楼226会议室	第十三次教工代表大会	沈书记	380	各部门教工代表
	14:00	校门球场	老年节门球友谊赛	贾院长	450	离退休处
经费总数						
备注:请有关人员准时参加活动或会议,如果有特殊情况不能参加,请找学院办公室主任说明情况。						
经费的单位为:元						

图 2-87　编辑后的表格

9. 给表格添加内外边框

选中要设置边框的表格,出现"表格工具"上下文选项卡,打开"设计"选项卡,在"绘图边框"中设置边框线的样式、粗细与颜色,单击"边框"按钮右侧下三角按钮,在弹出的下拉列表中选择相应的边框。也可单击"绘图边框"的"对话框启动器"按钮,在弹出的"边框和底纹"对话框中进行设置。本例设置边框此操作步骤如下。

(1)选择整个表格,在"绘图边框"选项组中选择线型为"双线"、宽度为1.5磅,单击"边框"按钮右侧的下三角按钮,在弹出的下拉列表中单击"外侧框线"按钮。

(2)选择整个表格,在"绘图边框"选项组中选择线型为"单实线"、宽度为0.5磅,单击"边框"按钮右侧的下三角按钮,在弹出的下拉列表中单击"内部框线"按钮。

(3)将光标置于第一行第一列单元格内,单击"边框"按钮右侧的下三角按钮,在弹出的下拉列表中单击"斜下框线"选项。

(4)选中表格第一行,在"绘图边框"选项组中选择线型为"单实线"、宽度为1.5磅,单击"边框"按钮右侧的下三角按钮,在弹出的下拉列表中单击"下框线"按钮。

(5)选中表格最后一行,在"绘图边框"选项组中选择线型为"双线"、宽度为1.5磅,单击"边框"按钮右侧的下三角按钮,在弹出的下拉列表中单击"上框线"按钮。

设置效果如图2-88所示。

安排 时间	时间	地点	内容	主持人	申请经费	参加人员
星期一	9:00	1号楼第三会议室	校国家社科基金项目管理工作座谈会	李院长	150	科技处、教务处、各院系负责人
	14:30	1号楼第三会议室	软件高职人才培养基地调研	沈处长	260	教务处、信息学院党政领导、软件高职人才培养基地负责人
星期五	9:30	行政楼226会议室	第十三次教工代表大会	沈书记	380	各部门教工代表
	14:00	校门球场	老年节门球友谊赛	贾院长	450	离退休处
经费总数						
备注:请有关人员准时参加活动或会议,如果有特殊情况不能参加,请找学院办公室主任说明情况。						
经费的单位为:元						

图 2-88 表格编辑效果

10. 给表格添加底纹

在表格中可以用不同的颜色作为单元格的背景颜色来区分不同的内容区域。操作方法:选择需要设置底纹的单元格,单击"底纹"按钮右侧的下三角按钮,在弹出的颜色下拉列表中选择所需的颜色即可。

11. 设置表格文字方向

在表格中为了显示的需要,有时需要更改文字的方向,如本例中的"星期一"和"星期五"单元格。操作方法：选择需设置文字方向的单元格，单击"布局"选项卡"对齐方式"选项组中的"文字方向"按钮，实现水平方向与垂直方向的置换。

12. 设置标题行跨页重复

在制作 Word 表格的过程中，如果 Word 表格的行数较多而需要使用多页纸时，可以借助 Word 提供的"重复标题行"功能来为自动跨页的多行 Word 表格加上重复标题，且这个标题会与前面的 Word 表格标题行保持同步。操作方法：将光标定位于指定为表格标题的行中，单击"布局"选项卡"数据"选项组中的"重复标题行"按钮即可。

2.4.6 表格内数据的处理

1. 数据排序

数据排序的方法如下。

将光标定位在表格中，在出现的"表格工具"中选择"布局"选项卡，在"数据"组中单击"排序"按钮，弹出如图 2-89 所示的"排序"对话框。在排序依据（如主要关键字、次要关键字、第三关键字）下拉列表框中选择排序列，在"类型"下拉列表框中选择排序的方式，包括笔画、数字、日期、拼音，在其后选择"升序"或"降序"单选按钮。

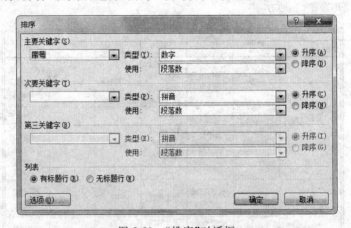

图 2-89 "排序"对话框

在排序时最多可设置 3 个关键字，首先按照主要关键字升序或降序排列；当主要关键字列值相同时，若有次要关键字，则按照次要关键字排序，以此类推。

2. 数据计算

进行数据计算的操作步骤如下。

（1）将光标定位在需放置计算结果的单元格，在出现的"表格工具"中选择"布局"选项卡，在"数据"组中单击"公式"按钮，弹出如图 2-90 所示的"公式"对话框。

（2）在"公式"文本框中以"＝"开头，输入所需的公式。在"粘贴函数"下拉列表框中可选择

图 2-90 "公式"对话框

所需的函数,如 SUM 表示求和,AVERAGE 表示求平均值,COUNT 表示求个数,MAX
表示求最大的值、MIN 表示求最小的值。在函数的括号中,LEFT 表示计算当前单元格
左侧的数据,ABOVE 表示计算当前单元格上方的数据。

（3）在"编号格式"下拉列表框中输入或选择显示计算结果的格式。

3. 表格与文字之间的转换

1）表格转换为文字

将光标定位在表格中,在出现的"表格工具"中选择"布局"选项卡,在"数据"组中单击
"转换成文本"按钮,弹出如图 2-91 所示的"表格转换成文本"对话框,在"文字分隔符"选
项组中选择文字之间的分隔符,单击"确定"按钮可将表格转换为文字。

2）文字转换为表格

首先输入一段用逗号、空格或段落标记等分隔的文字,选择这段文字,在"插入"选项
卡的"表格"组中单击"表格"按钮,在下拉菜单中选择"文本转换成表格"命令,弹出如
图 2-92 所示的"将文字转换成表格"对话框,在"列数"微调框中输入表格的列数,在"文字
分隔位置"选项组中选择文字之间的分隔符,单击"确定"按钮,可将文字转换为表格。

图 2-91　"表格转换成文本"对话框

图 2-92　"将文字转换成表格"对话框

2.5　长文档排版

在日常的工作和学习中,有时会遇到长文档的编辑,由于长文档内容多,目录结构复
杂,如果不使用正确的方法,整篇文档的编辑可能会事倍功半,最终效果也不尽如人意。

2.5.1　样式的创建和使用

样式,就是系统或用户定义并保存的一系列排版格式,包括字体、段落的对齐方式、行
间距、段间距、制表位等。使用样式不仅可以轻松快捷地编排具有统一格式的段落,而且
可以使文档格式严格保持一致。样式实际上是一组排版格式指令,因此,在编写一篇文档
时,可以先将文档中要用到的各种样式分别加以定义。Word 2010 预定义了标准样式,如
果用户有特殊要求,也可以根据自己的需要修改标准样式或重新定制样式。

在创建长文档时经常需要自动生成目录,自动生成目录的前提是文章中的各级标题段落使用了"级别样式"。

1. 修改 Word 内置样式

Word 2010 本身自带了许多样式,称为内置样式。但有时候这些样式不能满足需求,此时,可以创建新的样式,称为自定义样式,也可以对内置样式进行修改。

如硕士论文中的多级标题编排规范如表 2-2 所示。

表 2-2　多级标题编排规范

标题名称	级别	编号规范	格 式 要 求
章	1	1	小三号加粗宋体,段前段后各空 18 磅,居左
节	2	1.1	四号加粗宋体,段前段后各空 12 磅,居左
款	3	1.1.1	小四号加粗宋体,段前段后各空 6 磅,居左
项	4	1.	小四号宋体,行距 20 磅(同正文)

各级标题中的数字和字母采用 Times New Roman 字体。下面以"章"标题样式为例,介绍如何修改 Word 内置的标题样式。

(1) 在"开始"选项卡的"样式"组,可看到多种样式,如图 2-93 所示。

(2) 右击"标题 1",在弹出的快捷菜单中选择"修改"命令,如图 2-94 所示。

图 2-93　"样式"组

图 2-94　快捷菜单

(3) 弹出"修改样式"对话框,如图 2-95 所示,在"名称"文本框中输入样式名称"章";在"格式"选项组中设置中文字体为"宋体",西文字体为 Times New Roman,字形为"加粗",字号为"小三"。

(4) 单击"修改样式"对话框下面的"格式"按钮,在弹出的菜单中选择"段落"命令,打开"段落"对话框,将对齐方式设置为"左对齐",段前、段后间距设置为 18 磅,如图 2-96 所示。

(5) 单击"确定"按钮,返回"修改样式"对话框,选中"自动更新"复选框,单击"确定"按钮。

按照"章"标题样式修改的方法,将 Word 内置的标题 2 和标题 3 修改为"节"标题和"款"标题。由于标题 4 的样式与正文的样式一样,因此只需要对正文样式进行设置。结果如图 2-97 所示。

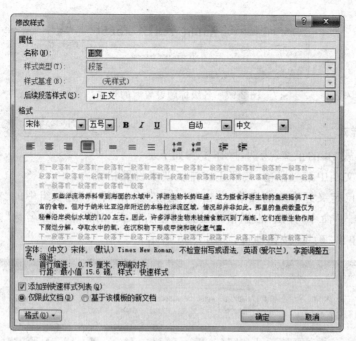

图 2-95　"修改样式"对话框

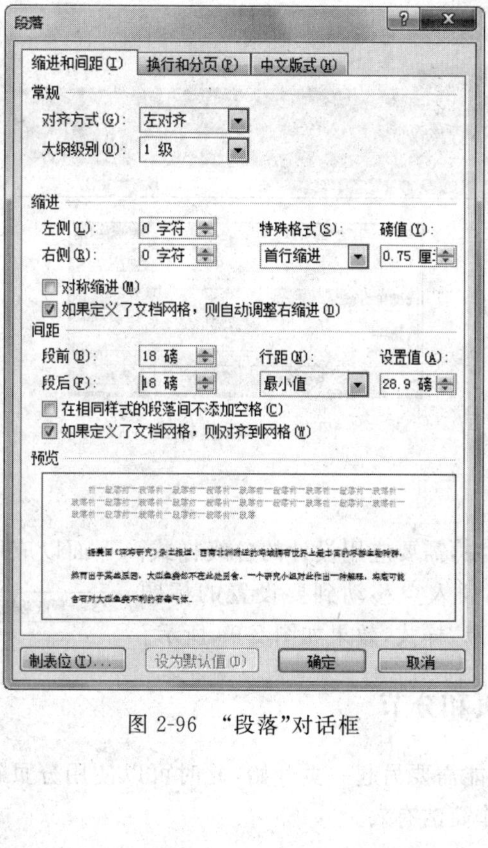

图 2-96　"段落"对话框

图 2-97   各级标题设置后的样式

2. 新建样式

以新建样式"我的正文"为例,操作步骤如下。

(1) 选中文档中某一段落,按照正文排版要求设置格式。

(2) 选中已定义好格式的段落,单击"开始"选项卡"样式"选项组中的"将所选内容保存为新快速样式"命令,弹出"根据格式设置创建新样式"对话框,在"名称"文本框中输入"我的正文",单击"确定"按钮即可,如图 2-98 所示。

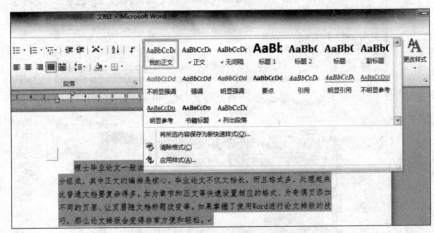

图 2-98   新建样式

3. 应用样式

在撰写正文的过程中,需要应用设计的各级样式。下面以应用"章"标题样式为例介绍具体的操作方法:将插入点移动到要设置的标题处,在"样式"组中单击"章"样式,效果如图 2-99 所示。

图 2-99   样式的效果

2.5.2   文档分页和分节

文档的不同部分可能需要另起一页开始,此时可以使用分页符或分节符来划分文档内容,使文档的排版工作简洁有效。

1．插入分页符

插入分页符的操作步骤如下。

（1）将光标置于需要分页的位置。

（2）单击"页面布局"选项卡"页面设置"选项组中的"分隔符"按钮，打开如图 2-100
所示的"插入分页符和分节符"选项列表。

（3）单击"分页符"命令集中的"分页符"按钮，即
可在当前光标处插入一个分页符，且光标后的内容自
动布局到新的页面中，分页符前后页面的设置属性及
参数保持一致。

2．插入分节符

"节"指的是文档中的一部分，可以是几页为一
节，也可以是几个段落为一节。通过分节，可以把文
档变成几个部分，然后针对每个不同的节设置不同的
格式，如页边距、纸张大小和纸张方向、不同的页眉和
页脚、不同的分栏方式等。分节符是在节的结尾处插
入的一个标记，每插入一个分节符，表示文档的前面
与后面是不同的节。

在本章中，论文封面、封二和声明页面是不需要
显示页眉和页脚的，也不需要编页码，而且这几页要
单面打印；其他部分双面打印，为了方便操作，打印的
时候会选择"双面打印"。中英文摘要和目录需要用
罗马数字"Ⅰ，Ⅱ，Ⅲ，…"作为页码，正文中要用阿拉

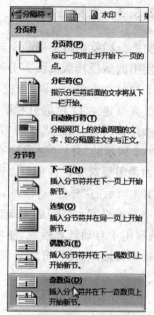

图 2-100　"插入分页符和分节符"
选项列表

伯数字"1,2,3,…"作为页码，且这几个部分需要有页眉。因此每个部分都需要用到分
节符。

以在封面之后插入"奇数页"分节符为例进行介绍，另外三个页面的操作类似。

（1）将光标定位在封二的起始位置。

（2）单击"页面布局"选项卡"页面设置"选项组中的"分隔符"按钮，打开如图 2-100
所示的"插入分页符和分节符"选项列表。

（3）单击"分节符"命令集中的"奇数页"命令按钮，在封面的最后插入如图 2-101 所
示的分节符。

图 2-101　插入的"分节符"

分节符的类型主要有下一页、连续、偶数页、奇数页共四种，下面分别介绍其含义。

· "下一页"表示插入分节符并分页，使下一节从下一页顶端开始。

· "连续"表示插入分节符即开始新节，不插入分页符。

- "偶数页"表示插入分节符,下一节从下一偶数页开始。如果分节符位于偶数页,则 Word 会将下一奇数页留为空白。
- "奇数页"表示插入分节符,下一节从下一奇数页开始。如果分节符位于奇数页,则 Word 会将下一偶数页留为空白。

2.5.3　文档分栏

文档分栏就是将文档的全部页面或选中的内容设置为多栏,从而呈现出报刊、杂志中经常使用的多栏排版页面。分栏既可美化页面,又可方便阅读。默认情况下,Word 2010 提供 5 种分栏类型:一栏、二栏、三栏、偏右、偏左。可以根据实际情况选择合适的分栏类型。最多可建立 11 栏的分栏版式。且可自行设定栏宽和栏间距,以及在栏间添加分隔线等。操作方法为:单击"页面布局"选项卡"页面设置"选项组中的"分栏"按钮,弹出如图 2-102 所示的"分栏"选项列表,其中提供了 5 种预定义的分栏类型,可以从中选择一种。如果需要对分栏进行更多设置,则单击"分栏"选项列表中的"更多分栏"命令,打开如图 2-103 所示的"分栏"对话框,在"栏数"微调框中设置所需的分栏数,在"宽度和间距"选项组中设置栏宽和栏间的距离。如果选中"栏宽相等"复选框,则 Word 会在"宽度和间距"选项组中自动计算栏宽,使各栏宽度相等。如果选中"分隔线"复选框,则 Word 会在栏间插入分隔线,使得分栏界限更加清晰。

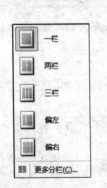

图 2-102　"分栏"选项列表

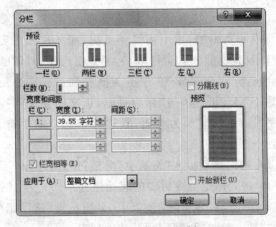

图 2-103　"分栏"对话框

2.5.4　设置文档页眉和页脚

页眉和页脚是指在文档中的每一页的顶端和底端重复出现的文字或图片信息。一般在页面顶端出现的信息称为页眉,在页面底端出现的信息称为页脚。

1. 设置奇偶页不同的页眉

论文中要求奇偶页的页眉、页脚不同,同时,每一章的奇偶页的页眉中显示不同的内容。下面介绍为第 1 章设置页眉的操作方法。

（1）在"页面布局"选项卡的"页面设置"选项组中单击右下角的按钮 ⌜◣⌟,打开"页面设置"对话框,切换到"版式"选项卡,在"页眉和眉脚"选项组中选中"奇偶页不同"复选框,然后单击"确定"按钮结束设置,如图 2-104 所示。

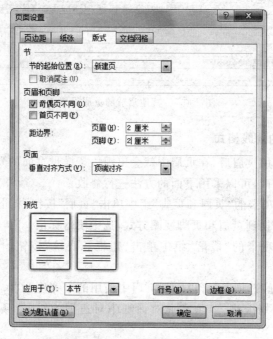

图 2-104 设置奇偶页不同

(2)在"插入"选项卡的"页眉页脚"组中单击"页眉"按钮,在下拉菜单中选择"编辑页眉"命令,这时可以看到光标在奇数页页眉编辑区中闪烁,输入奇数页页眉内容,如图 2-105 所示。

图 2-105 设置奇数页页眉

(3)单击"页眉和页脚工具"中"设计"选项卡的"下一节"按钮,将光标移到偶数页页眉编辑区,然后输入偶数页页眉内容,如图 2-106 所示。

图 2-106 设置偶数页页眉

提示:在为第 1 章之后的章节设置页眉的时候可以发现,页眉的右上角显示"与上一节相同",并且奇偶数页眉内容都与上一节的相同。由于论文中正文的奇数页页眉显示的内容都一样,因此可以设置为"与上一节相同",采用默认设置即可;而偶数页的页眉需要显示章名,不同的章节显示不同的章名,因此显示内容不能与上一节相同,需要单击"页眉和页脚"工具栏上的"链接到前一条页眉"按钮,使该功能失效,然后再输入偶数页页眉内容,否则上一章的偶数页眉也会一起改变。结果如图 2-107 所示。

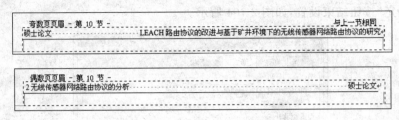

图 2-107　其他章节的页眉设置

2. 修改页眉中的划线格式

选择在文档中使用页眉后,在页眉中就会出现一条横贯页面的划线,如果对系统设置的划线格式不满意的话,可以采用下面的方法进行修改。

(1)在"插入"选项卡的"页眉和页脚"组中单击"页眉"按钮,在下拉菜单中选择"编辑页眉"命令,将视图切换到页眉和页脚视图方式,选中段落标记。

(2)在"开始"选项卡的"段落"组中单击"边框和底纹"按钮,打开"边框和底纹"对话框。

(3)切换到"边框"选项卡,可以看到页眉中使用的是宽度为"0.75 磅"的单实线。如果需要修改页眉中的划线格式,可在此对话框中对边框的线形、颜色、宽度等项目进行修改。

3. 在页脚处添加页码

由于正文中的页码是连续的,因此只需要定位到在第 1 章所在的节,在"插入"选项卡的"页面和页脚"组中单击"页码"按钮,在下拉列菜单中选择"页面底端"下的"普通数字 1"命令,即可插入页码;在"页眉和页脚工具"的"设计"选项卡中单击"页眉和页脚"组中的"页码"按钮,在下拉菜单中选择"设置页码格式"命令,打开"页码格式"对话框,设置"起始页码"为1,如图 2-108 所示。此时,正文的页码便从 1 开始编码。

提示:如果有的章节中页码与前一章的不连续,则在"页码格式"对话框中选择"续前节"单选按钮即可。

图 2-108　设置页码格式

4. 在页眉中显示章编号及章标题内容

上面介绍的在偶数页页眉中显示章标题是手动输入的,一旦标题名称发生变化,还要手动修改页眉中的标题,不是很方便。利用插入域的方法,可以一次性设置好所有偶数页的标题,并使标题自动采用该节的标题。注意到每一章的标题都采用了"标题 1"样式,可以用一个域引用"标题 1"样式,这样就能自动根据当前节的"标题 1"样式显示它所对应的文字内容,无须反复录入,并能自动维护。具体操作步骤如下。

(1)将视图切换到页眉和页脚视图方式。

(2)将光标置于奇数页页眉处,在"插入"选项卡的"文本"组中单击"文档部件"按钮,在下拉菜单中选择"域"命令,弹出"域"对话框。

（3）在"类别"下拉列表框中选择"链接和引用",在"域名"列表框中选择 StyleRef,在"样式名"列表框中选择"标题 1",如图 2-109 所示。

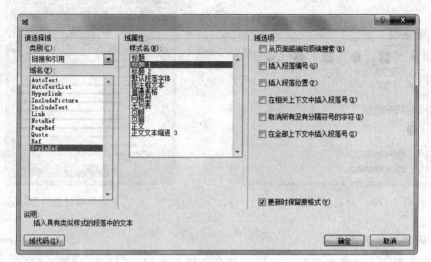

图 2-109　"域"对话框

（4）单击"确定"按钮。

2.5.5　项目符号和编号

项目符号和编号是在文本内容的前面添加的编号或符号,使内容醒目有序,更有层次感,起到强调的作用,方便阅读。

1. 项目符号的使用

1）自动创建项目符号

在文档中输入文本的同时自动创建项目符号,操作步骤如下。

（1）在文档中需要应用项目符号的位置处输入星号(＊),然后按一下空格键或 Tab键,则自动开始应用项目符号。

（2）输入所需文本后,按 Enter 键,Word 会自动将光标跳到下一行并插入项目符号。

（3）如需结束项目符号的应用,则只需连续按两次 Enter 键,或直接按删除键将最后一个项目符号删除即可。

2）为已有文本添加项目符号

为已输入的文本内容添加项目符号,操作步骤如下。

（1）选中需要添加项目符号的文档内容。

（2）单击"开始"选项卡中"段落"选项组中的"项目符号"按钮旁边的下三角按钮,在弹出的如图 2-110 所示的"项目符号库"列表中选取需要的项目符号即可。

（3）如需要定义新的项目符号,则单击"项目符号库"列表中的"定义新项目符号"命令,打开如图 2-111 所示的"定义新项目符号"对话框,在"项目符号字符"选项组中单击

"符号"按钮,选择新的项目符号,或单击"图片"按钮,选择某个图片作为新的项目符号。

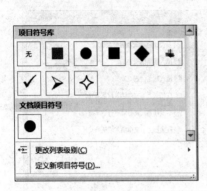

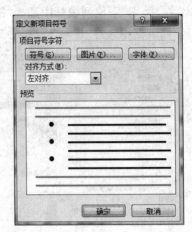

图 2-110 "项目符号库"对话框   图 2-111 "定义新项目符号"对话框

2. 编号列表的使用

使用编号列表的操作步骤与项目符号的使用相类似,通过单击"开始"选项卡中"段落"选项组的"编号"按钮实现。

如果需要文档内容更具有层次感和条理性,可以使用多级编号列表,可以从编号库中选择多级列表样式应用到文档中。

2.5.6 图、表和公式的自动编号

1. 为什么要使用自动编号

在论文中,图、表和公式要求按照在章节中出现的顺序分章编号,例如图 1-1、表 2-1、公式 3-4 等。在插入或删除图、表、公式时,编号的维护就成为一个大问题,比如若在第 2 章的第 1 张图(图 2-1)前插入一张图,则原来的图 2-1 变为图 2-2,图 2-2 变为 2-3,……更糟糕的是,文档中还有很多对这些编号的引用,比如"流程图见图 2-1"。如果图很多,引用也很多,手工修改这些编号是一件相当费劲的事情,而且还容易遗漏。表格和公式存在同样的问题。由于 Word 可对图、表、公式进行自动编号,而且在编号改变时能够自动更新文档中的相应引用,上述问题便迎刃而解。下面以图的编号为例介绍具体的操作方法。

2. 插入自动编号

自动编号可以通过 Word 的"题注"功能来实现。按论文格式要求,第 2 章的图编号格式为"图 2-×"。下面介绍自动编号的具体实现方法。

(1)将图插入文档中后,选中新插入的图,在"引用"选项卡的"题注"组中单击"插入题注"按钮,弹出"题注"对话框。

(2)在"题注"对话框中,单击"新建标签"按钮,打开"新建标签"对话框,在"标签"文本框中输入"图 2-",单击"确定"按钮,如图 2-112 所示。

图 2-112 新建标签

（3）返回到"题注"对话框,可以发现"标签"下拉列表框中多了一个标签"图 2-",编号格式为阿拉伯数字。如果编号格式不满足要求,可以单击"编号"按钮,在打开的"编号"对话框中进行修改。

（4）在"位置"下拉列表框中选择"所选项目下方"选项,单击"确定"按钮后 Word 就将标签文字和序号列到图的下方,此时可以在序号后输入说明,比如"SPIN 协议的路由建立与数据传输",如图 2-113 所示。

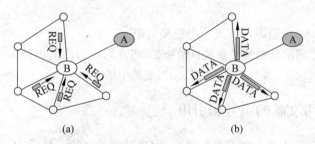

图 2-113 SPIN 协议的路由建立与数据传输

提示：题注中新建标签时,Word 会自动在标签文字和序号之间加一个空格。可以在插入题注后将空格删除,然后再将文字做成书签。

（5）再次插入图时,题注的添加方法相同,不同的是不用新建标签了,直接选择标签"图 2-"就可以了。Word 会自动按图在文档中出现的顺序进行编号。

3. 交叉引用

在编写长文档的时候,不可避免地会遇到"如图×××所示"之类的内容。对于这种内容,采用手工编写方法也可以做到,但一旦文稿需要修改,在发生变化时,页数或者章节发生变化,文中所有的这类内容都需要手工修改,这将是非常麻烦的事情。如果使用交叉引用功能,则可以在修改后自动更新,使其说明的内容与所指的位置相吻合。

交叉引用就是在文档的一个位置引用文档另一个位置的内容。既可以在同一篇文档中使用交叉引用,也可以在主控文档中任意引用子文档中的内容。如果以超链接形式插入交叉引用,则读者在阅读文档时可以通过单击交叉引用直接查看所引用的项目。

创建交叉引用的操作步骤如下。

（1）将光标定位在文档中需要输入交叉引用的地方。

（2）单击"插入"选项卡中"链接"选项组的"交叉引用"按钮,或单击"引用"选项卡中

"题注"选项组的"交叉引用"按钮,弹出如图 2-114 所示的"交叉引用"对话框。

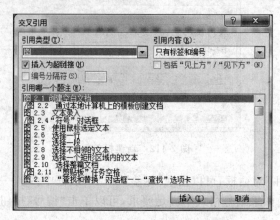

图 2-114　"交叉引用"对话框

(3) 在"引用类型"下拉列表框中选择需要的项目类型,如"图";在"引用内容"下拉列表框中选择要插入的相应的信息,如"只有标签和编号";在"引用哪一个题注"列表框中选择要引用的项目。

(4) 单击"插入"按钮即可插入一个交叉引用。

至此就实现了图的自动编号及其自动维护,当在第一张图前再插入一张图后,Word 会自动把第一张图的题注"图 2-1"改为"图 2-2",文档中的"图 2-1"也会自动变为"图 2-2"。

2.5.7　参考文献的编号和引用

参考文献的标注不是一件麻烦的事情,但是对参考文献编号后,不当的操作就会产生编号不一致的问题。手工维护这些编号是一件费力而且容易出错的事情,所以人们希望 Word 能够自动维护这些编号。幸运的是,Word 可以做到这一点,方法跟图、表、公式的自动编号相似。操作步骤如下。

(1) 将光标定位在引用参考文献的地方,在"引用"选项卡的"脚注"组中单击右下角的 按钮,弹出"脚注和尾注"对话框。

(2) 选择"尾注"单选按钮,设置位置为"文档结尾",编号格式为阿拉伯数字,如图 2-115 所示。

(3) 单击"插入"按钮后,Word 就在光标所在的地方插入参考文献的编号,并自动跳到文档尾部相应编号处提示输入参考文献的说明,在这里按参考文献著录表的格式添加相应文献。

提示:参考文献标注要求用中括号把编号括起来,这里需要手动添加中括号。

(4) 在文档中需要多次引用同一文献时,在第一次引用此文献时需要制作尾注,再次引用此文献时只需要打开"交叉引用"对话框,设置"引用类型"为"尾

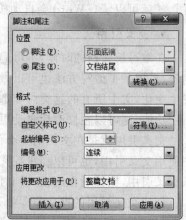

图 2-115　"脚注和尾注"对话框

注"，"引用内容"为"尾注编号（带格式）"，然后选择相应的文献，插入即可。

2.5.8　自动生成目录

目录通常位于正文之前，由文档中的各级标题及页码构成，可以手工创建和自动创建。手工创建的目录修改起来很麻烦，一般采用自动创建的方式。

1. 创建目录

Word 中目录的自动提取是基于大纲级别和段落样式的。大纲级别就是段落所处层次的级别编号。Word 提供 9 级大纲级别，对应 9 种标题样式。标题样式的设计在 2.5.1 中已经介绍过，这里只介绍自动提取目录的方法。

（1）按论文格式要求，目录放在正文的前面。在正文前插入一个新页（在第 1 章的标题前插入一个分节符），光标移到新页的开始，添加"目录"二字，并设置好格式。

（2）新起一个段落，在"引用"选项卡的"目录"组中单击"目录"按钮，在下拉菜单中选择"插入目录"命令，弹出如图 2-116 所示的"目录"对话框。设置"显示级别"为 3 级。

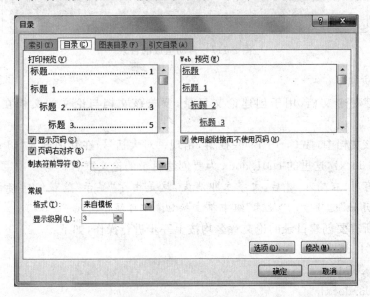

图 2-116　"目录"对话框

（3）在"目录"对话框中单击"修改"按钮，弹出"样式"对话框，在"样式"列表框中选中"目录 1"；单击"样式"对话框中的"修改"按钮，打开"修改样式"对话框，将一级目录的样式设置为三号、宋体、加粗；单击"确定"按钮，返回"样式"对话框。

（4）按步骤（3）的方法，设置二级目录和三级目录的样式。

（5）在"样式"对话框中单击"确定"按钮返回到"目录"对话框。

（6）单击"确定"按钮后 Word 就自动生成目录，如图 2-117 所示。

提示：若有章节标题不在目录中，肯定是没有使用标题样式或使用不当，而不是 Word 的目录生成有问题，请去相应章节检查。

上述是一个文档中的目录提取方法。如果章节分开保存在不同的文档中，则自动提

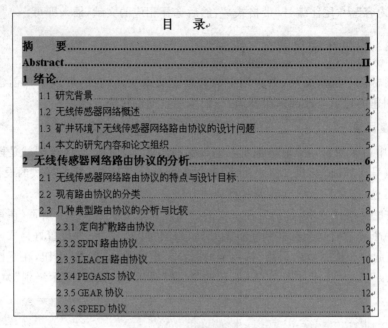

图 2-117　自动生成的目录

取目录的方法如下。

（1）新建一个文档，用于创建论文目录，要求该文档与论文的文档在同一个文件夹下。

（2）在该文档中，按 Ctrl＋F9 快捷键，出现一对大括号，在其中输入"rd ch01. docx"，即{ rd ch01. docx}，这里的 ch01. docx 为要创建目录的论文章名。

提示：有时，在输入 rd 后，文字立即消失，这是由于"显示/隐藏编辑标记"按钮没打开，可以在"开始"选项卡的"段落"组中单击按钮 即可显示。

（3）将所有要创建目录的论文章名均按上一步进行操作，如下：

{ rd ch01. docx}

{ rd ch02. docx}

{ rd ch03. docx}

{ rd ch04. docx}

……

（4）单击"文件"选项卡的"打开"按钮，在弹出的"打开"对话框中查找到该文档所在的文件夹，再单击"取消"按钮，关闭"打开"对话框。

（5）在"引用"选项卡的"目录"组中单击"目录"按钮，在下拉菜单中选择"插入目录"命令，弹出"目录"对话框，单击"确定"按钮，即可插入目录。

2. 更新域

当文档做过修改后，其标题和页码可能会发生变化，此时就需要重新创建目录，手动操作不太方便，如果使用更新域的方式就可自动修改目录。

操作步骤如下。

（1）在生成的目录区域选中目录区，在"引用"选项卡的"目录"组中单击"更新目录"按钮。

（2）在弹出的"更新目录"对话框中选择"只更新页码"或"更新整个目录"单选按钮，单击"确定"按钮就可以完成目录的修改，如图 2-118 所示。

提示：常用的域有以下几种。

Page 域：插入当前页的页号。

NumPages 域：插入文档中的总页数。

图 2-118　"更新目录"对话框

TOC 域：建立并插入目录。

StyleRef 域：插入具有样式的文本。

MergeField 域：插入合并域，在邮件合并中使用，作用是将主文档中的占位符与数据源联系在一起，自动为不同"人员"生成具有相同格式内容的通知。

2.5.9　使用"导航窗格"浏览论文的层次

修改文档时为了快速浏览，可把视图切换到其他方式，如"导航窗格"方式。"导航窗格"是一个独立的窗格，能够显示文档的标题列表。单击"导航窗格"中的标题后，Word就会跳转到文档中的相应标题位置，并将该标题的内容显示在窗口的顶部。

在"视图"选项卡的"显示"组中选中"导航窗格"复选框，窗口的左侧会显示文档结构图，如图 2-119 所示，左边显示标题，右边显示正文内容，这样能快速地在各章节中移动修改。

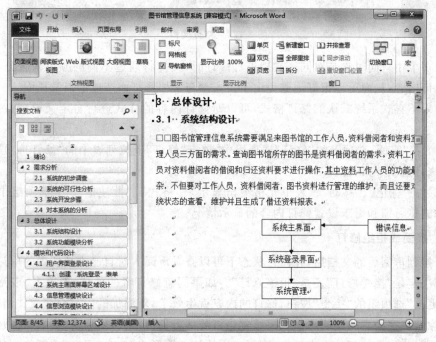

图 2-119　文档结构图

2.6　文档的审阅与修订

为了便于沟通交流以及修改,可以启动 Word 2010 审阅修订模式。启动审阅修订模式后,Word 将记录显示出所有用户对该文件的修改。

2.6.1　修订文档

1. 启动修订功能

单击"审阅"选项卡中"修订"选项组的"修订"按钮,即可开启文档的修订状态。启动了修订模式后,默认状态下,对文档所做的修改会以红色下划线显示,并在行最左边有一道竖线。如果对文档的内容进行删除,则删除的内容并没有消失,而是显示在文档右面的一个红框中,并在删除点上以虚线引出,在屏幕的左侧也会多一条黑色的竖线,表示该行文字已经修改过,如图 2-120 所示,这样可清楚地看出修改过的地方,便于自己与别人进一步修改。

图 2-120　修订文档

当多个用户同时参与对同一文档进行修订时,文档将通过不同的颜色来区分不同用户的修订内容,从而可以很好地避免由于多人参与文档修订而造成的混乱局面。

如果不喜欢系统默认的修订格式,可以对修订内容的样式进行自定义设置。操作步骤如下。

(1) 在"审阅"选项卡的"修订"选项组中,单击"修订"下拉列表中的"修订选项"命令,打开"修订选项"对话框。

(2) 在"标记"、"移动"、"表单元格突出显示"、"格式"、"批注框"5 个选项组中,根据自己的浏览习惯和需求设置修订内容的显示情况。

2. 接受或拒绝修订

当接到审阅后的文档后,在修订状态下可以查看审阅人对自己文档所做的修订,根据需要来决定是"接受修订"还是"拒绝修订"。如果同意修订者的建议,就单击"审阅"选项卡中"更改"选项组的"接受"按钮,修订的内容就生效了,新添加的内容会变成文档的一部分,删除的文字会真的被删除。如果感觉修订的部分价值不大,就单击"更改"选项组中的"拒绝"按钮,当前修订的内容消失,恢复成原始的文档形式,单击"更改"选项组中的"上一条"或"下一条"按钮,可定位到文档中的上一条或下一条修订。

2.6.2 快速比较文档

文档经过审阅后,可以通过对比的方式查看修订前后两个版本的变化情况,使用"精确比较"功能可显示修订前后两个文档的差异。操作步骤如下。

(1) 在"审阅"选项卡的"比较"选项组中,执行"比较"下拉列表中的"比较"命令,打开如图 2-121 所示的"比较文档"对话框。

图 2-121 "比较文档"对话框

(2) 在"原文档"选项组中,通过浏览找到要用做原始文档的文档;在"修订的文档"选项组中,通过浏览找到完成修订的文档。

(3) 单击"确定"按钮,此时两个文档之间的不同之处将突出显示在"比较结果"文档的中间。

2.6.3 文档部件的创建和使用

在 Word 中输入文档,经常遇到需要反复输入的句子或段落,此时可以利用 Word 中的文档部件,将经常用到的大段文字存储为文档部件,通过文档部件的插入实现快速录入重复的文字。操作步骤如下。

(1) 选中需要重复输入的文档内容(文本、图片、表格、段落等文档对象)。

(2) 在"插入"选项卡的"文本"选项组中,单击"文档部件"按钮,执行下拉列表中的"将所选内容保存到文档部件库"命令。

(3) 在打开的如图 2-122 所示的"新建构建基块"对话框中,为新建的文档部件设置"名称"属性,并在"库"、"类别"下拉列表中选择正确的选项,如"表格"、"文档部件"等。

(4) 单击"确定"按钮,完成文档部件的创建。

(5) 将光标定位于需要插入"文档部件"的位置处,根据创建的文档部件的库类别,选择"插入"选项卡的不同的选项组。如是"文档部件",则单击"文本"选项组的"文档部件"按钮,在弹出的下拉列表中

图 2-122 "新建构建基块"对话框

即可看到创建的文档部件;如是"表格",则单击"表格"选项组的"表格"按钮,在弹出的下拉列表的"快速表格"中即可找到创建的文档部件,将其直接重用在当前光标处。

2.7 高 级 应 用

2.7.1 邮件合并

1. 什么是邮件合并

邮件合并就是将不同的两种文档(主文档、数据源)组合在一起生成许多相似的文档(合并文档)。

一般如果满足如下两个规律即可使用邮件合并功能。

- 需要制作的数据量比较大。
- 这些文档内容分为固定不变的内容和变化的内容,如信封上的寄信人地址和邮政编码、信函中的落款等,这些都是固定不变的内容;而收信人的地址邮编等就属于变化的内容。

2. 邮件合并的三个基本过程

1) 建立主文档

主文档就是经过特殊标记的 Word 文档,是用于创建输出文档的"模板"。其中包含了基本的文本内容,这些文本内容在所有输出文档中都是相同的,如信封中的落款、信函中对每个收信人都不变的内容等。另外还包括一系列指令(合并域),用于插入在每个输出文档中都要发生变化的文本,如收信人地址等。

2) 准备好数据源

数据源就是含有标题行的数据记录表,其中包含了用户希望合并到输出文档的数据。数据源可以是以下类型。

- Office 地址列表:在邮件合并的过程中,"邮件合并"任务窗格为用户提供了创建简单的"Office 地址列表"的工具,可以在新建的列表中填写收件人的姓名、地址等信息。
- Word 数据源:可以使用包含一个表格的 Word 文档作为数据源,该表格的第一行必须是存放标题,其他行必须包含邮件合并所需的数据记录。
- Excel 工作表:是常用的数据源,可以是工作簿中的任意工作表或命名区域作为数据源。
- Outlook 联系人列表:可在"Outlook 联系人列表"中直接检索联系人信息。
- Access 数据库:在 Access 中创建的数据库。
- HTML 文件:只包含一个表格的 HTML 文件,表格的第一行必须存放标题,其他行必须包含邮件合并所需的数据。

3) 把数据源合并到主文档中

可以使用"邮件合并向导"将数据源合并到主文档中。

3. 运用"邮件合并"制作期末考试成绩单

××中学的期终考试结束了,各位任课老师也已经将成绩录入学校的教务系统中,现班主任老师将本班的考试成绩总表从教务系统中导出，并根据该成绩总表给每位学生家长发放其孩子的期末考试成绩单。操作步骤如下。

（1）创建邮件合并用的主文档，在 Word 中创建期末考试成绩单样本，如图 2-123 所示。

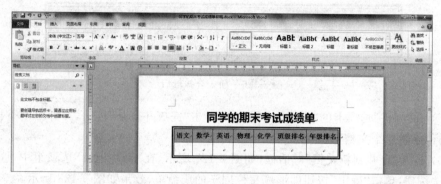

图 2-123 "期末考试成绩单"主文档

（2）选择本班的考试成绩表为数据源，如图 2-124 所示。

图 2-124 "期末考试成绩单"数据源

（3）在"邮件"选项卡上的"开始邮件合并"选项组中，执行"选择收件人"下拉列表中的"使用现有列表"命令，在弹出的"选择数据源"对话框中选取"期末考试成绩分析.xlsx"，在弹出的"选择表格"对话框中选取"初二(1)班"，如图 2-125 所示。

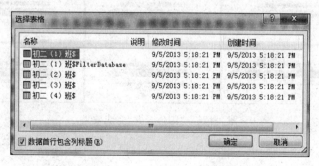

图 2-125 "选择表格"对话框

（4）将光标置于"同学的期末考试成绩单"之前，在"邮件"选项卡的"编写和插入域"

选项组中,单击"插入合并域",在弹出的下拉列表中选择"姓名",即在光标处插入《姓名》域,插入语文、数学等域操作类似,操作完成后,如图 2-126 所示。

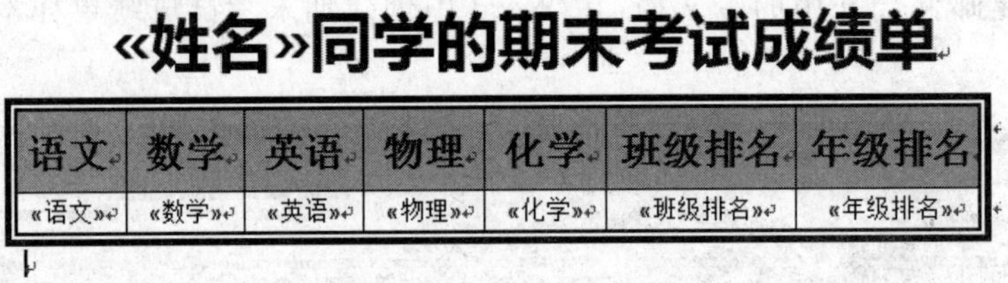

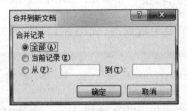

《姓名》同学的期末考试成绩单

语文	数学	英语	物理	化学	班级排名	年级排名
《语文》	《数学》	《英语》	《物理》	《化学》	《班级排名》	《年级排名》

图 2-126 插入合并域后

(5)在"邮件"选项卡的"完成"选项组中,单击"完成并合并"按钮,在弹出的下拉列表中,执行"编辑单个文档"。

(6)打开"合并到新文档"对话框,如图 2-127 所示,在"合并记录"选项组中,选择"全部"单选按钮,单击"确定"按钮即形成每位同学的成绩单,效果如图 2-128 所示。

图 2-127 "合并到新文档"对话框

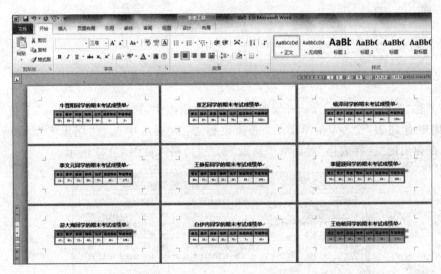

图 2-128 "邮件合并"完成效果

2.7.2 宏

在文字处理时,可能经常需要重复某些操作,这时,使用宏来自动执行这些操作能提高工作效率。宏是一系列的操作命令组合在一起形成的一个总命令,可以达到多指令一步自动完成的效果。创建宏可以通过"视图"选项卡中的"宏"组中的"宏"按钮来实现。

1. 录制宏

录制宏就是把操作过程录制下来。单击"视图"选项卡中的"宏"组中的"宏"下拉按钮,在下拉菜单中选择"录制宏"命令,打开如图 2-129 所示的对话框,指定宏名和运行方式(指定到工具栏或者键盘),然后录制记录包含宏内的操作。当单击"将宏指定到按钮"操作后,单击"确定"按钮,会弹出如图 2-130 所示的对话框,指定宏在工具栏中的位置,在此对话框中,可以修改宏的图标和标识的名称。当鼠标指针变为录制器形状时,表示宏正在录制。

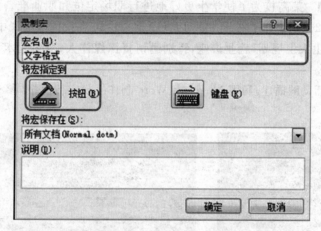

图 2-129 "录制宏"对话框

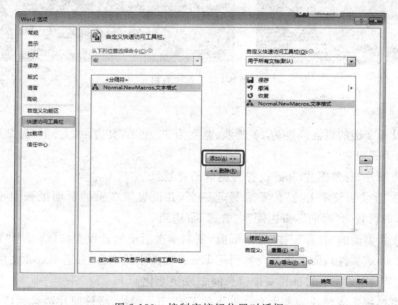

图 2-130 控制宏按钮位置对话框

2. 停止录制

单击"视图"选项卡中的"宏"组中的"宏"下拉按钮,在下拉菜单中选择"暂停录制"命令,宏录制完成。

3. 查看宏

宏录制完成后,可以运行、编辑、创建、删除和管理等操作。

2.8 典型题详解

【典型题 2-1】 某高校为了使学生更好地进行职场定位和职业准备、提高就业能力,该校学工处将于 2013 年 4 月 29 日(星期五)19-30-21:30 在校国际会议中心举办题为"领慧讲堂——大学生人生规划"就业讲座,特别邀请资深媒体人、著名艺术评论家赵蕈先生担任演讲嘉宾。

请根据上述活动的描述,利用 Microsoft Word 制作一份宣传海报,参考样式如图 2-131 所示。

图 2-131 宣传海报

要求如下:

(1) 设置文档的页面高度为 18 厘米、宽度为 30 厘米,页边距(上、下)为 2 厘米,页边距(左、右)为 3 厘米。

(2) 将图片"背景图片.jpg"设置为邀请函背景。

(3) 在"主办:校学工处"位置后另起一页,并设置第 2 页的页面纸张大小为 A4 篇幅,纸张方向设置为"横向",页边距为"普通"页边距。

(4) 在新页面的"日程安排"段落下面,复制本次活动的日程安排(请参考"Word-活动日程安排.xlsx"文件),要求表格内容引用 Excel 文件中的内容,如若 Excel 文件中的内容发生变化,Word 文档中的日程安排信息随之发生变化。

(5) 更换报告人照片为考生文件夹下的 Pic2.jpg 照片,将该照片调整到适当位置,并不要遮挡文档中的内容。

（6）利用SmartArt，制作本次活动的报名流程（学工处报名、确认坐席、领取资料、领取门票），样式参考样文。

（7）参照样文，设置"报告人介绍……"段落的第一个字"赵"下沉三行。

答案：

（1）【解题步骤】

在"页面布局"选项卡的"页面设置"选项组中，单击"纸张大小"按钮，在弹出的下拉列表中，执行"其他页面大小"命令，弹出"页面设置"对话框并自动定位于"纸张"选项卡。在"纸张大小"选项组的"宽度"文本框中输入30，"高度"文本框中输入18，注意保留原有的"厘米"单位；在"页面设置"的"页边距"选项卡的"页边距"选项组中，"上"文本框中输入2、"下"文本框中输入2、"左"文本框中输入3、"右"文本框中输入3，同样注意保留原有的"厘米"单位。

（2）【解题步骤】

在"页面布局"选项卡的"页面背景"选项组中，单击"页面颜色"按钮，在弹出的下拉列表中，执行"填充效果"命令，打开"填充效果"对话框，选择"图片"选项卡，单击"选择图片"按钮，打开"选择图片"对话框，在其中选择"背景图片.jpg"，单击"插入"按钮回到"填充效果"对话框，单击"确定"按钮完成设置。

（3）【解题步骤】

① 光标定位于"主办：校学工处"后，在"页面布局"选项卡的"页面设置"选项组中，单击"分隔符"按钮，在弹出的下拉列表中，执行"分节符"中的"下一页"命令，完成在"主办：校学工处"位置后另起一页，并与前面内容处于不同节。

② 单击"纸张大小"按钮，在弹出的下拉列表中，执行"其他页面大小"命令，打开"页面设置"对话框，自动定位于"纸张"选项卡，在"纸张大小"下拉列表中选择"A4"选项，"应用于"下拉列表中选择"本节"选项，单击"确定"按钮。

③ 在"页面设置"选项组中，单击"纸张方向"按钮，在弹出的下拉列表中，执行"横向"命令。

④ 在"页面设置"选项组中，单击"页边距"按钮，在弹出的下拉列表中，执行"普通"命令。

（4）【解题步骤】

① 在"Word-活动日程安排.xlsx"文件中，选中"活动日程安排表"，右击，执行快捷菜单中的"复制"命令。

② 将光标定位于Word文档需要插入"活动日程安排表"的位置处，右击，执行快捷菜单中"粘贴选项"中的"链接与保留源格式"命令，完成"活动日程安排表"的插入。如需更新数据，右击，在弹出的快捷菜单中，执行"更新链接"命令。

（5）【解题步骤】

① 选择文档中的报告人照片，右击，执行快捷菜单中的"更改图片"命令，打开"插入图片"对话框，在其中选择Pic2.jpg文件。

② 选中Pic2图片，在"图片工具"的"格式"选项卡中，单击"排列"选项组的"自动换行"按钮，在弹出的下拉列表中，执行"四周环绕"命令。

③ 选中 Pic2 图片,按住鼠标左键将其拖至段落的右侧,并适当调整其大小。

(6)【解题步骤】

① 在"插入"选项卡的"插图"选项组中,单击 SmartArt 按钮,在弹出的"选择 SmartArt 图形"对话框中,选择"基本流程"图形,单击"确定"按钮,即可在文档中插入一个 SmartArt 图形。

② 按照要求,在图形中分别输入"学工处报名"、"确认坐席"、"领取资料"、"领取门票"。

③ 在"SmartArt 工具"的"设计"选项卡中,单击"SmartArt 样式"选项组的"更改颜色"按钮,在弹出的下拉列表中,选择"彩色-强调文字颜色"选项,在"SmartArt 样式"中选择"强烈效果"选项。

④ 通过鼠标拖动,依照样文调整图形大小。

(7)【解题步骤】

在"插入"选项卡的"文本"选项组中,单击"首字下沉"按钮,在弹出的下拉列表中执行"下沉"命令。

【典型题 2-2】　为了更好地介绍公司的服务与市场战略,市场部助理小王需要协助制作完成公司战略规划文档,并调整文档的外观与格式。

现在,请你按照如下需求,在 Word.docx 文档中完成制作工作:

(1) 调整文档纸张大小为斜幅面,纸张方向为纵向;并调整上、下页边距为 2.5 厘米,左、右页边距为 3.2 厘米。

(2) 打开考生文件夹下的"Word_样式标准.docx"文件,将其文档样式库中的"标题1,标题样式一"和"标题2,标题样式二"复制到 Word.docx 文档样式库中。

(3) Word.docx 文档中的所有红颜色文字段落应用为"标题1,标题样式一"段落样式。

(4) 将 Word.docx 文档中的所有绿颜色文字段落应用为"标题2,标题样式二"段落样式。

(5) 文档中出现的全部"软回车"符号(手动换行符)更改为"硬回车"符号(段落标记)。

(6) 修改文档样式库中的"正文"样式,使得文档中所有正文段落首行缩进2个字符。

(7) 为文档添加页眉,并将当前页中样式为"标题1,标题样式一"的文字自动显示在页眉区域中。

(8) 在文档的第 4 个段落后(标题为"目标"的段落之前)插入一个空段落,并按照下面的数据方式在此空段落中插入一个折线图图表,将图表的标题命名为"公司业务指标"。

	销售额	成本	利润
2010 年	4.3	2.4	1.9
2011 年	6.3	5.1	1.2
2012 年	5.9	3.6	2.3
2013 年	7.8	3.2	4.6

答案:

(1)【解题步骤】

① 打开考生文件夹下的 Word.docx。

② 单击"页面布局"选项卡下"页面设置"选项组中的对话框启动器按钮,弹出"页面设置"对话框。切换至"纸张"选项卡,在"纸张大小"下拉列表中选择"A4",单击"确定"按钮即可。

③ 打开"页面设置"对话框,切换到"页边距"选项卡,设置"上"、"下"微调框为"2.5厘米",设置"左"、"右"微调框为"3.2厘米";选择"纸张方向"为"纵向",单击"确定"按钮即可。

(2)【解题步骤】

① 打开考生文件夹下的"Word_样式标准.docx"。

② 在"文件"选项卡中单击"选项"按钮,弹出"Word 选项"对话框;单击"加载项"选项卡,在"管理"下拉列表框中选择"模板",然后单击"转到"按钮。

③ 弹出"模板和加载项"对话框,选择"模板"选项卡,单击"管理器"按钮。

④ 弹出"管理器"对话框,选择"样式"选项卡,单击右侧的"关闭文件"按钮。

⑤ 继续在"管理器"对话框中单击"打开文件"按钮,弹出"打开"对话框,选择要打开的文件 Word.docx,单击"打开"按钮。

⑥ 返回"管理器"对话框,在"在 Word_样式标准"下拉列表中选择需要复制的"标题 1,标题样式一"和"标题 2,标题样式二",单击"复制"按钮即可将所选格式复制到文档Word.docx 中。

⑦ 最后单击"关闭"按钮即可。

(3)【解题步骤】

① 打开考生文件夹下的 Word.docx。

② 选中红色文字,在"开始"选项卡的"样式"选项组中单击对话框启动器按钮,弹出"样式"任务窗格,单击"标题 1,标题样式一"即可。

(4)【解题步骤】

① 打开考生文件夹下的 Word.docx。

② 在"开始"选项卡的"样式"选项组中单击对话框启动器按钮,弹出"样式"任务窗格,单击"标题 2,标题样式二"即可。

(5)【解题步骤】

① 在"开始"选项卡的"编辑"选项组中单击"替换"按钮,弹出"查找与替换"对话框。

② 切换至"替换"选项卡,在"查找内容"组合框中输入"^l",在"替换为"组合框中输入"^p",单击"全部替换"按钮。

(6)【解题步骤】

① 选中正文中的第一段。

② 在"开始"选项卡的"编辑"选项组中单击"选择"按钮,在弹出的下拉列表中选择"选择格式相似的文本"选项。

③ 在"开始"选项卡的"段落"选项组中单击对话框启动器按钮,弹出"段落"对话框,切换至"缩进和间距"选项卡,在"缩进"组的"特殊格式"下拉列表中选择"首行缩进",将"磅值"微调框中的值调为"2 字符"。

（7）【解题步骤】

① 分别将鼠标光标移至第 2 页和第 3 页的第一个字符左侧，在"页面布局"选项卡的"页面设置"选项组中单击"分隔符"按钮，在弹出的下拉列表中选择"分节符"下的"下一页"。

② 在"插入"选项卡的"页眉页脚"选项组中单击"页眉"按钮，在弹出的下拉列表中选择合适的页眉格式，这里选择"空白"。

③ 将光标分别置于各节的页眉处，在"插入"选项卡的"文本"组中单击"文档部件"按钮，在下拉菜单中选择"域"命令，弹出"域"对话框。

④ 在"类别"下拉列表框中选择"链接和引用"，在"域名"列表框中选择 StyleRef，在"样式名"列表框中选择"标题 1"，如图 2-132 所示。

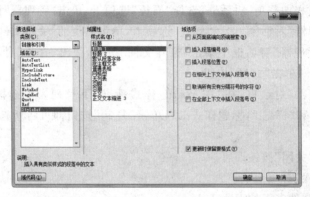

图 2-132　"域"对话框

⑤ 单击"确定"按钮。

（8）【解题步骤】

① 将鼠标光标移至第 4 个段落的最后，按 Enter 键增加一个段落。

② 在"插入"选项卡的"插图"选项组中单击"图表"按钮，在弹出的"插入图表"对话框中选择"折线图"→"带数据标记的折线图"，单击"确定"按钮。

③ 弹出 Excel 窗口，复制 Word 中的数据。

④ 在"布局"选项卡的"标签"组中单击"图表标题"按钮，在下拉列表中选择"图表上方"命令，输入图表名称"公司业务指标"。

2.9　习　　题

【操作题 1】　题目背景与要求描述

在考生文件夹下打开文档"Word. docx"，按照要求完成下列操作并以该文件名"Word. docx"保存文档。

（1）调整纸张大小为 B5，页边距的左边距为 2cm，右边距为 2cm，装订线 1cm，对称页边距。

（2）文档中第一行"黑客技术"为 1 级标题，文档中黑体字的段落设为 2 级标题，斜体字段落设为 3 级标题。

（3）正文部分内容设为四号字，每个段落设为 1.2 倍行距且首行缩进 2 字符。

（4）正文第一段落的首字"很"下沉 2 行。

（5）在文档的开始位置插入只显示 2 级和 3 级标题的目录，并用分节方式令其独占一页。

（6）将文档除目录页外均显示页码，正文开始为第 1 页，奇数页码显示在文档的底部靠右，偶数页码显在文档的底部靠左。文档偶数页加入页眉，页眉中显示文档标题"黑客技术"，奇数页页眉没有内容。

（7）文档最后 5 行转换为 2 列 5 行的表格，倒数第 6 行的内容"中英文对照"作为该表格的标题，将将表格及标题居中。

（8）为文档应用一种合适的主题。

【操作题 2】　题目背景与要求描述

书娟是海明公司的前台文秘，她的主要工作是管理各种档案，为总经理起草各种文件。新年将至，公司定于 2013 年 2 月 5 日下午 2：00，在中关村海龙大厦办公大楼五层多功能厅举办一个联谊会，重要客人名录保存在名为"重要客户名录.docx"的 Word 文档中，公司联系电话为 010-66668888。

根据上述内容制作请柬，具体要求如下：

（1）制作一份请柬，以"董事长：王海龙"名义发出邀请，请柬中需要包含标题、收件人名称、联谊会时间、联谊会地点和邀请人。

（2）对请柬进行适当的排版，具体要求：改变字体、加大字号，且标题部分（"请柬"）与正文部分（以"尊敬的×××"开头）采用不相同的字体和字号；加大行间距和段间距；对必要的段落改变对齐方式，适当设置左右及首行缩进，以美观且符合中国人阅读习惯为准。

（3）请柬的左下角位置插入一幅图片（图片自选），调整其大小及位置，不影响文字排列、不遮挡文字内容。

（4）进行页面设置，加大文档的上边距；为文档添加页眉，要求页眉内容包含本公司的联系电话。

（5）运用邮件合并功能制作内容相同、收件人不同（收件人为"重要客户名录.docx"中的每个人，采用导入方式）的多份请柬，要求先将合并主文档以"请柬 1.docx"为文件名进行保存，再进行效果预览后生成可以单独编辑的单个文档"请柬 2.docx"。

第 3 章　通过 Excel 创建并处理电子表格

　　Microsoft 公司的 Excel 2010 是 Windows 环境下的优秀电子表格系统。在 Excel 2010 中,电子表格软件功能的方便性、操作的简易性、系统的智能性都达到了一个新的境界。

　　Excel 2010 具有强有力的处理图表、图形功能,也有丰富的宏命令和函数以及支持 Internet 的开发功能。Excel 2010 除了可以制作常用的表格之外,在数据处理、图表分析及金融管理等方面都有出色的表现,因而备受广大用户的青睐。

知识要点

1. 工作簿和工作表的基本操作
2. 工作表中数据的输入、编辑和修改
3. 工作表中单元格格式的设置
4. 公式和函数的使用
5. 数据的排序、筛选、分类汇总、合并计算、模拟运算和方案管理器
6. 图表的创建、编辑与修改
7. 数据透视表和数据透视图的使用

3.1　用 Excel 制作表格

　　Excel 最基本的功能就是制作表格,在表格中记录相关的数据及信息,以便日常生活和工作中信息的记录、查询和管理。

3.1.1　输入和编辑数据

　　输入和编辑数据是制作一张表格的基础,在 Excel 中,可以使用多种方法输入数据。

1. Excel 基本概念

1) 工作簿

　　在 Excel 中,一个文件即为一个工作簿,一个工作簿由一张或多张工作表组成。当启动 Excel 时,Excel 将自动产生一个新的工作簿 Book1。在默认情况下,Excel 为每个新建工作簿创建 3 张工作表,标签名分别为 Sheet1、Sheet2、Sheet3,可用来分别存放诸如学生

名册、教师名册、学生成绩等相关信息。

2）工作表

打开 Excel 2010 时,映入眼帘的工作画面就是工作表。工作表是 Excel 完成一项工作的基本单位,可以输入字符串(包括汉字)、数字、日期、公式、图表等丰富的信息。工作表由多个按行和列排列的单元格组成。在工作表中输入内容之前首先要选定单元格。每张工作表有一个工作表标签与之对应(如 Sheet1)。可以直接单击工作表标签名来切换当前工作表。

3）单元格

单元格是 Excel 工作簿的最小组成单位。在单元格内可以存放简单的字符或数据,也可以存放多达 32 000 个字符的信息。单元格可通过地址来标识,即一个单元格可以用列号(列标)和行号(行标)来标识,如 B2。

4）名称框

名称框一般位于工作表的左上方,其中显示活动单元格的地址或已命名单元区域的名称。

5）编辑栏

编辑栏位于名称框的右侧,用于显示、输入、编辑、修改当前单元格中的数据或公式。如图 3-1 所示为 Excel 2010 窗口界面。

图 3-1　Excel 2010 窗口界面

2. 数据的基本输入

在 Excel 中可以输入文本、数字、日期等各种类型的数据。

按照以下步骤创建工资统计表并输入基础数据。

(1) 选择 A1 单元格,输入标题:工资统计表。

(2) 选择 A2 单元格,输入文字:编号。以此类推,一直到输入完成,如图 3-2 所示。

(3) 保存工作簿。单击快速访问工具栏上的"保存"按钮,或单击"文件"选项卡的"保存"或"另存为"命令,在弹出的"另存为"对话框中输入文件名、指定文件夹、选择文件类型,单击"保存"按钮即可。

图 3-2   在表格中输入基础数据

Excel 2010 默认的文件名后缀为 .xlsx，也可将其保存为其他类型的文件。

默认情况下，按 Enter 键光标会自动向下移动，如果希望光标向其他方向移动，可以通过"文件"选项卡|"选项"命令，打开"Excel 选项"对话框，在"高级"的"编辑选项"选项组的"方向"下拉列表框中指定光标移动的方向，如图 3-3 所示。

图 3-3   "Excel 选项"对话框

3. 自动填充数据

使用自动填充功能能快速输入重复数据或有规律的数据，可以大大简化表格的录入工作，充分保证数据输入工作的快速进行。

1）使用鼠标拖动

在 A3 单元格中输入"G001"，保证当前活动单元格为 A3，此时，在 A3 单元格的右下角出现一个黑色的小方块,这个小方块称为填充手柄,如图 3-4 所示,此时按下鼠标左键向下拖动,即可完成数据的自动填充。

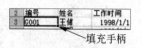

图 3-4　填充手柄

若初始值为纯字符或纯数字,则自动填充相当于将初始值向拖动方向复制;若初始值中前面是文字,后面是数字,则拖动鼠标自动填充时,文字不变,右边的数字递增(向右或向下填充)或递减(向上或向左填充)。若在拖动鼠标的同时,按住 Ctrl 键,则数字不变,相当于是向拖动方向复制;初始值是数值型数据时,在拖动鼠标的同时按住 Ctrl 键,则会产生一个公差为 1 的等差序列。

也可以通过手动的方法自动填充等差序列,要求在序列开始处的两个相邻单元格中输入序列的第一个和第二个数值,然后选定这两个单元格,再将鼠标指针指向"填充手柄",拖曳鼠标即可完成等差序列的填充。

2) 使用"填充"命令

选取初始值所在单元格,从该单元格开始向某一方向选择与该数据相邻的空白单元格区域,单击"开始"选项卡"编辑"选项组中的"填充"按钮,在弹出的如图 3-5 所示的下拉列表中执行"系列"命令,打开如图 3-6 所示的"序列"对话框,从中进行相应的设定,然后单击"确定"按钮即可。

图 3-5　"填充"下拉列表

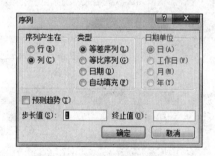

图 3-6　"序列"对话框

3) 自定义序列及填充

在建立工作表的过程中,经常会频繁输入某一文字序列,如"一月"、"二月"、"三月"等,可通过 Excel 提供的自定义序列完成。操作步骤如下。

(1) 在"文件"选项卡中单击"选项",在弹出的对话框中单击"高级",然后在"常规"选项组中单击"编辑自定义列表"按钮(见图 3-7),打开"自定义序列"对话框(见图 3-8)。

(2) 在左侧的"自定义序列"列表中单击最上方的"新序列",然后在右侧的"输入序列"文本框中依次输入序列的各个条目。

(3) 全部条目输入结束,单击"添加"按钮,再单击"确定"按钮,完成新序列的定义。

(4) 在单元格中输入自定义序列中的一项,然后通过使用"填充手柄"即可实现输入序列中的其他项。

4) 通过"数据有效性"输入数据

工资统计表的"部门"一栏只能填入指定的数据,如"财务部"、"销售部"、"生产科",因此必须通过"数据有效性"控制数据的输入。操作步骤如下:

(1) 选中需要设置数据有效性的区域,如 D3:D8。

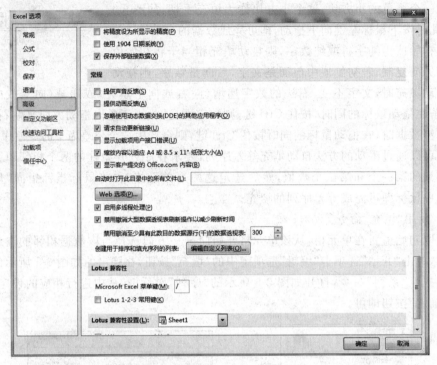

图 3-7 "Excel 选项"对话框

图 3-8 "自定义序列"对话框

（2）在"数据"选项卡的"数据工具"选项组中单击"数据有效性"按钮，弹出"数据有效性"对话框，在"设置"选项卡的"允许"下拉列表框中选择"序列"，在"来源"文本框中，依次输入"财务部,销售部,生产科"，项目之间使用西方逗号分隔，其他设置如图 3-9 所示。

（3）单击"确定"按钮。单击 D3 单元格，右侧出现一个下拉箭头，单击下拉箭头，从下拉列表中选择"财务部"，其他单元格类似。

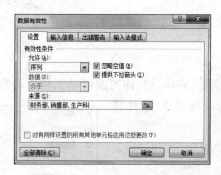

图 3-9 "数据有效性"控制数据的输入

3.1.2 工作表数据整理与美化

1. 单元格基本操作

1) 单元格、单元格区域的选择

单击某一单元格,就选择了这个单元格,并可以对其进行操作。但在实际制表过程中,往往需要对多个单元格同时进行操作,那么如何选择多个单元格呢? 下面给出几种常见的选择方法。

- 连续单元格区域的选择:将鼠标指针移至连续单元格左上角单元格,然后按住鼠标拖动至右下角单元格,最后释放鼠标。
- 不连续单元格区域的选择:选择不连续单元格区域,要借助于 Ctrl 键。操作方法是首先选择第一单元格区域(或单元格),按住 Ctrl 键不放,再选择下一单元格区域,如此重复,便可选择多个不连续区域。
- 行、列的选择:将鼠标指针移至起始列标中央位置,如 E 列,然后,拖动鼠标至终止列标,如 F 列,则选择了 E 列至 F 列,如图 3-10 所示。如果直接单击某列标,则只选择此列。选择行的操作与列的操作相似。

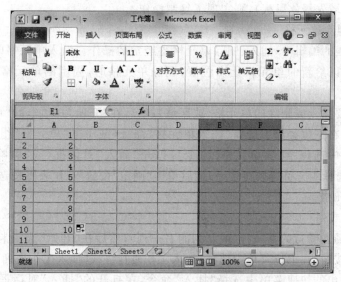

图 3-10 单元格区域的选择

- 选择整个表格：单击行号与列标相汇处，即"全选"按钮，便选择了工作表的所有单元格。

2）数据的删除与撤销

选定欲删除其中数据的单元格或区域，然后按 Delete 键，即可删除单元格中的数据。也可在选定区域后右击，弹出如图 3-11 所示的快捷菜单，选择其中的"清除内容"命令，达到删除的目的。

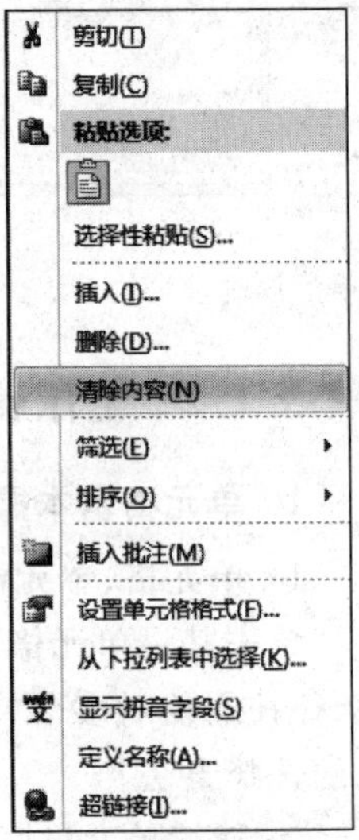

若操作错误，可单击快速访问工具栏中的"撤销"按钮，取消先前的操作。

3）单元格内容的移动和复制

实现单元格内容的移动和复制有两大方法：一是利用剪贴板；二是利用鼠标拖动。Excel 2010 的剪贴板，可以显示最近 24 次剪切或复制的内容。

利用剪贴板实现单元格内容的移动或复制的操作步骤如下。

（1）选定被复制或移动的区域。

（2）若是复制操作，在"开始"选项卡的"剪贴板"组中单击"复制"按钮；若是移动操作，单击"剪切"按钮，此时可以看到选中区域的边框变为虚框。

（3）将鼠标指针移至要复制或移动的新位置，在单元格上单击。

图 3-11　快捷菜单

（4）单击"粘贴"按钮或单击剪贴板任务窗格中最后一次剪贴内容的图标。

利用鼠标拖动实现单元格内容的移动和复制的操作步骤如下。

（1）选定被复制或移动的区域。

（2）移动鼠标指针至选定区域边框线上（鼠标指针变为四向箭头形状）。

（3）直接按住鼠标，拖动到目标区域，便实现了移动操作；若同时按住 Ctrl 键进行拖动（到了目标区域先释放鼠标），则实现了复制操作。

4）插入、删除单元格

在对工作表的编辑中，插入、删除单元格是经常的操作。插入单元格时，现有的单元格将发生移动，以给新的单元格让出位置；删除单元格时，周围的单元格会移动来填充空格。

首先选定要插入或删除的单元格（或区域）；然后在"开始"选项卡的"单元格"组中单击"插入"按钮，在下拉菜单中选择"插入单元格"命令（或单击"单元格"组中的"删除"按钮，在下拉菜单中选择"删除单元格"命令），打开"插入"对话框（或"删除"对话框），如图 3-12 所示，选择 4 个单选按钮之一；最后单击"确定"按钮，工作表将按选项中的要求插入（或删除）单元格。

5）插入行或列

先选定要插入新行的下一行（或新列的右一列），然后在"开始"选项卡的"单元格"组中单击"插入"按钮，在下拉菜单中选择"插入工作表行"（或"插入工作表列"）命令，或单击鼠标右键，在弹出的快捷菜单中选择"插入"命令，在打开的"插入"对话框中选择"整行"

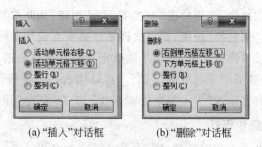

(a)"插入"对话框　　(b)"删除"对话框

图 3-12　插入或删除单元格

(或"整列"),即可在所选行的上方插入一行(或所选列的左边插入一列)。

6)删除行或列

先选定要删除的行或列,然后单击"单元格"组中"删除"按钮;或右击,在弹出的快捷菜单中选择"删除"命令,即可删除选定的行(或列)。

7)查找单元格内容

在"开始"选项卡的"编辑"组中单击"查找和选择"按钮,在下拉菜单中选择"查找"命令,弹出"查找和替换"对话框,如图 3-13 所示。

图 3-13　"查找"选项卡

输入查找内容,然后单击"查找下一个"按钮,当前单元格定位在第一个满足条件的单元格上,重复以上动作,可查找到所有满足条件的单元格;单击"查找全部"按钮,则在对话框下方自动生成一张列表,显示所有满足条件的单元格。

8)替换单元格内容

在"开始"选项卡的"编辑"组中单击"查找和选择"按钮,在下拉菜单中选择"替换"命令,弹出"查找和替换"对话框,如图 3-14 所示。

图 3-14　"替换"选项卡

输入查找内容以及替换值,单击"查找下一个"按钮,找到满足查找条件的单元格后,若要替换则单击"替换"按钮,否则单击"查找下一个"按钮,如此重复,便可根据需要,进行有选择的替换;单击"全部替换"按钮,则一次性地替换所有满足条件的单元格。

当需要进行查找或替换操作时,如果不能确定完整的查找数据,可以使用通配符问号(?)或者星号(＊)来代替不确定部分的信息。"?"只代表一个字符,而"＊"可代表一个或多个字符。如在查找内容输入"中＊",则能够查找到所有以"中"开头的数据。

2. 设置工作表列宽和行高

Excel 2010 单元格大小的默认值是行高为 13.5、列宽为 8.38,当输入的文字或数字超过行高、列宽时,单元格就不能完整地显示单元格内容,有时甚至会显示"＃＃＃＃＃＃"以示内容已超过宽度。这时就需要调整单元格的行高和列宽。

1) 通过菜单命令设置行高和列宽

选定一行或若干行,在"开始"选项卡的"单元格"组中单击"格式"按钮,在下拉菜单中选择"行高"命令,显示"行高"对话框,输入行高并单击"确定"按钮,即完成了行高的设置。

列宽的设置与行高设置类似,在"开始"选项卡的"单元格"组中单击"格式"按钮,在下拉菜单中选择"列宽"命令,进行"列宽"设置。

2) 使用鼠标进行拖动

选择一行或若干行,移动鼠标指针至任一行号下方的分隔线上(此时鼠标指针形状改变成上、下箭头),拖动鼠标指针至恰当位置并释放鼠标,则选定的行都以此设定的高度为准。

列宽的设置与行高设置相似。另外,若要调整大小以适合该列中最长输入项或该行中最大号字体高度,双击列标右边分隔线或行号下方分隔线即可。

3. 设置单元格格式

单元格不仅包含数据信息(即内容),也包含格式信息。格式信息决定着显示的方式,如字体、大小、颜色、对齐方式等。

1) 数字显示格式的设置

方法 1:在"数字"组的"数字格式"下拉菜单中选择相应的格式;也可以选择"其他数字格式"命令,在打开的"设置单元格格式"对话框中设置其他格式。

方法 2:选定要格式化的单元格或区域,在"开始"选项卡的"单元格"组中单击"格式"按钮,在下拉菜单中选择"设置单元格格式"命令,屏幕上显示"设置单元格格式"对话框,切换到"数字"选项卡,如图 3-15 所示。在"分类"列表框中选择所需要的格式类型,最后单击"确定"按钮。

在工作表中,如果不显示"0"值,使表格看起来较清洁,可以单击"文件"选项卡中的"选项"按钮。打开"Excel 选项"对话框,切换到"高级"选项卡,如图 3-16 所示,取消选中"在具有零值的单元格中显示零"复选框,则单元格数值为"0"时不显示。

提示:日期时间是作序数看待的,所以日期时间格式在"数字"选项卡中设置。

2) 字体、大小、颜色、修饰的调整

打开"设置单元格格式"对话框,切换到"字体"选项卡,可以设定选定单元格或区域的字体、字号、颜色等特性("字体"组也可设定字体、字号等)。

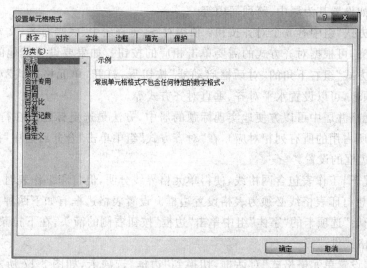

图 3-15　"设置单元格格式"对话框

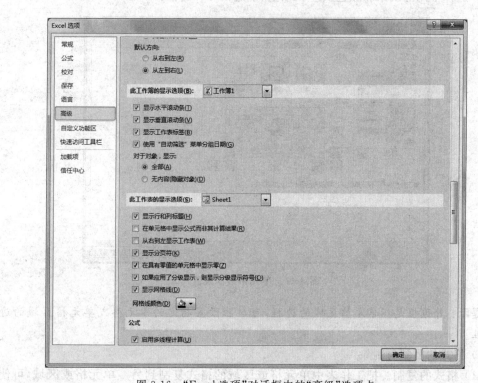

图 3-16　"Excel 选项"对话框中的"高级"选项卡

切换到"边框"或"填充"选项卡，可以设定单元格的框线样式，底纹和图案等。另外，在"字体"组中有"边框"和"填充"按钮，在其下拉菜单中可选择相应的命令来设置单元格的边框和底纹。

3）对齐方式的设置

默认情况下，在单元格中，数字是右对齐的，而文字左对齐。在制表时，往往要改变这一默认格式,如设置其为居中、跨列居中等。

在"对齐方式"组中有 6 个对齐按钮:顶端对齐、垂直居中、底端对齐、文本左对齐、居中、文本右对齐,可根据对齐方式的需要单击相应的按钮。如果要设置其他的对齐方式,可单击"对齐方式"组右下角的"对话框启动器"按钮 ⌐,打开"单元格格式"对话框,切换到"对齐"选项卡,可以设置水平对齐、垂直对齐方式等。

合并单元格并居中可以方便地实现标题的居中,方法是选定标题所在行的连续单元格(应与表格所占用的所有列相对应),在"对齐方式"组中单击"合并后居中"按钮即可。

4)表格边框的设置

默认情况下,工作表包含网格线,使得单元格界线分明,但打印工作表时,网格线并不打印出来,要想打印表格线必须为表格设置边框。设置表格边框有如下两种方法。

* 在"开始"选项卡的"字体"组中单击"边框"按钮右侧的箭头,在下拉菜单中有多种边框格式供选择。
* 打开"设置单元格格式"对话框,切换到"边框"选项卡,如图 3-17 所示,此时可以选择不同的线条和颜色及左、右、上、下边框和外边框。

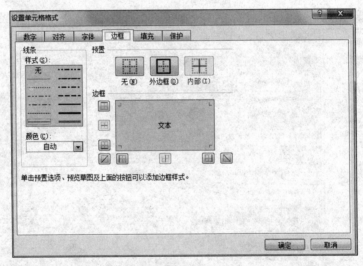

图 3-17　单元格边框设置

提示:外边框是指单元格区域的边框,可单独设置指定的单元格或单元格区域的边框属性。

5)格式的复制与删除

(1)格式的复制。把工作表中单元格或区域的格式复制到另一单元格或区域,可使用"开始"选项卡"剪贴板"组中的"格式刷"按钮。首先选定格式样式单元格或区域,单击"格式刷"按钮,然后选取目标单元格或区域即可。复制格式也可利用右击,在弹出的快捷菜单中选择"选择性粘贴"命令来完成。

(2)格式的删除。格式的删除可单击"开始"选项卡"编辑"组中的 ⌐ 按钮,在下拉列表中选择"清除格式"命令。格式被删除后,实际上仍然保留着数据的默认格式,即文字左对齐、数字右对齐的方式。

4. 自动套用表格格式

Excel提供了许多的表格样式,用户可用其格式化自己的表格,从而提高工作效率。操作方法是:在"开始"选项卡的"样式"组单击"套用表格格式"按钮,在下拉菜单中(见图3-18)选择满意的样式,然后单击"确定"按钮。

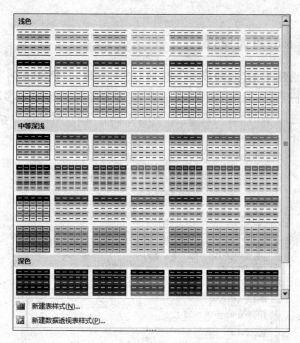

图 3-18 "自动套用格式"对话框

5. 格式化工资统计表

格式化工资统计表的操作步骤如下。

(1) 设置行高为16、列宽为11:选择"工资统计表"的数据区域,在"开始"选项卡的"单元格"选项组中,单击"格式"按钮,执行下拉列表中的"行高"命令,在弹出的"行高"对话框中输入16,列宽设置相类似。

(2) 设置标题格式:选择 A1:F1,单击"开始"选项卡"对齐方式"选项组中的 合并后居中 按钮,将标题跨列居中;在"字体"选项组中设置其字体为"隶书"、字号为16、样式为"加粗"、字体颜色为"红色"。使用同样的方法设置表中其他数据格式。

(3) 设置数字、日期和时间的格式:选择 E3:F8 区域,单击"开始"选项卡"数字"组中"数字格式"右侧的下拉箭头,在弹出的下拉列表中单击"货币"或单击"单元格"选项组中的"格式"按钮,在弹出的下拉列表中执行"设置单元格格式"命令。并用同样的方法将 C3:C8 区域设置为"长日期"格式。

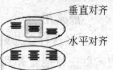

图 3-19 对齐方式

(4) 设置对齐方式:选择 A2:F8 区域,在"开始"选项卡"对齐方式"选项组中,分别单击垂直对齐中的"居中"按钮、水平对齐中的"居中"按钮,如图3-19 所示。

(5) 设置边框和背景图案:选择 A1:F8 区域,单击"开始"选项卡"单元格格式"的"格式"按钮,在弹出的下拉列表中执行"单元格格式"命令,弹出如图 3-17 所示的"设置单元格格式"对话框,打开"边框"选项卡,先选择线条"样式"为"粗线",单击"外边框"按钮,再选择线条样式为"细线",单击"内部"按钮,边框设置完成;打开"填充"选项卡,选择图案颜色:橙色;选择"图案样式":6.25%灰色,单击"确定"按钮完成设置。

3.1.3　工作表的页面设置

在"页面布局"选项卡的"页面设置"组,通过"页边距"、"纸张方向"、"纸张大小"、"打印区域"可方便地进行页面设置,而在"页面设置"对话框中可设置更多的内容。

在"页面布局"选项卡的"页面设置"组中单击右下角的"对话框启动"按钮,会弹出"页面设置"对话框,其中有 4 个选项卡,如图 3-20 所示。

图 3-20　"页面设置"对话框

1. 设置页面格式

切换到"页面"选项卡,如图 3-20 所示,其中各项的含义如下。

1) 方向

其中有"纵向"和"横向"两个单选按钮。选择"纵向"单选按钮时,表示从左到右按行打印;选择"横向"单选按钮时,表示将数据旋转 90°打印。

2) 缩放

一般采用 100%(1∶1)比例打印。有时,行尾数据未打印出来,或者工作表末页只有 1 行,应将这行合并到上一页。为此,可以采用缩小比例打印,使行尾数据能打印出来,或使末页一行能合并到上一页打印。有时,需要放大比例打印。在这里,可以根据需要指定缩放比例(10%~400%)。另外,还可以用页高和页宽来调节。例如,要使一页多打印几行,可以调整页高(如 1.1);要使一页多打印几列,可以调整页宽。

3）纸张大小

在"纸张大小"下拉列表中选择纸张的规格（如 A4、B5 等）。

4）打印质量

在"打印质量"下拉列表中选择一种，如 300 点/英寸。这个数字越大，打印质量越高，打印速度也越慢。

5）起始页码

用于确定工作表的起始页码。在"起始页码"文本框中的内容为"自动"时，起始页码为 1，否则输入一个数字，如输入 5，则工作表的第一页页码将为 5。

2. 设置页边距

单击打印预览窗口的"页边距"按钮，可以用拖动页边界线的方法调整页边距。这里可以更细致地设置页边距。

将"页面设置"对话框切换到"页边距"选项卡，如图 3-21 所示。在此选项卡中可以预览设置的效果。

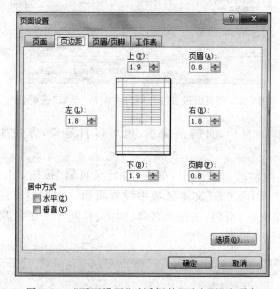

图 3-21　"页面设置"对话框的"页边距"选项卡

1）设置页边距

在"上"、"下"、"左"、"右"微调框中分别输入相应的页边距。

2）设置页眉/页脚与纸边的距离

在"页眉"和"页脚"微调框中分别输入相应的数字。

3）设置居中方式

"居中方式"选项组用于设置打印位置，一般按"靠上左对齐"方式打印，也可以选择"水平居中"或"垂直居中"。

3. 设置页眉/页脚

页眉是指打印页顶部出现的文字，而页脚则是指打印页底部出现的文字。通常，把工作簿名称作为页眉,页脚作为页号。页眉/页脚一般居中打印。实际上,页眉/页脚的内容也可以变化。

将"页面设置"对话框切换到"页眉/页脚"选项卡,如图 3-22 所示。在"页眉"下拉列表框中选择页眉(如工作簿名称:销售统计表);在"页脚"下拉列表框中选择页脚。

图 3-22 "页面设置"对话框的"页眉/页脚"选项卡

有时,对系统提供的页眉、页脚不满意,也可以自定义,方法如下(以自定义页眉为例)。

(1) 在如图 3-22 所示的对话框中,单击"自定义页眉"按钮,出现"页眉"对话框,如图 3-23 所示。在"左"、"中"、"右"文本区域中设置页眉。它们将出现在页眉行的左、中、右位置,其内容可以是文字、页码、工作簿名称、时间、日期等。文字需要输入,其余均可通过单击中间相应的按钮来设置。

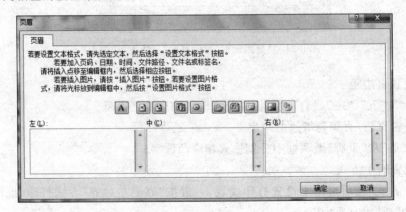

图 3-23 "页眉"对话框

中间的按钮含义如下。

■(字体)：输入页眉文字后，单击该按钮，设置字体、字型和字号等。

■(当前页码)：单击该按钮，自动输入当前页码。

■(总页数)：单击该按钮，自动输入总页数。

■(当前日期)：单击该按钮，自动输入当前日期。

■(当前时间)：单击该按钮，自动输入当前时间。

■(文件路径)：单击该按钮，确定路径。

■(当前工作簿名称)：单击该按钮，自动输入当前工作簿名称。

■(当前工作表名称)：单击该按钮，自动输入当前工作表名称。

■(插入图片)：单击该按钮，插入图片。

■(设置图片格式)：单击该按钮，设置图片格式。

（2）单击左框，并单击"当前工作簿名称"按钮；单击中框，并单击"当前页码"按钮；单击右框，并单击"当前日期"按钮。

（3）单击"确定"按钮，返回"页面设置"对话框。

提示：文本框中出现的"&"是一个代码符号，它不会被打印出来，如要将它打印出来，则应在列表框中输入两个"&"符号。

页眉、页脚的设置应小于对应的边缘，否则页眉、页脚可能会覆盖文档的内容。

4. 设置打印参数

将"页面设置"对话框切换到"工作表"选项卡，如图3-24所示。

图3-24　"页面设置"对话框的"工作表"选项卡

1）设置打印区域

若只打印部分区域，则在打印区域文本框中输入要打印的单元格区域，如＄A＄1：＄G＄13。也可以单击右侧的"拾取"按钮，然后到工作表中选定打印区域，再单击"拾取"按钮恢复原状。

2）每页打印表头

若工作表有多页，要求每页均打印表头（顶标题或左侧标题），则在“顶端标题行”或“左端标题行”文本框输入相应的单元格地址，如＄A＄1：＄G＄1。也可以直接到工作表中选定表头区域。

3）打印顺序

若表格太大，一页容纳不下，系统会自动分页。如要打印一个 80 行 40 列的表格，而打印纸只能打印 40 行 20 列，则该表格被分成 4 页。打印顺序指的是这 4 页的打印顺序。

先列后行：先打印前 40 行前 20 列，再打印后 40 行前 20 列，然后打印前 40 行后 20 列，最后打印后 40 行后 20 列。

先行后列：先打印前 40 行前 20 列，再打印前 40 行后 20 列，然后打印后 40 行前 20 列，最后打印后 40 行后 20 列。

4）打印网络线

在“打印”选项组中可以决定是否打印网络线、行号列标等。

3.1.4　工作表的打印格式设置

工作表和图表建立后，可以将其打印出来。在打印前最好能看到实际的打印效果，以免多次打印调整，浪费时间和纸张。Excel 提供了打印前能看到实际效果的“打印预览”功能，实现了“所见即所得”。

在打印预览中，可能会发现页面设置不合适，如页边距太小、分页不适当等问题。在预览模式下可以进行调整，直到满意后再打印。

1. 打印预览

单击“文件”选项卡中的“打印”按钮，在右侧立即出现“打印预览”窗格，如图 3-25 所示。窗格中以整页形式显示了工作表的首页，其形式就是实际打印的效果。在窗格下方显示了当前页号和总页数。

“分页预览”功能使工作表的分页变得十分容易。打开分页预览模式后，工作表中分页处用蓝色线条表示，称为分页符。若未设置过分页符，则分页符用虚线表示，否则用实线表示。每页均有“第×页”的水印。不仅有水平分页符，还有垂直分页符。

1）改变分页位置

（1）在“视图”选项卡中的“工作簿视图”组中单击“分页预览”按钮，打开分页预览模式，如图 3-26 所示。

（2）将鼠标指针移到分页符上，指针呈双向箭头，拖动分页符到目标位置，则按新位置分页。

2）插入分页符

若工作表内容不止一页，系统会自动在其中插入分页符，工作表按此分页打印。有时某些内容需要打印在一页中。例如，一个表格按系统分页将分在两页打印，为了使该表格在一页中打印，可以在该表格开始插入水平分页符，在表格后面也插入水平分页符，这样，表格独占一页。如果插入垂直分页符，则可以控制打印的列数。插入分页符的方法如下。

图 3-25 "打印预览"窗格

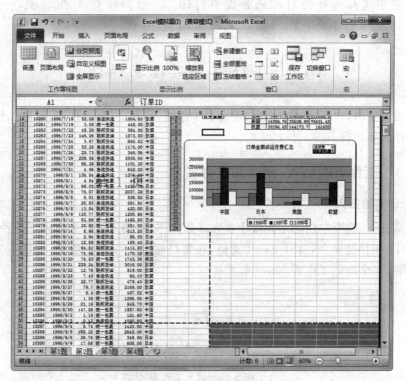

图 3-26 "分页预览"模式

（1）单击分页符插入位置（新页左上角的单元格）。

（2）在"页面布局"选项卡的"页面设置"组中单击"分隔符"按钮，在下拉菜单中选择"插入分页符"命令。

3）删除分页符

（1）单击分页符下的第一行的单元格。

（2）选择"分隔符"下拉菜单中的"删除分页符"命令。

2. 打印设置

1）设置打印机

单击打印预览页面中"打印机"下拉列表框，从中选择一台打印机。

2）设置打印范围

在打印预览页面"设置"栏中可设置打印范围。在"页数"框中可输入打印的起始页至终止页。若仅打印一页，如第 3 页，则起始页号和终止页号均输入 3。不输入页数的情况下默认打印全部页数。

在"打印活动工作表"下拉列表中可选择打印当前工作表的活动工作表、整个工作簿或选定区域。

3）设置打印份数

在"份数"下拉列表框中输入打印份数。若打印 2 份以上，还可以单击"调整"按钮，在下拉列表中选择是逐份打印还是逐页打印。一般顺序是 1 页，2 页，……，1 页，2 页，……；而逐页打印顺序是：1 页，1 页，2 页，2 页，……

3.2　工作簿与工作表操作

工作表的编辑，包括插入工作表，重命名工作表，移动、复制工作表，删除工作表，显示和隐藏工作表等内容。

3.2.1　工作表的插入、删除和重命名

1. 工作表的插入

默认情况下，一个空白的工作簿中包含 3 张工作表，插入工作表有以下几种方法。

方法 1：用快捷命令，打开 Excel 文档，在窗口底部工作表标签旁，如图 3-27 所示位置，可以插入一个新的工作表 Sheet 4。

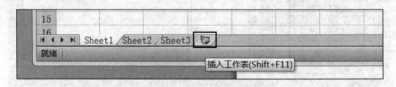

图 3-27　插入工作表

方法 2：通过"插入工作表"命令添加工作表，选中 Sheet 1 工作表，在"开始"选项卡

的"单元格"选项组中单击"插入"按钮,从下拉菜单中选择"插入工作表"命令,就可以在 Sheet 1 工作表前插入一个新的工作表 Sheet 4。

2．工作表的删除

方法1:选择工作表底部的 sheet 标签,右击,在弹出的快捷菜单中选择"删除"命令即可。

方法2:在"开始"选项卡的"单元格"选项组中单击"删除"按钮,从下拉菜单中选择"删除工作表"命令即可。

3．工作表的重命名

Excel 工作簿中的工作表名称默认为 Sheet 1、Sheet 2、Sheet 3、……用户可以使用自定义的工作表名来进行有效的管理。

方法1:打开工作簿,双击要修改的工作表标签,标签会以反黑显示,输入一个新的名字回车即可完成重命名工作。

方法2:通过菜单重命名工作表,打开工作簿,选中工作表 Sheet 1,然后在"开始"选项卡的"单元格"选项组中单击"格式"按钮,从下拉菜单中选择"重命名工作表"命令,如图 3-28 所示。

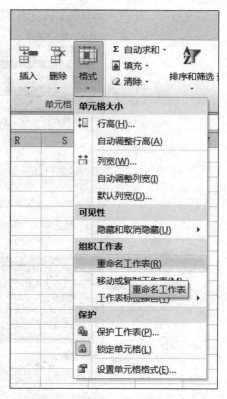

图 3-28　选择"重命名工作表"命令

3.2.2　工作表的复制与移动

1．在同一工作簿中复制/移动工作表

(1)复制工作表。选中工作表底部的 sheet 标签后,按住 Ctrl 键,按下鼠标左键不放,此时在黑色小三角的右侧出现一个"+"表示工作表的复制,拖动到合适的标签位置处再放开鼠标即可。

(2)移动工作表。选中工作表底部的标签后,拖动至合适的标签位置后放开。

2．在不同工作簿中复制/移动工作表

打开工作簿,选中所需要移动或复制的工作表标签,右击,在弹出的快捷菜单中选择"移动或复制"命令,打开"移动或复制工作表"对话框,如图 3-29 所示,在"工作簿"下拉列表框中选择"计算机设备全年销售统计表",在"下列选定工作表之前"列表中选择需移动或复制的地点,这里选择"sheet1",如图 3-30 所示,单击"确定"即可,这样就将"Excel.xlsx"工作簿中的"订单明细"工作表移至"计算机设备全年销售统计表"工作簿中 sheet1 之前了。

同样可以选择在"开始"选项卡的"单元格"选项组中单击"格式"按钮,在下拉菜单中选择"移动或复制工作表"命令也可以实现。

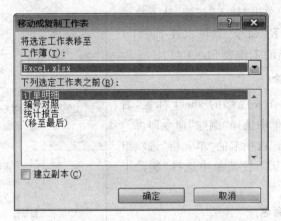

图 3-29   "移动或复制工作表"源对话框

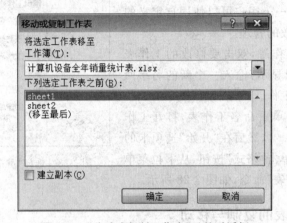

图 3-30   "移动或复制工作表"目的对话框

3.2.3   隐藏/显示工作表

若某些工作簿的内容不想让他人看到,以保证表格中的重要数据不外泄,可将数据所在工作表隐藏起来。

1. 隐藏工作表

方法 1:单击要隐藏的工作表标签,在其右键快捷菜单中选择"隐藏"命令,就可将当前的工作表隐藏起来。

方法 2:在"开始"选项卡的"单元格"选项组中单击"格式"按钮,然后在下拉菜单中依次选择"可见性"中的"隐藏和取消隐藏"中的"隐藏工作表"命令,如图 3-31 所示,这样当前的工作表就被隐藏起来了。

2. 显示工作表

隐藏了工作表之后,如果需要显示被隐藏的工作表,可以进行以下的操作,其实隐藏和显示是相对的,显示工作表的方法和隐藏是一样的。

图 3-31　选择"隐藏和取消隐藏"命令

方法 1：单击工作表标签，右击，选择"显示"，就可将隐藏的工作表显示起来。

方法 2：在"开始"选项卡的"单元格"选项组中单击"格式"按钮；然后在下拉菜单中依次选择"可见性"中的"隐藏和取消隐藏"中的"取消隐藏工作表"命令，这样就可以将隐藏的工作表显示出来。

3.2.4　保护工作簿和工作表

1. 保护工作簿

（1）打开工作簿，单击"文件"选项卡中的"另存为"按钮，打开"另存为"对话框。

（2）单击"另存为"对话框的"工具"下拉列表框，并在下拉列表中选择"常规选项卡"，打开"常规选项卡"对话框。

（3）在打开权限密码框中输入密码，单击"确定"按钮后，要求用户再输入一次密码，以便确认。

（4）单击"确定"按钮，返回到"另存为"对话框，单击"保存"按钮即可。

若要限制修改工作簿，则在"常规选项"对话框的修改权限密码框中输入密码即可。

2. 保护工作表

（1）选择将要保护的工作表为当前工作表。

（2）在"审阅"选项卡下的"更改"组中单击"保护工作表"按钮，出现"保护工作表"对话框。

（3）选中"保护工作表及锁定的单元格内容"复选框，在"允许此工作表的所有用户进行"下提供的选项中选择允许用户操作的项，可以输入密码，单击"确定"按钮。

3.2.5　窗口拆分和冻结

1. 拆分窗口

方法1：鼠标指针指向水平或垂直滚动条上的"拆分条"，当鼠标指针变成双箭头时，沿箭头方向拖动鼠标到适当的位置，放开鼠标即可。

方法2：鼠标单击要拆分的行或列的位置，单击"视图"选项卡内"窗口"组中的"拆分"按钮，一个窗口被拆分为两个窗格。

2. 冻结窗口

冻结第一行的方法：选定第二行，在"视图"选项卡的"窗口"组中单击"冻结窗口"按钮，在下拉菜单中选择"冻结拆分窗口"命令。

冻结前两行的方法：选定第三行，在"视图"选项卡的"窗口"组中单击"冻结窗口"按钮，在下拉菜单中选择"冻结拆分窗口"命令。

冻结第一列的方法：选定第二列，在"视图"选项卡的"窗口"组中单击"冻结窗口"按钮，在下拉菜单中选择"冻结拆分窗口"命令，也可以使用"冻结首列"的方法。

3.2.6　工作表格式化

工作表格式化包括调整表格的行高与列宽、合并单元格及对齐数据项、设置边框和底纹的图案与颜色、格式化表格的文本等。通过这些格式设置，既可以美化工作表，还可以突出重点数据。

1. 调整表格列宽与行高

1）调整列宽

当输入数据的长度长于列宽的时候，单元格会出现"＃＃＃＃＃"标识，这时需要对单元格的列宽进行调整，调整表格的列宽方法有如下两种。

方法1：通过工具栏上的工具调整，具体方法如下。

打开工作表，选择要调整列宽的列，在"开始"选项卡的"单元格"选项组中单击"格式"按钮，在下拉菜单中选择"列宽"命令，在弹出的"列宽"对话框中输入适当的列宽值，单击"确定"按钮。

方法2：通过拖动的方法也可以达到调整列宽的目的，具体方法如下。

打开工作表，将光标移动到需要调整列的列号右边框，直到出现如图3-32所示的形状，按住鼠标左键不放，在该列的左右边框会出现一条黑色的虚线，拖动到适当的位置释放鼠标左键。

图3-32　用鼠标调整列宽

2）.调整行高

系统默认单元格行高是 19 个像素，如输入数据的字型高度超出这个高度，则可适当调整行高。方法同调整列宽相似，这里不再赘述。

2. 设置字体格式

"字体"选项组提供了 Excel 2010 中所有修饰文字的方法，它不仅可以对文字进行一般的修饰，还可以进行字符间距、文字效果等特殊设置。

（1）打开工作表，选中要进行设置的单元格，在"插入"选项卡的"字体"选项组中单击"字体"旁的按钮 ▣，在弹出的"设置单元格格式"的"字体"选项卡中对字体、字形、字号进行设置，在"颜色"下拉列表框中选择一种颜色，如图 3-33 所示。

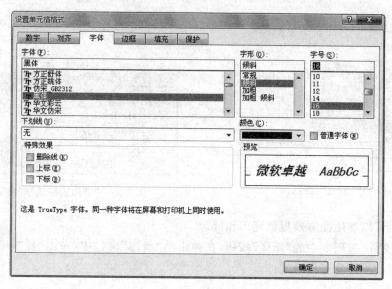

图 3-33 "设置单元格格式"对话框

（2）单击"确定"按钮，文字的字体格式设置完成。

3. 设置对齐方式

默认情况下，在单元格中，数字是右对齐，而文字是左对齐。在制表时，往往要改变这一默认格式，如设置其为居中、跨列居中等。

使用"开始"选项卡上"对齐方式"选项组中的工具可以设置数据在单元格中的对齐方式、文本方向、缩进量和换行方式等格式。"对齐方式"选项组中各工具的功能说明如下。

顶端对齐、垂直居中、底端对齐：用于设置数据在单元格中的垂直对齐方式。

文本左对齐、居中、文本右对齐：用于设置数据在单元格中的水平对齐方式。

方向：用于沿对角线或垂直方向旋转文字。通常用于标记较窄的列。

自动换行：可通过多行显示使单元格中的所有内容都可见。

合并后居中：用于将所选的单元格合并成一个较大的单元格，并将单元格的内容居中显示。通常用于创建跨行标签。

各图标的样式如图 3-34 所示。

4. 自动套用格式或模板

Excel 提供了多种预置好的专业报表格式及单元格格式供用户选择,用户可以通过套用这些格式对工作表进行设置,以节省用于格式化工作表的时间。

选择了包含所需数据的单元格区域后,在"开始"选项卡的"样式"命令组中单击"套用表格样式"按钮,在弹出的下拉菜单中单击所需样式的图表,打开如图 3-35 所示的"套用表格式"对话框,单击"确定"按钮即可。如果没有事先选择单元格区域,可单击"表数据的来源"文本框右侧的"折叠"按钮,折叠对话框,然后在工作表中选择要套用表样式的区域,此区域地址即显示在"表数据的来源"文本框中,再次单击"折叠按钮"展开对话框,最后单击"确定"按钮。

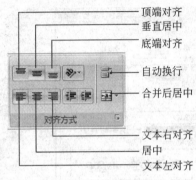

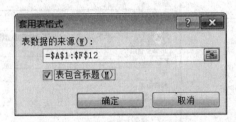

图 3-34   对齐方式按钮   图 3-35   "套用表格式"对话框

用户也可以使用样本模板创建工作簿。

单击"文件"选项卡中的"新建"按钮,在弹出的"新建"窗口中,单击"样本模板"按钮,选择提供的模板建立工作簿文件。

5. 条件格式

Excel 的条件格式可以对单元格数据应用某种条件来决定数值的显示格式,条件格式会基于设定的条件来自动改变单元格区域的外观,可以突显单元格区域、强调异常值、使用数据条、颜色刻度和图标集来直观地显示数据。

条件格式各项规则功能如下:

突出显示单元格规则——包含大于、小于、介于、等于、文本包含等关系运算符限定数据范围,对满足条件的单元格数据设定格式。例如,在学生成绩表中成绩小于 60 分的成绩用红色突出显示。

项目选取规则——可以将选定单元格区域的排在前面的或排在后面的若干名,以及高于平均值或低于平均值的单元格突出显示。例如,在学生成绩表中,用红色表示某科目排在前 5 名的分数。

数据条——通过数据条可以查看某个单元格相对于其他单元格的值,数据条越长,表示值越大,反之则小。例如:对销售情况表查看每个人每个季度销售量的情况,更直观。

色阶——用两色或三色渐变的方式表示单元格数据的值的变化,通常颜色的深浅表示值的高低。例如,用蓝—白—红色阶表示成绩表中成绩的大小,蓝色底纹数据最大。

图标集——用图标表示数据的值,有方向、形状、标记、等级四中表现形式。例如,用三色交通灯形状来描述成绩的大小,绿色表示较高值,黄色表示中间值,红色表示值较低。

【例3.1】 对"学生成绩表"利用条件格式格式进行下列设置,将英语、数学、计算机三门课程中大于等于90分的设为绿色,小于60分设为红色。

(1)选择需要设置条件格式的数据区域E2:G14。

(2)在"开始"选项卡下的"样式"命令组中,单击"条件格式"下方的黑色箭头,打开规则下拉列表,如图3-36所示。

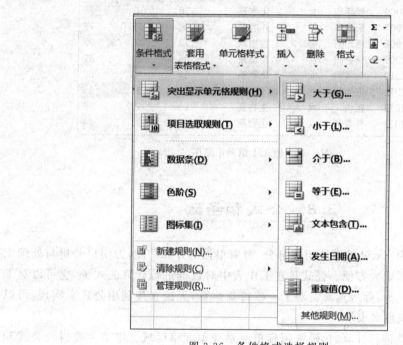

图 3-36 条件格式选择规则

(3)选择"突出显示单元格规则"下的"大于"选项,出现如图3-37所示的对话框,为大于90的成绩设置成"绿色",单击"确定"按钮。

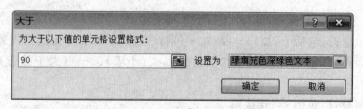

图 3-37 条件格式大于设置对话框

(4)选择"突出显示单元格规则"下的"小于",为小于60的成绩设置成"红色",单击"确定"按钮。

(5)设定条件格式后的结果如图3-38所示。

学生成绩表条件格式

	A	B	C	D	E	F	G
1	学号	姓名	性别	系别	英语	数学	计算机
2	02001	赵婷婷	女	物理系	85	76	95
3	02002	王成娟	女	化学系	92	95	87
4	02003	张静	女	外语系	87	90	68
5	02004	徐传军	男	生物系	68	76	45
6	02005	汪能江	男	生物系	55	95	76
7	02006	穆春华	女	化学系	76	87	95
8	02007	朱金萍	男	外语系	98	78	75
9	02008	范运刚	男	生物系	73	86	95
10	02009	赵会如	女	物理系	98	85	87
11	02010	赵洪莉	女	化学系	32	95	68
12	02011	王生强	男	外语系	92	67	45
13	02012	张侠	女	生物系	65	77	76
14	02013	任惠芳	女	生物系	89	92	92

图 3-38　例 3.1 结果示意图

3.3　公式和函数

公式与函数作为 Excel 的重要组成部分，有着很强的计算功能，为用户分析与处理工作表中的数据提供了很大方便。公式是在工作表中对数据进行计算的式子，它可以对工作表数值进行加、减、乘、除等运算。对于一些特殊运算，无法直接利用公式来实现，可以使用 Excel 内置的函数来求解。

在利用公式函数进行计算时，经常用到单元格或单元格区域。本节主要讨论公式和常用函数的使用方法。

3.3.1　公式

在 Excel 公式中，运算符可以分为以下 4 种类型。

- 算术运算符，包括＋(加)、－(减)、*(乘)、/(除)、%(百分比)、^(指数)。
- 比较运算符，包括＝(等于)、＞(大于)、＜(小于)、＞＝(大于等于)、＜＝(小于等于)。
- 字符运算符，包括 &(连接)。
- 引用运算符，包括：(冒号)、,(逗号)、空格。

要创建一个公式，首先需要选定一个单元格，输入一个等于号“＝”，然后在其后输入公式的内容，按 Enter 键就可以按公式计算得出结果。

1. 单元格引用

单元格引用就是标识工作表上的单元格或单元格区域，指明公式中所使用的数据的位置。在 Excel 中，可以引用同一工作表不同部分的数据，同一工作簿不同工作表的数据,甚至不同工作簿的单元格数据。

1)3个引用运算符

(1):(冒号)——区域运算符。如B2:F5表示B2单元格到F5单元格矩形区域内的所有单元格。

(2),(逗号)——联合运算符。将多个引用合并为一个引用,如SUM(B5:B15,D4:D12),表示B5～B15以及D4～D12所有单元格求和(SUM是求和函数)。

(3)空格——交叉运算符。如SUM(B5:B15 A7:D7)两区域交叉单元格之和,即B7。

2)单元格或单元格区域引用一般式

单元格或单元格区域引用的一般式如下:

工作表名! 单元格引用

或

[工作簿名]工作表名! 单元格引用

2. 地址引用

若在一个公式中用到一个或多个单元格地址,则认为该公式引用了单元格地址。根据不同的需要,在公式中引用单元格地址分为三种引用方式,即相对地址引用、绝对地址引用和混合地址引用。

1)相对地址

随公式复制的单元格位置变化而变化的单元格地址称为相对地址,如=C4+D4+E4中的C4、D4、E4。若单元格F4中的公式为=C4+D4+E4,复制到G5,则G5中的公式为=D5+E5+F5。因为,目标单元格由F4变为G5,即向下移动一行,向右移动一列,所以C4变为D5,D4变为E5,E4变为F5。

2)绝对地址

与相对地址正相反,当复制单元格的公式到目标单元格时,其地址不能改变,这样的单元格地址便为绝对地址。其形式是在普通地址前加"$",如$D$1(行列均固定)。若单元格F4中的公式为=$C$4+$D$4+$E$4,复制到G5,则G5中的公式仍为=$C$4+$D$4+$E$4,公式不会发生任何变化。

3)混合地址

行号或列号前面带有"$",称为混合地址,如$A3(列固定为A,即第1列,行为相对地址)。B$4(列为相对地址,行固定为第2行)。若单元格F4中的公式为=$C$4+D$4+$E4,复制到G5,则G5中公式为=$C$4+E$4+$E5,相对引用部分发生变化,绝对引用部分不会发生变化。

3.3.2　名称的定义与运用

为单元格指定一个名称,是实现绝对引用的方法之一。使用名称可以使公式更加容易理解和维护,可为单元格或单元区域、函数、常量、表格等定义名称。

1. 名称的语法规则

创建和编辑名称时需要注意以下语法规则。

- 有效字符：名称的第一字符必须是字母、下划线或反斜杠(\)。名称中的其余字符可以是字母、数字、句点和下划线。

  注：不能将大写和小写字符"C"、"c"、"R"或"r"用做已定义名称。

- 名称不能与单元格引用地址相同，如 Z\$100 或 R1C1。

- 不能使用空格：在名称中不允许使用空格，请使用下划线(_)和句点(.)作为单词分隔符。

- 名称长度限制：名称最多可以包含 255 个字符。

- 不区分大小写：名称可以包含大写字母和小写字母，但 Excel 在名称中不区分大写字母和小写字母。

- 唯一性：名称在其适用范围之内必须具备唯一性，不可重复。

2. 名称的适用范围

名称的适用范围是指能够识别名称的位置。

如果定义了一个名称(如 Budget_FY08)且其适应范围为 Sheet1，则该名称只能在 Sheet1 中被识别，如要在其他同一工作簿的工作表中使用该名称，必须加上工作表名称，如 Sheet1! Budget_FY08。

如果定义了一个名称(如 Sales_01)且适用范围是工作簿(即该 Excel 文件)，则该名称对于该工作簿中的所有工作表都是可识别的，但对于其他工作簿是不可识别的。

3. 为单元格或单元格区域定义名称

1) 快速定义名称

(1) 选择要命名的单元格或单元格区域。

(2) 单击"编辑栏"最左边的"名称"框 ▾ ● *fx* 。

(3) 在"名称"框中输入引用选定内容时要使用的名称。

(4) 按 Enter 键确认。

2) 将现有行和列标签转换为名称

(1) 选择要命名的区域，包括行或列标签。

(2) 在"公式"选项卡的"定义的名称"组中，单击"根据所选内容创建"按钮。

(3) 在弹出的"以选定区域创建名称"对话框中，通过选中"首行"、"左列"、"末行"、"右列"复选框来指定包含标签的位置，如图 3-39 所示。

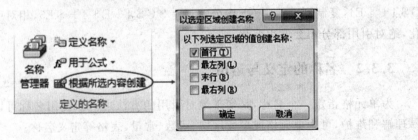

图 3-39 "根据所选内容创建"名称

（4）单击"确定"按钮，完成名称的创建。通过该方式创建的名称仅引用相应标题下包含值的单元格，并且不包含现有行和列标题。

3）使用"新建名称"对话框定义名称

（1）在"公式"选项卡的"定义的名称"组中，单击"定义名称"按钮。

（2）在"新建名称"对话框的"名称"文本框中，输入要用于引用的名称如图 3-40所示。

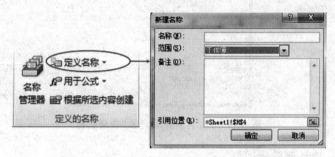

图 3-40　使用"新建名称"对话框定义新名称

（3）指定名称的适用范围：在"范围"下拉列表框中选择"工作簿"或工作簿中工作表的名称。

（4）根据需要，在备注栏中输入对该名称的说明性批注，最多 255 个字符。

（5）在"引用位置"文本框中，执行下列操作之一：

- 要引用一个单元格，则单击"引用位置"文本框，然后在工作表中重新选择需要引用的单元格或单元格区域。
- 要引用一个常量，则输入＝（等号），然后输入常量值。
- 要引用公式，则输入＝（等号），然后输入公式。

（6）单击"确定"按钮，完成命名并返回工作表。

4．使用"名称管理器"管理名称

使用"名称管理器"可以处理工作簿中所有已定义的名称和表名称。例如，确认名称的值和引用、查看或编辑说明性批注、确定名称适用范围、排序和筛选名称，还可以轻松地添加、更改或删除名称。

单击"公式"选项卡的"定义的名称"组中的"名称管理器"按钮，打开"名称管理器"对话框，如图 3-41 所示。

1）更改名称

如果更改某个已定义名称或表名称，则工作簿中该名称的所有实例也会随之更改。

打开"名称管理器"，在该对话框中单击要更改的名称，然后单击"编辑"按钮，打开"编辑名称"对话框，在该对话框中按照需要修改名称、引用位置、备注说明等，但适用范围不能更改，更改完成后单击"确定"按钮即可。

2）删除名称

在"名称管理器"对话框中，选择要删除的名称，也可按住 Shift 键并单击选择连续的几个名称或按住 Ctrl 并单击选择不连续的多个名称，单击"删除"按钮或按 Delete 键，再

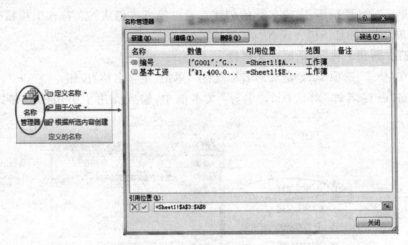

图 3-41   使用"名称管理器"管理名称

单击"确定"按钮,确认删除。

5. 引用名称

名称可直接用来快速选定已命名的区域,也可在公式中引用名称以实现精确引用。

1) 通过"名称"框引用

(1) 单击"名称"框右侧的黑色箭头,打开"名称"下拉列表,在其中显示所有已被命名的单元格名称,但不包括常量和公式的名称。

(2) 单击选择某一名称,该名称所引用的单元格或单元格区域将会被选中,如果是在输入公式过程中,则该名称会出现在公式中。

2) 在公式中引用

(1) 单击要输入公式的单元格。

(2) 在"公式"选项卡的"定义的名称"组中,单击"用于公式"按钮,打开名称下拉列表。

(3) 在打开的名称下拉列表中选择需要引用的名称,该名称出现在当前单元格的公式中,按 Enter 键确认输入。

3.3.3   函数

在 Excel 中,函数是预定义的内置公式,它使用被称为参数的特定数值,按照语法所列的特定顺序进行计算。Excel 提供了大量的函数,可以实现数值统计、逻辑判断、财务计算、工程分析、数字计算等功能。

1. 行列数据自动求和

在 Excel 中经常进行的工作是合计行和列中的数据,虽然可按前面例子中的方法求和,但 Excel 提供了一条更方便的途径,即利用"自动求和"按钮 Σ。利用"自动求和"按钮求和的方法是:选定求和区域并在下方或右方留有一空行或空列,然后在"开始"选项卡的"编辑"组单击"自动求和"按钮,在下拉菜单中选择"求和"命令,便会在空行或空列上求出对应列或行的合计值,最后按 Enter 键。

例如,要计算 B3～B6 中数据的和,并在 B7 中显示,则可以首先选择区域 B3:B6,然后单击"动求和"按钮。检查一下可发现合计单元格 B7 中自动生成了公式"=SUM(B3:B6)"。

2.粘贴函数

首先选定要生成函数的单元格,然后单击编辑栏左侧的"插入函数"按钮 f_x,打开"插入函数"对话框,如图 3-42 所示。

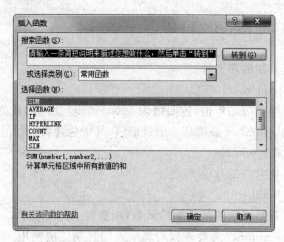

图 3-42　"插入函数"对话框

选择函数(如 SUM)后,单击"确定"按钮,打开"函数参数"对话框,如图 3-43 所示,在 Number1、Number2 文本框中输入单元格区域或单击"拾取"按钮 选择单元格区域(再次单击"拾取"按钮返回"函数参数"对话框),最后单击"确定"按钮即可。

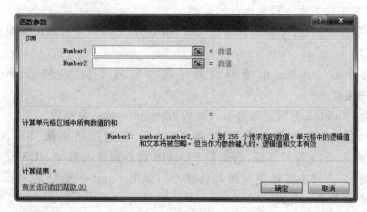

图 3-43　"函数参数"对话框

3.常用函数

1) DATE(year,month,day)

功能:返回代表特定日期的序列号。

参数说明：

- year 可以为一到四位数字。
- month 代表每年中月份的数字。如果所输入的月份大于 12,将从指定年份的一月份开始往上累加。
- day 代表在该月份中第几天的数字。如果 day 大于该月份的最大天数,则将从指定月份的第一天开始往上累加。

举例：＝DATE(2003,8,28)返回日期值 2003 年 8 月 28 日。

2）NOW()

功能：返回当前日期和时间的序列号。

3）TODAY

功能：返回今天日期的序列号。

4）YEAR(serial_number)

功能：返回某日期对应的年份,返回值为 1900～9999 之间的数值。

参数说明：serial_number 必须是一个日期值,其中包含要返回的年份。

5）MONTH(serial_number)

功能：返回某日期对应的月份。

6）DAY(serial_number)

功能：返回以序列号表示的某日期的天数,用整数 1～31 表示。

参数说明：serial_number 为要查找的那一天的日期。应使用 DATE 函数来输入日期,或者将日期作为其他公式或函数的结果输入。

7）ABS(number)

功能：返回数字的绝对值。绝对值没有符号。

8）INT(number)

功能：将数字向下舍入最为接近的整数。

举例：INT(2.225)结果为 2,INT(2.867)结果为 2,INT(－2.225)结果为－3。

9）FLOOR(number,significance)

功能：将参数 number 沿绝对值减小的方向向下舍入,使其等于最接近的 significance 的倍数。

参数说明：number 为所要四舍五入的数值;significance 为基数。

注：如果任一参数为非数值参数,则 FLOOR 将返回错误值 ＃VALUE!;如果 number 和 significance 符号相反,则函数 FLOOR 将返回错误值 ＃NUM!;不论 number 的正负号如何,舍入时参数的绝对值都将减小。如果 number 恰好是 significance 的倍数,则无须进行任何舍入处理。

10）CEILING(number,significance)

功能：将参数 number 向上舍入(沿绝对值增大的方向)为最接近的 significance 的倍数。

参数说明：number 为所要四舍五入的数值;significance 为基数。

注：如果参数为非数值型,CEILING 返回错误值 ＃VALUE!;无论数字符号如何,

都按远离 0 的方向向上舍入。如果数字已经为 significance 的倍数，则不进行舍入；如果 number 和 significance 符号不同，CEILING 返回错误值 ♯NUM!。

11）MOD(number,divisor)

功能：返回两数相除的余数。结果的正负号与除数相同。

参数说明：number 为被除数；divisor 为除数。

注：如果 divisor 为零，函数 MOD 返回错误值 ♯DIV/0!。

12）ROUND(number,num_digits)

功能：返回某个数字按指定位数取整后的数字。

举例：ROUND(108.23456,2)结果为 108.23；ROUND(-108.2345)结果为 -108.235。

13）MAX(number1,number2,…)

功能：返回一组值中的最大值。

参数说明：number1，number2，…是要从中找出最大值的 1~30 个数字参数。

注：可以将参数指定为数字、空白单元格、逻辑值或数字的文本表达式。如果参数为错误值或不能转换成数字的文本，将产生错误；如果参数为数组或引用，则只有数组或引用中的数字将被计算。数组或引用中的空白单元格、逻辑值或文本将被忽略。如果逻辑值和文本不能忽略，请使用函数 MAXA 来代替；如果参数不包含数字，函数 MAX 返回 0(零)。

14）MIN(number1,number2,…)

功能：返回一组值中的最小值。

参数说明：number1，number2，…是要从中找出最小值的 1~30 个数字参数。

注：可以将参数指定为数字、空白单元格、逻辑值或数字的文本表达式。如果参数为错误值或不能转换成数字的文本，将产生错误；如果参数是数组或引用，则函数 MIN 仅使用其中的数字，空白单元格，逻辑值、文本或错误值将被忽略。如果逻辑值和文本字符串不能忽略，请使用 MINA 函数；如果参数中不含数字，则函数 MIN 返回 0。

15）RANK(number,ref,order)

功能：返回一个数字在数字列表中的排位。数字的排位是其大小与列表中其他值的比值(如果列表已排过序，则数字的排位就是它当前的位置)。

参数说明：

- number 为需要找到排位的数字。
- ref 为数字列表数组或对数字列表的引用。ref 中的非数值型参数将被忽略。
- order 为一数字，指明排位的方式。如果 order 为 0(零)或省略，Excel 对数字的排位是基于 ref 为按照降序排列的列表；如果 order 不为零，Excel 对数字的排位是基于 ref 为按照升序排列的列表。

16）COUNT(value1,value2,…)

功能：返回包含数字以及包含参数列表中的数字的单元格的个数。利用函数 COUNT 可以计算单元格区域或数字数组中数字字段的输入项个数。

参数说明：value1，value2，…为包含或引用各种类型数据的参数(1~30 个)，但只有数字类型的数据才被计算。

注：函数 COUNT 在计数时，将把数字、日期或以文本代表的数字计算在内；但是错误值或其他无法转换成数字的文字将被忽略；如果参数是一个数组或引用，那么只统计数组或引用中的数字；数组或引用中的空白单元格、逻辑值、文字或错误值都将被忽略；如果要统计逻辑值、文字或错误值，请使用函数 COUNTA。

17) SUM(number1,number2,…)

功能：返回某一单元格区域中所有数字之和。

参数说明：number1，number2，…为 1～30 个需要求和的参数。

18) AVERAGE(number1,number2,…)

功能：返回参数的平均值（算术平均值）。

参数说明：number1，number2，…为需要计算平均值的 1～30 个参数；参数可以是数字，或者是包含数字的名称、数组或引用。

19) SUMIF(range,criteria,sum_range)

功能：根据指定条件对若干单元格求和。

参数说明：

- range 为用于条件判断的单元格区域。
- criteria 为确定哪些单元格将被相加求和的条件，其形式可以为数字、表达式或文本。
- sum_range 是需要求和的实际单元格。

20) COUNTIF(range,criteria)

功能：计算区域中满足给定条件的单元格的个数。

参数说明：

- range 为需要计算其中满足条件的单元格数目的单元格区域。
- criteria 为确定哪些单元格将被计算在内的条件，其形式可以为数字、表达式或文本。

21) LOWER(text)

功能：将一个文本字符串中的所有大写字母转换为小写字母。

参数说明：text 是要转换为小写字母的文本。函数 LOWER 不改变文本中的非字母的字符。

22) UPPER(text)

功能：将文本转换成大写形式。

参数说明：text 为需要转换成大写形式的文本。text 可以为引用或文本字符串。

23) LEN(text)

功能：LEN 返回文本字符串中的字符数。

参数说明：text 是要查找其长度的文本。空格将作为字符进行计数。

24) LEFT(text,num_chars)

功能：LEFT 基于所指定的字符数返回文本字符串中的第一个或前几个字符。

参数说明：

- text 是包含要提取字符的文本字符串。
- num_chars 指定要由 LEFT 所提取的字符数。
- 如果 num_chars 大于文本长度,则 LEFT 返回所有文本。
- num_chars 必须大于或等于 0。

如果省略 num_chars,则假定其为 1。

25）RIGHT(text,num_chars)

功能:根据所指定的字符数返回文本字符串中最后一个或多个字符。

参数说明:

- text 是包含要提取字符的文本字符串。
- num_chars 指定希望 RIGHT 提取的字符数。
- 如果 num_chars 大于文本长度,则 RIGHT 返回所有文本。
- num_chars 必须大于或等于 0。

如果省略 num_chars,则假定其为 1。

26）MID(text,start_num,num_chars)

功能:返回文本字符串中从指定位置开始的特定数目的字符,该数目由用户指定。

参数说明:

- text 是包含要提取字符的文本字符串。
- start_num 是文本中要提取的第一个字符的位置。文本中第一个字符的 start_num 为 1,以此类推。
- num_chars 指定希望 MID 从文本中返回字符的个数。

27）TRIM(text)

功能:除了单词之间的单个空格外,清除文本中所有的空格。在从其他应用程序中获取带有不规则空格的文本时,可以使用函数 TRIM。

参数说明:text 需要清除其中空格的文本。

28）EXACT(text1,text2)

功能:该函数测试两个字符串是否完全相同。如果它们完全相同,则返回 TRUE;否则,返回 FALSE。函数 EXACT 能区分大小写,但忽略格式上的差异。

参数说明:text1 为待比较的第一个字符串;text2 待比较的第二个字符串。

29）CONCATENATE (text1,text2,…)

功能:将几个文本字符串合并为一个文本字符串。

参数说明:text1, text2, …为 1～30 个将要合并成单个文本项的文本项。这些文本项可以为文本字符串、数字或对单个单元格的引用。

30）FIND(find_text,within_text,start_num)

功能:FIND 用于查找其他文本字符串 (within_text) 内的文本字符串 (find_text),并从 within_text 的首字符开始返回 find_text 的起始位置编号。

参数说明:

- find_text 是要查的文本。
- within_text 是包含要查找文本的文本。

- start_num 指定开始进行查找的字符。within_text 中的首字符是编号为 1 的字符。如果忽略 start_num,则假设其为 1。

31) REPLACE(old_text,start_num,num_chars,new_text)

功能:使用其他文本字符串并根据所指定的字符数替换某文本字符串中的部分文本。

参数说明:

- old_text 是要替换其部分字符的文本。
- start_num 是要用 new_text 替换的 old_text 中字符的位置。
- num_chars 是希望 REPLACE 使用 new_text 替换 old_text 中字符的个数。
- New_text 是要用于替换 old_text 中字符的文本。

32) SUBSTITUTE(text,old_text,new_text,instance_num)

功能:在文本字符串中用 new_text 替代 old_text。如果需要在某一文本字符串中替换指定的文本,请使用函数 SUBSTITUTE。

参数说明:

- text 为需要替换其中字符的文本,或对含有文本的单元格的引用。
- old_text 为需要替换的旧文本。
- new_text 用于替换 old_text 的文本。
- instance_num 为一数值,用来指定以 new_text 替换第几次出现的 old_text。如果指定了 instance_num,则只有满足要求的 old_text 被替换;否则将用 new_text 替换 text 中出现的所有 old_text。

注:要注意需要替换文本的字母大小写。

33) IF(logical_test,value_if_true,value_if_false)

功能:执行真假值判断,根据逻辑计算的真假值,返回不同结果。

参数说明:

- logical_test:表示计算结果为 TRUE 或 FALSE 的任意值或表达式。本参数可使用任何比较运算符。
- value_if_true:logical_test 为 TRUE 时返回的值。如果 logical_test 为 TRUE 而 value_if_true 为空,则本参数返回 0(零)。如果要显示 TRUE,则请为本参数使用逻辑值 TRUE。value_if_true 也可以是其他公式。
- value_if_false:logical_test 为 FALSE 时返回的值。如果 logical_test 为 FALSE 且忽略了 value_if_false(即 value_if_true 后没有逗号),则会返回逻辑值 FALSE。如果 logical_test 为 FALSE 且 value_if_false 为空(即 value_if_true 后有逗号,并紧跟着右括号),则本参数返回 0(零)。value_if_false 也可以是其他公式。

34) VLOOKUP(lookup_value,table_array,col_index_num,range_lookup)

功能:在表格或数值数组的首列查找指定的数值,并由此返回表格或数组当前行中指定列处的数值。当比较值位于数据表首列时,可以使用函数 VLOOKUP 代替函数 HLOOKUP。在 VLOOKUP 中的 V 代表垂直,H 代表水平。

参数说明:

- lookup_value 为需要在数据表第一列中查找的数值。lookup_value 可以为数值、引用或文本字符串。
- table_array 为需要在其中查找数据的数据表。可以使用对区域或区域名称的引用，例如数据库或数据清单。
- 如果 range_lookup 为 TRUE，则 table_array 的第一列中的数值必须按升序排列：…、-2、-1、0、1、2、…、-Z、FALSE、TRUE；否则，函数 VLOOKUP 不能返回正确的数值。如果 range_lookup 为 FALSE，table_array 不必进行排序。

4．常用函数的实际运用

南京中学初二年级已完成期末考试，小黄是初二(1)班的班主任。他已从教务系统中将各任课老师所登录的考试成绩导出，现需要对考试成绩进行分析，如图 3-44 所示。

	A	B	C	D	E	F	G	H	I	J
	045		fx							
1	学号	姓名	语文	数学	英语	物理	化学	总分	班级排名	备注
2	001	牛晋阳	78	89	76	96	84			
3	002	张艺	45	67	56	34	76			
4	003	杨泽	88	90	23	0	60			
5	004	李文元	22	57	21	59	74			
6	005	王静茹	99	57	51	23	29			
7	006	李婕颖	70	39	21	53	37			
8	007	游大海	47	92	21	46	50			
9	008	白伊冉	84	35	92	82	73			
10	009	王晓敏	44	45	65	57	27			
11	010	葛熠	38	35	48	93	89			
43	042	石强	77	83	88	32	88			
44	043	李彬	37	27	81	25	45			
45	044	李基尧	59	92	23	79	98			
46	045	张玄晨	62	97	75	35	22			
47	046	董慧	35	87	36	79	52			
48		平均分								
49		最高分								
50		最低分								
51		及格率								
52		优秀率								

图 3-44　"期末考试成绩表"源表

1）计算总分

将光标定位于 H2 单元格，单击"开始"选项卡"编辑"组中的"自动求和"按钮，H2 单元格中显示公式＝SUM(C2：G2)，按 Enter 键即可完成 H2 单元格中总分的计算；选中 H2 单元格，拖动填充手柄完成 H3 至 H47 单元格总分的计算。

2）计算各科平均分

将光标定位于 C48 单元格，单击"开始"选项卡"编辑"选项组中"自动求和"按钮右侧的箭头，在弹出的如图 3-45 的所示下拉列表中执行"平均值"命令，C48 单元格中显示公式＝AVERAGE(C2：C47)，按 Enter 键即可完成语文平均分的计算，其他科目通过填充手柄完成。

选中 C48：G48，鼠标单击"开始"选项卡"数字"组中的"数字格式"按钮右侧的箭头，在弹出的如图 3-46 所示的下拉列表中执行"数字"命令，则所有平均分均保留两位小数。

3）计算各科最高分

将光标定位于 C49 单元格，单击"开始"选项卡"编辑"选项组中"自动求和"按钮右侧

图 3-45 "自动求和"下拉列表　　　　图 3-46 "数字格式"下拉列表

的箭头,在弹出的如图 3-45 所示的下拉列表中执行"最大值"命令,C49 单元格中显示公式=MAX(C2:C48),由于 C48 单元格中是语文平均分,不在计算范围之内,因此,在编辑栏中将公式改为=MAX(C2:C47)。按 Enter 键即可完成语文最高分的计算。其他科目通过填充手柄完成。

计算最低分的操作相类似,执行"自动求和"下拉列表中的"最小值"命令即可。

4) 计算及格率

众所周知,及格率=及格人数/总人数。计算总人数运用函数 COUNT,而计算及格人数是带有条件的计算,因此运用函数 COUNTIF。

将光标定位于 C51 单元格,输入"=",单击"开始"选项卡"编辑"选项组中"自动求和"按钮右侧的箭头,在弹出的如图 3-45 所示的下拉列表中执行"其他函数"命令,弹出"插入函数"对话框,在其中单击 COUNTIF 函数。在弹出的"函数参数"对话框中单击 Range 文本框后的"拾取"按钮圆,选择单元格区域 C2:C47(再次单击"拾取"按钮返回"函数参数"对话框),在 Criteria 文本框中输入">=60"(见图 3-47),单击"确定"按钮,C51 单元格中显示语文分数大于等于 60 的人数,保证 C51 单元格为当前活动单元格,将光标置于编辑栏中,输入"/",单击"自动求和"按钮右侧的箭头,在弹出的如图 3-45 所示的下拉列表中执行"其他函数"命令,弹出如图 3-42 所示的"插入函数"对话框,在其中单击 COUNT 函数,在弹出的"函数参数"对话框中单击 Value1 文本框后的"拾取"按钮圆,选择单元格区域 C2:C47(见图 3-48)(再次单击"拾取"按钮返回"函数参数"对话框),单击"确定"按钮,完成语文科目及格率的计算。其他科目运用填充手柄完成。由于及格率一般运用百分比显示,因此,选中 C51:G51,单击"数字格式"下拉列表中的"百分比",则以百分比的形式显示及格率。

优秀率的计算类似,只要将"criteria"改为">=90"即可。

5) 计算班级排名

将光标定位于 I2 单元格,单击"开始"选项卡"编辑"选项组中"自动求和"按钮右侧的箭头,在弹出的如图 3-45 所示的下拉列表中执行"其他函数"命令,弹出"插入函数"对话

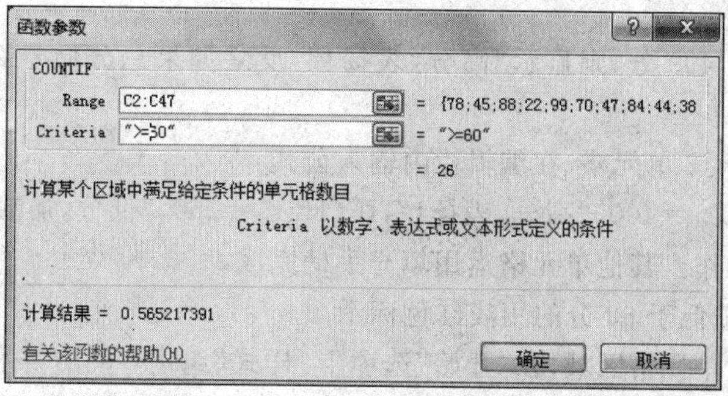

图 3-47　COUNTIF 函数参数设置

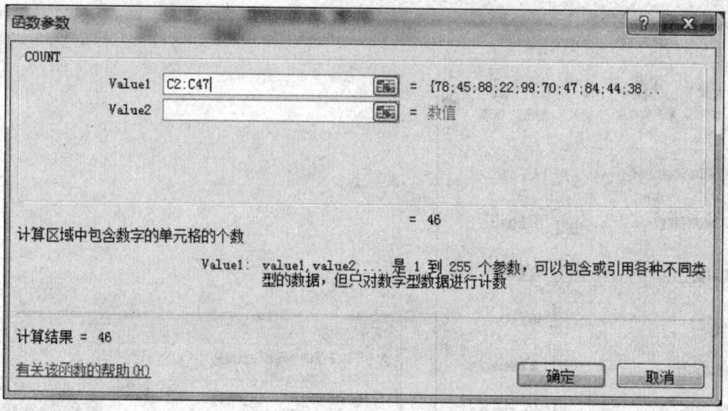

图 3-48　COUNT 函数参数设置

框,在其中单击 RANK 函数,在弹出的"函数参数"对话框中单击 Number 文本框后的"拾取"按钮▣,选择单元格 H2(再次单击"拾取"按钮返回"函数参数"对话框),单击 Ref 文本框后的"拾取"按钮▣,选择单元格区域 H2:H47。由于在计算所有同学的班级排名时,Ref 永远是 H2:H47,所以,必须输入"＄"符号,将其变为绝对地址(见图 3-49)。单击"确定"按钮完成 I2 单元格中班级排名的计算。I2:I47 单元格运用填充手柄完成。

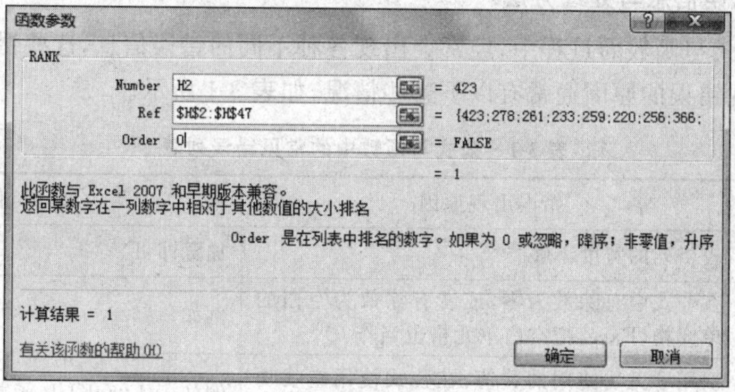

图 3-49　RANK 函数参数设置

6）填写备注

如果总分高于 400 分,则显示"高分,表扬!",反之如果总分低于 250 分,则显示"低分,要加油!"。

将光标定位于 J2 单元格,在编辑栏内输入公式:

＝IF(H2＞＝400,"高分,表扬!",IF(H2＜＝250,"低分,加油!",""))

按 Enter 键完成操作。其他单元格运用填充手柄完成。

7）将各科成绩低于 60 分的用浅红色标示

选中 C2:G47 单元格区域,在"开始"选项卡"样式"组中,单击"条件格式"按钮,在弹出的下拉列表中选择"突出显示单元格规则"|"小于"命令,如图 3-50 所示,在弹出的"小于"对话框中,输入值"60","设置为"选择"浅红填充色深红色文本",单击"确定"按钮完成设置。

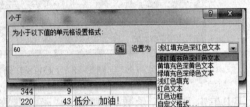

图 3-50   "条件格式"设置

3.3.4   公式与函数运用中的常见问题

1. 常见错误信息与处理方法

在输入公式与函数的过程中,经常会出现各种不同的错误信息,这些错误信息通常以"＃"开头,出现错误的原因通常有以下这些情况,如表 3-1 所示。

表 3-1   公式与函数中的常见错误列表

错误显示	错误出现原因	举　例
＃＃＃＃＃	表格列的宽度不够	加宽即可
＃DIV/0!	在公式中有除数为零,或者有除数为空白的单元格(Excel 把空白单元格也当作 0)	例如,＝5/0
＃N/A	引用了无法使用的数值,在公式使用查找功能的函数（VLOOKUP、HLOOKUP、LOOKUP 等)时,找不到匹配的值	例如,VLOOKUP 函数的第一个参数对应的单元格为空

续表

错误显示	错误出现原因	举 例
# NAME?	不能识别的文本	例如，＝12＋AAA，AAA区域没有定义
# NULL	使用了不正确的区域运算符或引用的单元格区域的交集为空	例如，＝AVERAGE(E8:E10G8:G10)
# NUM!	数据类型不匹配；给了公式一个无效的参数；公式返回的值太大或者太小	例如，＝SQRT(−4)
# REF!	公式中使用了无效的单元格引用	删除了被公式引用的单元格；把公式复制到含有引用自身的单元格中
# VALUE!	函数参数的数值类型不正确	例如，＝12＋"aaa"

下面简要介绍一下各错误的解决方案。

1）＃＃＃＃＃！

如果单元格所含的数字、日期或时间比单元格宽，或者单元格的日期时间公式产生了一个负值，就会产生"＃＃＃＃＃！"。

解决方法：如果单元格所含的数字、日期或时间比单元格宽，可以通过拖动列表之间的宽度来修改列宽。如果使用的是1900年的日期系统，那么Excel中的日期和时间必须为正值。如果公式正确，也可以将单元格的格式改为非日期和时间型来显示该值。

2）＃DIV/0！

当公式被零除时，将会产生错误值＃DIV/0！。在具体操作中主要表现为以下两种原因。

（1）在公式中，除数使用了指向空单元格或包含零值单元格的单元格引用（在Excel中如果运算对象是空白单元格，Excel将此空值当作零值）。

解决方法：修改单元格引用，或者在用作除数的单元格中输入不为零的值。

（2）输入的公式中包含明显的除数零，例如，公式＝1/0。

解决方法：将零改为非零值。

3）＃N/A

当在函数或公式中没有可用数值时，将产生错误值＃N/A，这常常是因为在公式使用查找功能的函数（VLOOKUP、HLOOKUP、LOOKUP等）时，找不到匹配的值。

解决方法：检查被查找的值，使之的确存在于查找的数据表中的第一列。

4）＃NAME?

在公式中使用了Excel无法识别的文本，例如函数的名称拼写错误，使用了没有被定义的区域或单元格名称，引用文本时没有加引号等。

解决方法：根据具体的公式，逐步分析出现该错误的可能，并加以改正，检查拼写错误。

5）＃NULL！

使用了不正确的区域运算符或不正确的单元格引用。当试图为两个并不相交的区域指定交叉点时将产生错误值"＃NULL！"。

解决方法：如果要引用两个不相交的区域，请使用联合运算符逗号（,）。公式要对两个区域求和，请确认在引用这两个区域时，使用逗号。如果没有使用逗号，Excel 将试图对同时属于两个区域的单元格求和，由于 A1：A13 和 C12：C23 并不相交，它们没有共同的单元格所以就会出错。

6）♯NUM!

当公式或函数中某个数字有问题时将产生错误值"♯NUM!"。

（1）在需要数字参数的函数中使用了不能接受的参数。

解决方法：确认函数中使用的参数类型正确无误。

（2）由公式产生的数字太大或太小，Excel 不能表示。

解决方法：修改公式，使其结果在有效数字范围之间。

7）♯REF!

删除了由其他公式引用的单元格，或将移动单元格粘贴到由其他公式引用的单元格中。当单元格引用无效时将产生错误值"♯REF!"。

解决方法：更改公式或者在删除或粘贴单元格之后，立即单击"撤销"按钮，以恢复工作表中的单元格。

8）♯VALUE!

当使用错误的参数或运算对象类型时，或者当公式自动更正功能不能更正公式时，将产生错误值"♯VALUE!"。这其中主要包括 3 点原因。

（1）在需要数字或逻辑值时输入了文本，Excel 不能将文本转换为正确的数据类型。

解决方法：确认公式或函数所需的运算符或参数正确，并且公式引用的单元格中包含有效的数值。例如：如果单元格 A1 包含一个数字，单元格 A2 包含文本，则公式＝"A1＋A2"将返回错误值"♯VALUE!"。可以用 SUM 工作表函数将这两个值相加（SUM 函数忽略文本）：＝SUM(A1：A2)。

（2）将单元格引用、公式或函数作为数组常量输入。

解决方法：确认数组常量不是单元格引用、公式或函数。

（3）赋予需要单一数值的运算符或函数一个数值区域。

解决方法：将数值区域改为单一数值。修改数值区域，使其包含公式所在的数据行或列。

2．追踪单元格

在 Excel 中，当公式使用引用单元格或从属单元格时，特别是交叉引用关系很复杂的公式，检查其准确性或查找错误的根源会很困难。

为了检查公式的方便，可以执行"追踪引用单元格"和"追踪从属单元格"命令，以图形方式显示或追踪这些单元格与包含追踪箭头的公式之间的关系。单元格追踪器是一种分析数据流向、纠正错误的重要工具，可用来分析公式中用到的数据来源。

- 引用单元格：是被其他单元格中的公式引用的单元格。例如，单元格 D10 包含公式"＝B5"，则单元格 B5 就是单元格 D10 的引用单元格。
- 从属单元格：包含引用其他单元格公式的单元格。例如，单元格 D10 包含公式"＝B5"，则 D10 就是单元格 B5 的从属单元格。

1）追踪引用单元格

选择包含需要找到其引用单元格的公式的单元格，单击"公式"选项卡的"公式审核"组中的"追踪引用单元格"，如图 3-51 所示，蓝色箭头显示无错误的单元格，红色箭头显示导致错误的单元格。如果所选单元格引用了另一个工作表或工作簿上的单元格，则会显示一个从工作表图标指向所选单元格的黑色箭头。

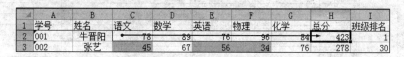

	A	B	C	D	E	F	G	H	I
1	学号	姓名	语文	数学	英语	物理	化学	总分	班级排名
2	001	牛晋阳	78	89	76	96	84	423	1
3	002	张艺	45	67	56	34	76	278	30

图 3-51　追踪引用单元格

若要移去引用单元格追踪箭头，则单击如图 3-52 所示的"移去箭头"按钮旁边的箭头，在弹出的下拉列表中执行"移去引用单元格追踪箭头"命令。

2）追踪从属单元格

选择要对其标识从属单元格的单元格，单击"公式"选项卡的"公式审核"组中的"追踪引用单元格"，可追踪显示引用了该单元格的单元格。同样，蓝色箭头显示无错误的单元格，红色箭头显示导致错误的单元格。

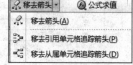

图 3-52　"移去箭头"下拉列表

3.4　图　　表

图表技术就是用各种统计图将 Excel 工作表中的数据形象地表现出来，使得数据之间的复杂关系展示得更加直观、生动。

3.4.1　迷你图

迷你图（Sparklines）是 Excel 2010 中一个全新的功能，它是绘制在单元格中的一个微型图表，用迷你图可以直观地反映数据系列的变化趋势。与图表不同的是，当打印工作表时，单元格中的迷你图会与数据一起进行打印。创建迷你图后还可以根据需要对迷你图进行自定义，如高亮显示最大值和最小值、调整迷你图颜色等。Excel 2010 提供了三种形式的迷你图，即"折线迷你图"、"列迷你图"和"盈亏迷你图"。

1. 创建迷你图

王老师是南京中学的初二年级的年级组长，各班的期末考试成绩已全部汇总完成，形成如图 3-53 所示的成绩统计表，现需要根据这些数据分析各班各科目及格率的趋势，操作步骤如下。

（1）选中 G4 单元格。

（2）在"插入"选项卡的"迷你图"选项组中，单击"折线图"，弹出"创建迷你图"对话框（见图 3-54）。

		初二（1）	初二（2）	初二（3）	初二（4）	迷你图
	班级　科目					
语文	最高分	99	99	97	98	
	最低分	20	24	21	46	
	及格率	56.52%	59.62%	45.28%	68.75%	
	优秀率	13.04%	9.62%	7.55%	18.75%	
数学	最高分	99	99	99	98	
	最低分	20	20	23	45	
	及格率	56.52%	46.15%	30.19%	81.25%	
	优秀率	19.57%	15.38%	9.43%	22.92%	
英语	最高分	99	99	96	99	
	最低分	20	22	22	48	
	及格率	45.65%	42.31%	43.40%	85.42%	
	优秀率	10.87%	17.31%	13.21%	22.92%	
物理	最高分	96	97	99	99	
	最低分	0	20	20	45	
	及格率	43.48%	46.15%	56.60%	68.75%	
	优秀率	6.52%	11.54%	11.32%	18.75%	
化学	最高分	98	98	97	99	
	最低分	22	20	20	45	
	及格率	50.00%	48.08%	49.06%	70.83%	
	优秀率	8.70%	11.54%	7.55%	14.58%	

图 3-53　成绩统计表

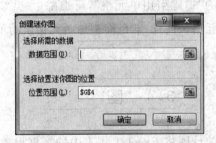

图 3-54　"创建迷你图"对话框

（3）单击"数据范围"文本框右侧的"拾取"按钮，选取 C4∶F4 单元格区域，"位置范围"已自动将选中的单元格填入，单击"确定"按钮完成操作。其他单元格的迷你图如复制公式一般复制即可，也可通过填充手柄生成。

2. 改变迷你图类型

单击已创建的迷你图，出现如图 3-55 所示的"迷你图工具"中的"设计"选项卡，通过该选项卡可以更改迷你图数据源、类型、样式等。

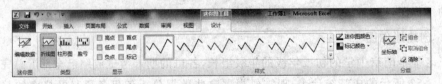

图 3-55　"迷你图工具"选项卡

如果是以填充手柄方式生成的系列迷你图，则所有迷你图自动组合成一个图组，如果希望改变图组中某个迷你图的类型，则必须先在"迷你图工具"中的"设计"选项卡的"分组"选项组中，单击"取消组合"按钮，撤销图组合，然后选中需要更改类型的迷你图，直接单击所需要的迷你图类型按钮即可。

3. 突出显示数据点

选择需要突出显示数据点的迷你图,单击"迷你图工具"中"设计"的选项卡"显示"组中的某个复选框。

- 选中"高点"或"低点"复选框,显示最高值或最低值。
- 选中"首点"或"尾点"复选框,显示第一个值或最后一个值。
- 选中"负点"复选框,显示负值。
- 选中"标记"复选框,显示所有数据标记。

4. 清除迷你图

选中需要清除的迷你图,在"迷你图工具"选项卡的"分组"选项组中,单击"清除"按钮即可。

3.4.2 图表

1. 图表的类型

Excel 提供以下几大类图表,其中每个大类下又包含若干个子类型。

- 柱形图:用于显示一段时间内的数据变化或说明各项之间的比较情况。在柱形图中,通常沿横坐标轴组织类别,沿纵坐标轴组织数值。
- 折线图:显示随时间而变化的连续数据,通常适用于显示在相等时间间隔下数据的趋势。在折线图中,类别沿水平轴均匀分布,所有的数值沿垂直轴均匀分布。
- 饼图:显示一个数据系列中各项数值的大小、各项数值占总和的比例。饼图中的数据点显示为整个饼图的百分比。
- 条形图:显示各项数值之间的比较情况。
- 面积图:显示数值随时间或其他类别数据变化的趋势线。面积图强调数量随时间而变化的程度,也可用于引起人们对总值趋势的注意。
- XY 散点图:显示若干数据系列中各数值之间的关系,或者将两组数字绘制为 XY 坐标的一个系列。散点图有两个数值轴,沿横坐标轴(X 轴)方向显示一组数值数据,沿纵坐标轴(Y 轴)方向显示另一组数值数据。散点图通常用于显示和比较数值。
- 股价图:用来显示股价的波动,也可用于显示其他科学数据。
- 曲面图:通过曲面图可以找到两组数据之间的最佳组合。当类别和数据系列都是数值时,可以使用曲面图。
- 圆环图:显示各个部分与整体之间的关系,但是它可以包含多个数据系列。
- 气泡图:用于比较成组的三个值而非两个值。第三个值确定气泡数据点的大小。
- 雷达图:用于比较几个数据系列的聚合值。

2. 创建图表

初二(1)班各科各分数段人数的分布情况已统计完成(见图 3-56),现需要使用图表对其进行形象展示。

分数段	语文人数	数学人数	英语人数	物理人数	化学人数
90分以上	6	9	5	3	4
80—89	7	6	8	7	8
70—79	8	5	4	4	8
60—69	5	6	4	6	3
60分以下	20	20	25	26	23

图 3-56   各分数段人数的分布情况表

使用"三维簇状柱形图"展示语文、数学和英语三门各分数段人数的操作步骤如下。

（1）选取数据源 M20:P25。

（2）在"插入"选项卡的"图表"选项组中，单击"柱形图"按钮，在弹出的下拉列表中，执行"三维簇状柱形图"命令；如果执行"所有图表类型"命令或单击"图表"选项组右侧的"插入图表"按钮，则打开"插入图表"对话框，如图 3-57 所示，从中选择"柱形图"大类中的"三维簇状柱形图"。相应的图表即会插入到当前工作表中，如图 3-58 所示。

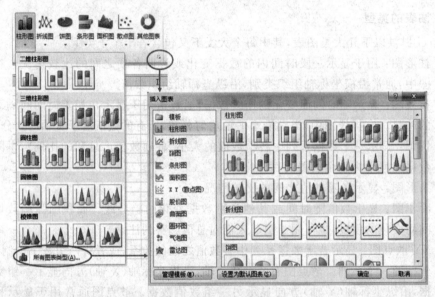

图 3-57   插入图表操作示意

3. 编辑图表

图表创建完成后，可对其进行编辑，如更改图表类型、制作图表标题、移动图表位置等。

1）图表的基本组成

图表由图表区、绘图区、坐标轴、标题、数据系列、图例等基本组成部分构成（见图 3-59）。此外，图表还包括数据表和三维背景等特定情况下才显示的对象。单击图表上的某个组成部分，就可以选定该部分。

- 图表区是指图表的全部范围，Excel 默认的图表区是由白色填充区域和黑色细实线边框组成的。

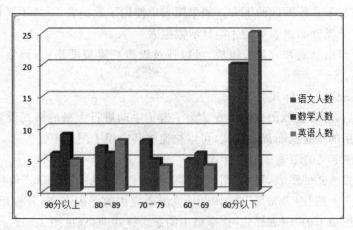

图 3-58 插入的图表

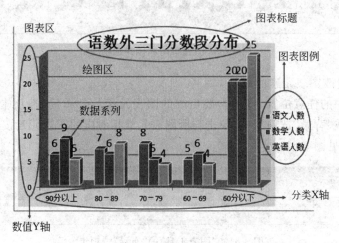

图 3-59 图表的组成

- 绘图区是指图表区内的图形表示的范围,即以坐标轴为边的长方形区域。设置绘图区格式,可以改变绘图区边框的样式和内部区域的填充颜色及效果。
- 标题包括图表标题和坐标轴标题。图表标题是显示在绘图区上方的文本框,坐标轴标题是显示在坐标轴边上的文本框。图表标题只有 1 个,而坐标轴标题最多允许 4 个。Excel 默认的标题是无边框的黑色文字。
- 数据系列是由数据点构成的,每个数据点对应工作表中的一个单元格内的数据,数据系列对应工作表中一行或一列数据。数据系列在绘图区中表现为彩色的点、线、面等图形。
- 坐标轴按位置不同可分为主坐标轴和次坐标轴两类,Excel 默认显示的是绘图区左边的主 Y 轴和下边的主 X 轴。
- 图例由图例项和图例项标示组成,默认显示在绘图区右侧,为细实线边框围成的长方形。
- 数据表显示图表中所有数据系列的数据。对于设置了显示数据表的图表,数据表将固定显示在绘图区的下方。如果图表中使用了数据表,一般不再使用图例。只有带有分类轴的图表类型才能显示数据表。

- 三维背景由基底和背景墙组成,可以通过设置三维视图格式,调整二维图表的透视效果。

2) 更改图表布局和样式

创建图表后,可以更改图表的外观。为了避免手动进行大量的格式设置,Excel 2010提供了多种有用的预定义布局和样式,可以快速将其应用于图表中。

(1) 应用预定义的图表布局和样式

单击需设置格式的图表,显示"图表工具",其中包含"设计"、"布局"和"格式"选项卡;在"设计"选项卡上的"图表布局"选项组中,单击要应用的图表布局,若应用预定义样式,则单击"设计"选项卡的"图表样式"选项组中的某个样式即可(见图3-60)。

图 3-60　图表布局和样式选项组

(2) 手动更改图表元素的布局

单击图表中的任意位置,或单击要更改的图表元素,在"布局"选项卡上,分别从"标签"、"坐标轴"或"背景"选项组中,单击与所图表元素相对应的图表元素按钮,然后单击所需的布局选项(见图3-61)。

图 3-61　"图表工具"的"布局"选项卡

(3) 手动更改图表元素的格式样式

单击要更改的图表元素,在"格式"选项卡(见图3-62)上,执行下列操作之一。

图 3-62　"图表工具"的"格式"选项卡

- 在"当前所选内容"组中,单击"设置所选内容格式",然后在"设置<图表元素>格式"对话框中,选择所需的格式选项。
- 在"形状样式"组中,单击"其他"按钮,然后选择一种样式。
- 在"形状样式"组中,单击"形状填充"、"形状轮廓"或"形状效果",然后选择所需的格式选项。
- 在"艺术字样式"组中,单击一个艺术字样式选项,或单击"文本填充"、"文本轮廓"

或"文本效果",然后选择所需的文本格式选项。

3）更改图表类型

对于大多数二维图表,可以更改整个图表的图表类型,也可以为任何单个数据系列选择另一种图表类型,使图表转换为组合图表。如将图 3-58 更改为柱形图与折线图的组合图,其中"数学"系列用折线图表示,操作步骤如下。

（1）单击图表的图表区或绘图区以显示图表工具。

（2）在"设计"选项卡的"类型"选项组中,单击"更改图表类型"按钮,打开"更改图表类型"对话框,从中选取"簇状柱形图"。

（3）单击"数学"数据系列。

（4）在"设计"选项卡的"类型"选项组中,单击"更改图表类型"按钮,打开"更改图表类型"对话框,从中选取"带数据标记的折线图",效果如图 3-63 所示。

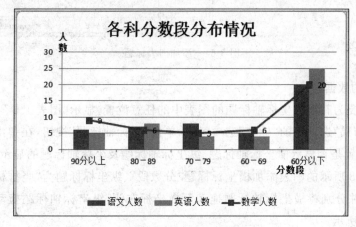

图 3-63　编辑后的图表

4）添加图表标题

默认设置下,图表创建完成后,没有显示标题,可通过以下操作步骤添加图表标题,使图表易于理解。

（1）单击需要添加标题的图表,使其显示"图表工具"工具栏。

（2）在"布局"选项卡的"标签"选项组中,单击"图表标题"按钮,弹出如图 3-64 所示的下拉列表,在其中执行"居中覆盖标题"或"图表上方"命令。

（3）在图表的相应位置出现允许"图表标题"文本框,可根据需要在其中输入图表标题。

（4）在"图表标题"上右击,执行快捷菜单中的"设置图表标题格式"命令,或在"图表标题"下拉列表中,执行"其他标题选项"命令,弹出"设置图表标题格式"对话框,如图 3-64 所示。此处,为如图 3-58 所示的图表设置图表标题"语数外分数段分布情况",放置位置为"图表上方"。

（5）在对话框中,可根据需要设置图表标题的填充色、边框颜色、边框样式等。

5）添加坐标轴标题

坐标轴标题可帮助阐明图表中显示的水平（分类）坐标轴、垂直（值）坐标轴和竖（三

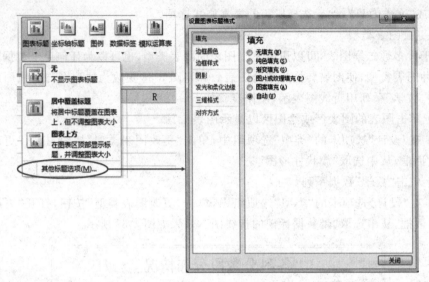

图 3-64   添加图表标题

维)坐标轴中的数据。

（1）单击要为其添加坐标轴标题的图表中的任意位置，显示"图表工具"工具栏。

（2）在"布局"选项卡的"标签"选项组中，单击"坐标轴标题"按钮，在弹出的下拉列表中按照需要设置是否显示横坐标轴标题、纵坐标轴标题及坐标轴标题的显示方式和格式。此处，为图 3-58 所示的图表添加横坐标轴标题"分数段"、纵坐标标题为"竖排标题"类型，内容为"人数"，并分别将横坐标轴标题拖动至横坐标右侧，纵坐标轴标题拖动至纵坐标上面，如图 3-63 所示。

6）将图表标题链接到工作表中的文本

如果要将工作表中的文本用于图表标题，可以将图表标题链接到包含相应文本的工作表单元格。在对工作表中相应的文本进行更改时，图表中链接的标题将自动更新。如将如图 3-58 所示图表的图表标题链接到工作表的 L18 单元格，操作步骤如下。

（1）在工作表中单击"图表标题"文本框。

（2）在工作表的"编辑"栏内单击，输入等于号（＝）。

（3）选择包含要用于图表标题的文本的工作表单元格，此处为 L18，按 Enter 键确认。此时，若更改 L18 单元格的内容，图表中的图表标题将会同步变化。

7）添加数据标签

数据标签是为数据标记提供附加信息的标签，其代表源于数据表单元格的单个数据点或值。如为"数学"数据系列添加数据标签，操作步骤如下。

（1）在图表中选择要添加数据标签的数据系列。若要为某个单独的数据点添加数据标签，则先单击要添加数据标签的数据标志所在的数据系列，然后单击需要设置标签的数据标志。此处，单击"数学"数据系列。

（2）在"图表工具"的"布局"选项卡的"标签"选项组中，单击"数据标签"按钮，在弹出的下拉列表中执行"显示"命令,则在"数学"数据系列上显示每个系列所代表的数据值;若执行"其他数据标签选项"命令,则打开"设置数据标签格式"对话框,在该对话框中可为数据标签设置格式(见图3-65)。

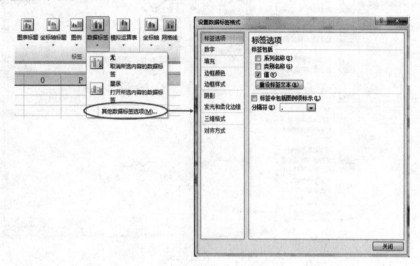

图3-65　添加数据标签

8) 设置图例

图表创建完成,系统自动显示图例,可对图例设置位置和格式,操作步骤如下。

(1) 单击要进行图例设置的图表。

(2) 在"图表工具"的"布局"选项卡的"标签"选项组中单击"图例"按钮,弹出下拉列表。

(3) 在下拉列表中,若执行"无"命令,则隐藏图例;若执行其他命令,则改变图例显示位置;若执行"其他图例选项"命令,则打开"设置图例格式"对话框中,从中可对图例进行格式设置(见图3-66)。

9) 设置坐标轴

创建图表时,选择适当的图表类型,会显示坐标轴,如图3-63所示,若创建三维图表则会在显示横坐标轴与纵坐标轴的同时,显示竖坐标轴。可以根据需要对坐标轴格式进行设置、调整坐标轴刻度间隔、更改坐标轴上的标签等。

(1) 单击需要设置坐标轴的图表。

(2) 在"图表工具"的"布局"选项卡的"坐标轴"选项组中,单击"坐标轴"按钮,在弹出的下拉列表中选择"主要横坐标轴"。

(3) 若执行"无"命令,则隐藏横坐标轴;若执行其他命令,则改变坐标轴的显示方式;若执行"其他主要横坐标轴选项"命令,则打开"设置坐标轴格式"对话框(见图3-67)。

(4) 在对话框中,设置坐标轴的刻度类型、刻度间隔等格式。纵坐标轴格式与竖坐标轴格式的设置相类似。

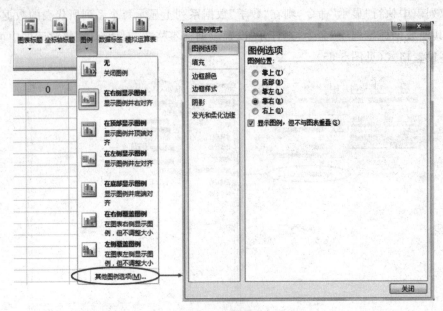

图 3-66　设置图例

图 3-67　设置横坐标轴格式

3.5　数据管理与分析

Excel 提供了一套功能强大的数据管理与分析工具,这些工具存放在 Excel 的"数据"选项卡中,使得管理数据清单和数据库非常容易。

3.5.1　建立数据清单的准则

为了实现数据管理与分析,Excel 要求数据必须按数据清单格式来组织。如图 3-68

所示的表格是一个典型的数据清单,它满足以下数据清单的准则。

	A	B	C	D	E	F	G	H	I	J
	学号	姓名	性别	语文	数学	英语	物理	化学	总分	班级排名
	001	牛晋阳	男	78	89	76	96	84	423	1
	002	张艺	女	45	67	56	34	76	278	30
	003	杨泽	男	88	90	23	0	60	261	34
	004	李文元	女	22	57	21	59	74	233	40
	005	王静茹	女	99	57	51	23	29	259	35
	006	李婕颖	男	70	39	21	53	37	220	43
	007	游大海	男	47	92	21	46	50	256	36
	008	白伊冉	男	84	35	92	82	73	366	7
	009	王晓敏	女	44	45	65	57	27	238	39
	010	葛熠	女	38	35	48	93	89	303	21
	011	白雅娟	男	66	72	27	45	73	283	29
	012	苑洋	女	27	54	20	38	91	230	41
	013	杨青	男	62	52	51	23	39	227	42
	014	王川月	男	83	95	86	47	77	388	3
	015	王允汝	男	38	30	47	65	38	218	45
	016	冯宏亮	女	57	46	83	59	71	316	16
	017	党志慧	男	71	76	68	87	42	344	9
	018	杨瑞娟	男	20	61	38	22	79	220	43
	019	武鹏	男	35	44	60	83	55	277	31
	020	林翔	男	55	79	86	85	98	403	2
	021	成蓉	女	87	98	93	54	47	379	4
	022	游静伟	女	92	57	99	28	53	329	12
	023	游吉红	男	25	99	94	61	31	310	20
	024	王晓飞	女	58	20	89	56	30	253	37
	025	王颖	女	99	57	49	60	27	292	25

初二(1)班　初二(2)班　初二(3)班　初二(4)班　Sheet1

图 3-68　数据清单

(1) 每列应包含相同类型的数据,列表首行或首两行由字符串组成,而且每一列均不相同,称之为字段名。

(2) 每行应包含一组相关的数据,称为记录。

(3) 列表中不允许出现空行、空列(空行、空列用于区分数据清单区与其他数据区)。

(4) 单元格内容开头不要加无意义的空格。

(5) 每个数据清单最好占一张工作表。

3.5.2　数据排序

排序是将数据清单中的记录按某些值的大小重新排列记录次序,一次排序最多可以选择3个关键字:"主要关键字"、"次要关键字"、"第三关键字"。它们的含义是:首先按"主要关键字"排序;当"主要关键字"相等时,检查"次要关键字"大小;若"次要关键字"相等,则检查"第三关键字"大小,从而决定记录的排序次序。另外,每种关键字都可以选择是按"升序"或"降序"排列。

1. 简单排序

如果是按照某列或某行进行单条件排序,则可使用快速简单排序按钮。

如将初二(1)班的期末考试成绩按班级排名排序,单击选中"班级排名"单元格,再单击"排序和筛选"中的"升序"按钮即可。

2. 复杂多条件排序

如果参与排序的条件是多条件的,则使用"排序"对话框设置排序条件。

如将初二(1)班的期末考试成绩按班级排名排序,班级排名相同的数学成绩高的排名靠前,其操作步骤如下。

(1) 选择参与排序的区域,如 A1:J47。

(2) 单击"排序和筛选"选项组中的"排序"按钮,如图 3-69 所示,弹出如图 3-70 所示的"排序"对话框,设置"主要关键字"为"班级排名",排序依据为"数值",次序为"升序";"次要关键字"为"数学",排序依据为"数值",次序为"降序"。

(3) 单击"确定"按钮,完成排序操作。

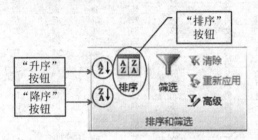

图 3-69 "排序和筛选"选项组

图 3-70 "排序"对话框

3. 按自定义序列排序

Excel 还允许将数据清单按照用户自定义的特定顺序进行排序,但是只能基于文本、数值以及日期时间型数据创建自定义列表,而不能基于格式(如单元格颜色等)创建自定义列表。

如将初二(1)班成绩按照"女、男"的顺序排序,其操作步骤如下。

(1) 自定义序列:单击"文件"选项卡中的"选项",在弹出的对话框中单击"高级"命令,然后在"常规"区域中单击"编辑自定义列表"按钮,在弹出的"自定义序列"对话框中添加"女、男"序列。

(2) 选择参与排序的区域,如 A1:J47。

(3) 单击"排序和筛选"选项组中的"排序"按钮,打开"排序"对话框。

(4) 在"排序"对话框的"次序"列表中选择"自定义序列",打开"自定义序列"对话框,在该对话框中选择用户创建的自定义序列,如"女、男"。

(5) 单击“确定”按钮，完成排序操作。

3.5.3 数据筛选

筛选是在数据清单中提炼出满足筛选条件的数据。在进行筛选操作后，结果只包含满足筛选条件的数据行，不满足条件的数据只是暂时被隐藏起来(并未被真正删除)；一旦筛选条件被撤走，这些数据又会重新显示。

Excel 2010 提供了两种筛选数据清单的命令。

- 自动筛选：适用于简单条件筛选。
- 高级筛选：适用于复杂条件筛选。

1. 自动筛选

“自动筛选”允许在一个或多个字段设置条件。若在多个字段设置了条件，则显示同时满足多个字段条件的记录。

如查找总分 350 分以上、数学 80 分以上的同学的信息，其操作步骤如下。

(1) 单击数据清单中的任一单元格。

(2) 单击“排序和筛选”选项组中的“筛选”按钮，工作表进入“自动筛选”状态，这时可以看到每一列的列标题右侧均出现了一个向下的筛选箭头，称为“自动筛选按钮”，如图 3-71 所示。

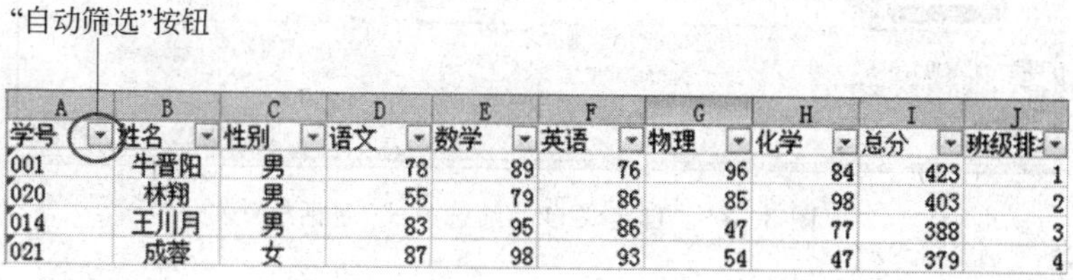

学号	姓名	性别	语文	数学	英语	物理	化学	总分	班级排
001	牛晋阳	男	78	89	76	96	84	423	1
020	林翔	男	55	79	86	85	98	403	2
014	王川月	男	83	95	86	47	77	388	3
021	成蓉	女	87	98	93	54	47	379	4

图 3-71 “自动筛选”状态

(3) 单击“总分”右侧按钮，在弹出的下拉列表中执行“数字筛选”的“大于或等于”命令，如图 3-72 所示。

(4) 打开如图 3-73 所示的“自定义自动筛选方式”对话框，在其中输入值“350”，单击“确定”按钮。

(5) 按同样的方法，单击“数学”右侧的按钮，设置筛选条件：大于或等于 80。

要想退出自动筛选状态，只需再次单击“排序和筛选”选项组中的“筛选”按钮即可，此时数据清单中的数据全部显示。

2. 高级筛选

使用“高级筛选”工具能使用户筛选那些需要匹配计算条件或筛选条件中包含复杂的“与”和“或”关系的数据。要使用“高级筛选”工具，必须先建立筛选的条件区域，该区域用来指定筛选出的数据必须满足的条件。筛选条件区域类似于一个只包含条件的数据清单，由两部分组成：条件列标题和具体筛选条件，其中首行包含的列标题必须与数据清单中的对应列标题一模一样，具体条件区域中至少要有一行筛选条件。条件区域中“列”与

图 3-72   "自动筛选"下拉列表

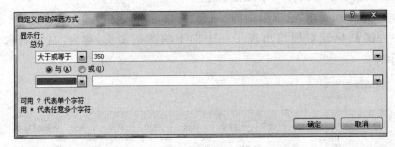

图 3-73   "自定义自动筛选方式"对话框

"列"的关系是"与"的关系,"行"与"行"的关系是"或"的关系。

如查找初二(1)班期末考试成绩中各科成绩在 80 分以上的同学的信息,其操作步骤如下。

(1)在工作表的空白区域输入条件列标题:"语文、数学、英语、物理、化学",或直接将数据清单中的"语文、数学、英语、物理、化学"列标题复制至工作表的空白区域。

(2)输入具体的条件,如图 3-74 所示。

(3)单击数据清单中的任一单元格,单击"排序和筛选"选项组中的"高级"按钮,弹出如图 3-75 所示的"高级筛选"对话框,单击该对话框中的"拾取"按钮 ▦ ,选择"列表区域"和"条件区域",单击"确定"按钮,即可在原数据位置筛选出满足条件的记录。

语文	数学	英语	物理	化学
>80				
	>80			
		>80		
			>80	
				>80

图 3-74   "条件区域"设置

图 3-75   "高级筛选"对话框

若想要清除筛选,只需单击"排序和筛选"选项组中的"清除"按钮即可。

3.5.4　分类汇总

分类汇总,顾名思义,就是首先将数据分类(排序),然后再将数据按类进行汇总分析处理。分类汇总在利用基本数据管理功能将数据清单中大量数据明确化和条理化的基础上,再利用 Excel 提供的函数进行数据汇总。使用 Excel 的"分类汇总"工具,并不需要创建公式,Excel 将自动创建公式、插入分类汇总总和行,并自动分级显示数据,结果数据可以打印出来。

1. 创建分类汇总

汇总初二(1)班各科男、女生平均成绩,操作步骤如下。

(1) 按分类字段排序:单击"性别"列中的任一单元格,单击"排序和筛选"选项组中的"升序"按钮或"降序"按钮,数据清单按性别列排序。

(2) 选中数据清单中的任一单元格,单击"数据"选项卡"分级显示"选项组中的"分类汇总"按钮,弹出"分类汇总"对话框,如图 3-76 所示。

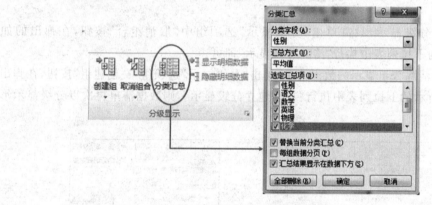

图 3-76　"分类汇总"操作提示

(3) 在"分类汇总"对话框中设置分类字段为"性别"、汇总方式为"平均值"、选定汇总项为"语文、数学、英语、物理、化学",单击"确定"按钮,完成分类汇总操作。

2. 删除分类汇总

删除分类汇总的操作步骤如下。

(1) 单击已进行分类汇总的数据清单中的任一单元格。

(2) 单击"分级显示"选项组中的"分类汇总"按钮。

(3) 在弹出的"分类汇总"对话框中单击"全部删除"按钮。

3. 分级显示数据

如图 3-77 所示的左侧为分级显示,其中有"隐藏明细数据符号"标记(一)和"显示明细数据符号"标记(十)。"十"号表示该层明细数据没有展开。单击"十"号可以显示出明细数据,同时"十"号变为"一"号;单击"一"号可隐藏由该层级所指定的明细数据,同时

"一"号变为"＋"号。如此,可实现将十分复杂的数据清单转换为可展开不同层次的汇总表格。

1 2 3		A	B	C	D	E	F	G	H	I	J
	1	学号	姓名	性别	语文	数学	英语	物理	化学	总分	班级排名
	2	021	成蓉	女	87	98	93	54	47	379	4
	3	034	肖国庆	女	94	96	47	52	88	377	5
	4	039	肖爽	女	50	85	60	62	87	344	9
	5	022	游静伟	女	92	57	99	28	53	329	12
	23	004	李文元	女	22	57	21	59	74	233	40
	24	012	范洋	女	27	54	20	38	91	230	41
	25			女 平均值	66.04	61.78	51.57	55.35	60.74		
	26	001	牛晋阳	男	78	89	76	96	84	423	1
	40	019	武鹏	男	35	44	60	83	55	277	31
	41	003	杨泽	男	88	90	23	0	60	261	34
	42	007	游大海	男	47	92	21	46	50	256	36
	43	036	刘旭利	男	75	52	56	33	24	240	38
	44	013	杨菁	男	62	52	51	23	39	227	42
	45	006	李婕颖	男	70	39	21	53	37	220	43
	46	018	杨瑞娟	男	20	61	38	22	79	220	43
	47	015	王允汝	男	38	30	47	65	38	218	45
	48	043	李彬	男	37	27	81	25	45	215	46
	49			男 平均值	59.96	67.78	60.87	53.87	58.61		
	50			总计平均值	63.00	64.78	56.22	55.11	59.67		
	51										

"分级显示"区域

图 3-77　"分级显示"符号

如不需要分级显示,只需单击"分级显示"选项组中"取消组合"按钮,在弹出的如图 3-78 所示的下拉列表中执行"清除分级显示"即可。

对于已经清除分组显示的数据清单,单击"分级显示"选项组中"创建组"按钮,在弹出的如图 3-79 所示的下拉列表中执行"自动建立分级显示",则数据清单再次以分级显示形式呈现。

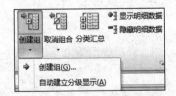

图 3-78　"取消组合"下拉列表　　　　图 3-79　"创建组"下拉列表

4．自动创建分级显示

自动创建分级显示对数据表格的要求较高,如果表格具备以下特征,可以使用自动分级显示。

- 同一组中的行或列均放在一起。
- 汇总行均在每组数据的上方或下方,汇总列均在每组数据的左侧或右侧。汇总行和汇总列使用求和公式 SUM 或分类汇总公式 SUBTOTAL 引用数据中的单元格。

自行创建分级显示的操作步骤如下。

（1）单击需要建立分级显示的工作表中的任一单元格。

（2）对作为分组依据的数据列进行排序。

（3）在紧靠每组明细行的上方或下方插入带公式的汇总行，输入摘要说明和汇总公式。

（4）选择同组中的明细行或列（不包括汇总行），单击"分级显示"选项组中的"创建组"按钮，在弹出的如图 3-79 所示的下拉列表中执行"创建组"命令，所选行或列将关联为一组，同时窗口左侧出现分级显示符号。依次为其他每组明细创建组即可。

3.5.5　数据透视表和数据透视图

数据透视表是一种可以快速汇总、分析大量数据表格的交互式工具。使用数据透视表可以按照数据表格的不同字段从多个角度进行透视，并建立交叉表格，用以查看数据表格不同层面的汇总信息、分析结果以及摘要数据。

使用数据透视表可以深入分析数值数据，以帮助用户发现关键数据，并做出有关企业中关键数据的决策。

1. 创建数据透视表

若要创建数据透视表，要求数据源必须是比较规则的数据，如表格的第一行是字段名称，字段名称不能为空；数据记录中最好不要有空白单元格或合并单元格；每个字段中数据的数据类型必须一致；数据越规则，数据透视表使用起来越方便。

为如图 3-80 所示的数据表格创建数据透视表，以"部门"和"销售人员"分类查询订单总额和总订单数。操作步骤如下。

销售订单月表			
订单号	订单金额	销售人员	部门
20040401	¥500,000	Jarry	销售1部
20040402	¥450,000	Jarry	销售1部
20040403	¥250,000	Tom	销售1部
20040404	¥420,000	Mike	销售2部
20040405	¥450,000	Mike	销售2部
20040406	¥250,000	Jarry	销售1部
20040407	¥150,000	Helen	销售2部
20040408	¥950,000	Mike	销售2部
20040409	¥100,000	Helen	销售2部
20040410	¥500,000	Helen	销售2部
20040411	¥258,000	Tom	销售1部
20040412	¥320,000	Tom	销售1部
20040413	¥700,000	Jarry	销售1部
20040414	¥670,000	Tom	销售1部
20040415	¥670,000	Jarry	销售2部
20040416	¥470,171	Tom	销售1部
20040417	¥476,643	Jarry	销售1部
20040418	¥482,987	Tom	销售2部
20040419	¥489,456	Helen	销售2部

图 3-80　数据透视表的源数据

（1）单击数据源中的任一单元格，或将整个数据区域选中。

（2）在"插入"选项卡的"表"选项组中，单击"数据透视表"按钮，在弹出的下拉列表中，执行"数据透视表"命令。

（3）弹出如图 3-81 所示的"创建数据透视表"对话框，"请选择要分析的数据"选项组中已经自动选中了光标所处位置的整个连续数据区域,也可在此对话框中重新选择需要分析的数据区域,还可使用外部数据源;通过"选择放置数据透视表的位置"选项组,可以在新的工作表中创建数据透视表,也可将数据透视表放置在当前的某个工作表中。

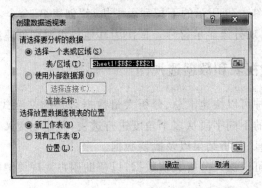

图 3-81 "创建数据透视表"对话框

(4)单击"确定"按钮,Excel 自动创建一个空的数据透视表,如图 3-82 所示。该窗口的上半部分为字段列表,显示可以使用的字段名,也就是源数据区域的列标题;下半部分为布局部分,包含"报表筛选"文本框、"列标签"文本框、"行标签"文本框和"数值"文本框。

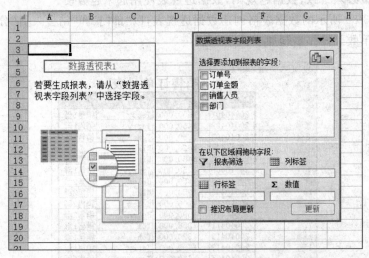

图 3-82 在新工作表中插入空白的数据透视表并显示数据透视表字段列表窗口

(5)将"部门"和"销售人员"字段拖曳至"行字段"区域,以实现分类;将"订单号"和"订单金额"字段拖曳至"数据项"区域以实现汇总。默认情况下,非数值字段将会自动添加到"行标签"文本框中,数值字段会添加到"数值"文本框中,格式为日期和时间的字段则会添加到"列标签"文本框中。因此,"部门"和"销售人员"字段自动添加到"行标签"文本框中。注意"部门"必须在"销售人员"字段上面,如此可实现先按部门分类,再按销售人员分类。"订单号"和"订单金额"字段自动添加到"数值"文本框中。默认情况下,对"数值"字段进行自动求和。因为需要分类查询不同部门和不同销售人员的订单数量,因此,单击"数值"文本框中的"求和项:订单号",在弹出的下拉列表中执行"值字段设置"命令,打开

"值字段设置"对话框。

（6）在对话框的"计算类型"列表框中选择"计数"，单元"确定"按钮，如图 3-83 所示。

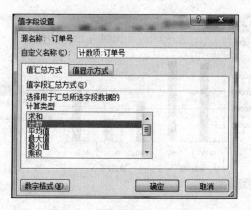

图 3-83　"值字段设置"对话框

创建完成的数据透视表，如图 3-84 所示。

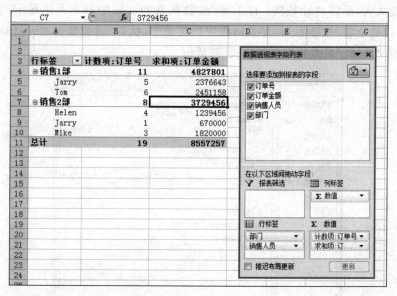

图 3-84　创建完成的数据透视表

2. 创建数据透视图

数据透视图是另一种数据表现形式，与数据透视表不同的地方在于它可以选择适当的图形、多种色彩来描述数据的特性。数据透视图的建立方式有两种。

- 若已经建立了数据透视表，则可以直接转换成为数据透视图。
- 从空白窗口开始，一步一步建立所需要的数据透视图。

1）从数据透视表直接转换

（1）打开相关数据透视表，在数据透视表的任一位置单击，显示"数据透视表工具"。

（2）在"选项"选项卡的"工具"选项组中，单击"数据透视图"，打开"插入图表"对话框,选择"柱形图"中的"簇状柱形图",单击"确定"按钮,数据透视图插入到当前的数据透视表中,如图 3-85 所示。

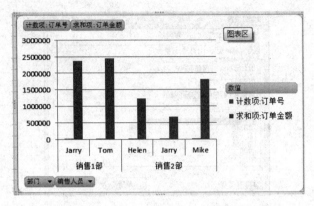

图 3-85　根据数据透视表插入的数据透视图

（3）从图中可以看到,由于"计数项:订单号"与"求和项:订单金额"两个数据系列的数据值相差太大,所以,"计数项:订单号"的数据系列在图中基本无法显示,因此,单击"求和项:订单金额"数据系列,在弹出的快捷菜单中,执行"设置数据系列格式"命令,打开如图 3-86 所示的"设置数据系列格式"对话框。

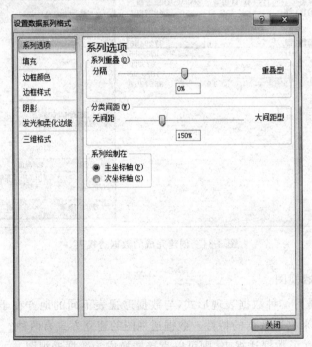

图 3-86　"设置数据系列格式"对话框

（4）在对话框的"系列选项"选项卡的"系列绘制在"选项组中,选择"次坐标轴"单选按钮,单击"关闭"按钮。

（5）选择"求和项:订单金额"数据系列,右击,在弹出的快捷菜单中执行"更改系列图表类型"命令,打开"更改图表类型"对话框,选择"折线图"类型中的"带数据标记的折线图"子类型。

编辑完成的数据透视如图 3-87 所示。

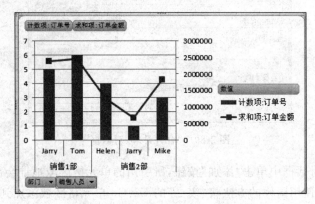

图 3-87   编辑完成的数据透视图

2) 从空白窗口创建数据透视图

从空白窗口开始创建数据透视图的操作步骤与创建数据透视表的相类似,此处不再赘述。

3.5.6   合并计算

合并计算功能可以汇总或合并多个数据源区域中的数据。具体方法有两种:一是按类别合并计算;二是按位置合并计算。

合并计算的数据源区域可以是同一工作表中的不同表格,也可以是同一工作簿中的不同工作表,还可以是不同工作簿中的表格。

1. 按类别合并

在图 3-88 中有两个结构相同的数据表"表一"和"表二",利用合并计算可以轻松实现将这两个表进行合并汇总,步骤如下:

	A	B	C	D	E	F	G
1	表一			表二			
2	城市	数量	金额		城市	数量	金额
3	南京	100	2100		北京	30	4050
4	上海	80	2100		上海	60	2000
5	北京	90	3450		海南	100	9000
6	海南	110	6000		南京	90	3000
7							
8							
9	结果表						
10							

图 3-88   两个结构相同的数据表

(1) 选中 A10 单元格,作为合并计算后结果的存放起始位置,在"数据"选项卡的"数据工具"选项组中,单击"合并计算"按钮,打开如图 3-89 所示的"合并计算"对话框。

(2) 单击"引用位置"文本框右侧的拾取按钮,选中"表一"的 A2:C6 单元格区域,然

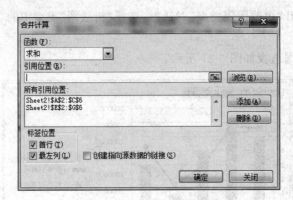

图 3-89   "合并计算"对话框

后在"合并计算"对话框中单击"添加"按钮,所引用的单元格区域地址会出现在"所有引用位置"列表框中。使用同样的方法将"表二"的 E2:G6 单元格区域添加到"所有引用位置"列表框中。

(3) 选中对话框中的"首行"复选框和"最左列"复选框,然后单击"确定"按钮,即可生成如图 3-90 所示的合并计算结果表。

	A	B	C	D	E	F	G
1	表一			表二			
2	城市	数量	金额		城市	数量	金额
3	南京	100	2100		北京	30	4050
4	上海	80	2100		上海	60	2000
5	北京	90	3450		海南	100	9000
6	海南	110	6000		南京	90	3000
7							
8							
9	结果表						
10		数量	金额				
11	南京	190	5100				
12	上海	140	4100				
13	北京	120	7500				
14	海南	210	15000				

图 3-90   合并计算结果表

注意:(1) 在使用按类别合并的功能时,数据源列表必须包含行或列标题,并且在"合并计算"对话框的"标签位置"选项组中选中相应的复选框。

(2) 合并的结果表中包含行列标题,但在同时选中"首行"和"最左列"复选框时,所生成的合并结果表会缺失第一列的标题。

(3) 合并后,结果表的数据项是按第一个数据源表的数据项顺序排列的。

(4) 合并计算过程中不能复制数据源表的格式。如果要设置结果表的格式,可以使用格式刷将数据源表的格式复制到结果表中。

2. 按位置合并

按位置合并计算的操作步骤与按类别合并计算的操作步骤相类似,只是取消选中"标签位置"的"首行"和"最左列"复选框。如将如图 3-88 所示的两个表格进行按位置合并计算后,将得到如图 3-91 所示的合并计算结果。

	A	B	C	D	E	F	G
1	表一			表二			
2	城市	数量	金额		城市	数量	金额
3	南京	100	2100		北京	30	4050
4	上海	80	2100		上海	60	2000
5	北京	90	3450		海南	100	9000
6	海南	110	6000		南京	90	3000
7							
8							
9	结果表						
10							
11		130	6150				
12		140	4100				
13		190	12450				
14		200	9000				

图 3-91　按位置合并计算后的结果

使用按位置合并计算，Excel 不关心多个数据源表的行列标题内容是否相同，只是将数据源表格相同位置上的数据进行简单合并计算。这种合并计算多用于数据源表格结构完全相同情况下的数据合并。如果数据源表格结构不同，则会计算错误，如本例就是因表结构不完全相同，计算出错误的结果。

3.5.7　模拟分析和运算

模拟分析是指通过更改单元格中的值来查看这些更改对工作表中公式结果的影响的过程。例如，可以使用模拟运算表更改贷款利率和期限以确定可能的月还款额。

1. 单变量求解

单变量求解是解决假定一个公式要取得某一结果值，其中变量的引用单元格应取值为多少的问题。

如一个职工的年终奖是全年销售额的 20%，前三个季度的销售额已经知道，该职工想知道第四季度的销售额为多少时，才能保证年终奖金为 15 000 元。使用单变量求解的操作步骤如下。

（1）建立如图 3-92 所示的表格，其中，单元格 E2 中输入公式"＝SUM(B2:B5)＊0.2"。

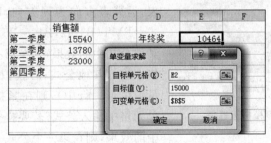

图 3-92　单变量求解

（2）选定包含需要产生特定数值的目标单元格，如单击选中 E2 单元格。

（3）在"数据"选项卡的"数据工具"选项组中，单击"模拟分析"，在弹出的下拉列表中,执行"单变量求解"命令,打开"单变量求解"对话框,此时,对话框的"目标单元格"文本框中含有刚才选定的单元格。

(4)在"目标值"文本框中输入想要的解,如输入"15000"。

(5)单击"可变单元格"文本框右侧的拾取按钮,选择单元格 B5,单击"确定"按钮。

(6)出现如图 3-93 所示的"单变量求解状态"对话框,计算结果显示在单元格 B5 中。要保留这个计算结果,单击"单变量求解状态"对话框中的"确定"按钮。

注意:在默认情况下,"单变量求解"命令在其执行 100 次求解与指定目标值的差在 0.001 之内时停止计算。如果不需要这么高的精度,可执行"文件"|"选项"命令,在打开的"Excel 选项"对话框中,选择"公式",在"计算选项"中,修改"最多迭代次数"和"最大误差"的值。

图 3-93 "单变量求解状态"对话框

2. 模拟运算表

模拟运算表有助于寻找一组可能的结果,它会在工作表中的一个表中显示所有结果。使用模拟运算表可以轻松查看一系列可能性。由于只关注一个或两个变量,表格形式的结果易于阅读和共享。

1) 单变量模拟运算表

若要了解一个或多个公式中一个变量的不同值如何改变这些公式的结果,请使用单变量模拟运算表。在单列或单行中输入变量值后,不同的计算结果便会在公式所在的列或行中显示。单变量模拟运算表中使用的公式必须仅引用一个输入单元格。如使用单变量模拟运算表来查看不同的利率水平对使用 PMT 函数计算的月按揭付款的影响,操作步骤如下。

(1)在一列或一行中的单元格中,输入要替换的值列表。将值任一侧的几行和几列单元格保留为空白。

(2)如果模拟运算表为列方向(变量值位于一列中),则在紧接变量值列右上角的单元格中输入公式。如图 3-94 所示的模拟运算表,运算表方向为列方向,D2 单元格中包含公式=PMT(B3/12,B4,−B5),若要检查各个值在其他公式中的效果,则在第一个公式右侧的单元格中输入其他公式;若模拟运算表为行方向(变量值位于一行中),则在紧接变量值行左下角的单元格中输入公式;若要检查各个值在其他公式中的效果,则在第一个公式下方的单元格中输入其他公式。

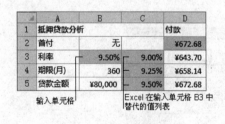

图 3-94 单变量模拟运算表

(3)选定包含需要替换的数据和公式的单元格区域,如 C2:D5。

(4)在"数据"选项卡的"数据工具"选项组中,单击"模拟分析"按钮,在弹出的下拉列表中,执行"模拟运算表"命令,打开"模拟运算表"对话框,如图3-95所示。

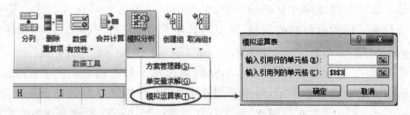

图 3-95　打开"模拟运算表"对话框

（5）若模拟运算表为列方向,则在"输入引用列的单元格"文本框中,输入第一个变量值所在位置,如 B3;若模拟运算表是行方向,则在"输入引用行的单元格"文本框中,输入第一个变量值所在的单元格。

（6）单击"确定"按钮,选定区域中自动生成模拟运算表。如在 C3:C5 单元格区域中,输入不同的利率,则会在 D3:D5 相应单元格中,自动显示所付不同的月按揭金额。

2）双变量模拟运算表

使用双变量模拟运算表可以查看一个公式中两个变量的不同值对该公式结果的影响。如使用双变量模拟运算表来查看利率和贷款期限的不同组合对月按揭还款额的影响,操作步骤如下。

（1）在工作表中输入基础数据和公式,在 A2:B5 单元格中,输入基础数据,在 C2 单元格中输入公式＝PMT(B3/12,B4,－B5)。双变量模拟运算表输入的公式必须引用两个不同的输入单元格。

（2）在 C3:C5 单元格中输入一个列表,表示不同的利率;在 D2 与 E2 单元格中分别输入贷款期限(月数)。

（3）选择单元格区域 C2:E5,在"数据"选项卡的"数据工具"选项组中,单击"模拟分析"按钮,在弹出的下拉列表中执行"模拟运算表"命令,打开"模拟运算表"对话框。

（4）在对话框的"输入引用行的单元格"文本框中输入由行数值替换的输入单元格的引用 B4,在"输入引用列的单元格"文本框中输入由列数值替换的输入单元格的引用 B3。

（5）单击"确定"按钮,选定区域中自动生成如图3-96所示的模拟运算表。

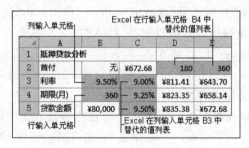

图 3-96　双变量模拟运算表

3. 方案管理器

模拟运算表只能处理一个或两个变量的情况,如果要分析两个以上的变量,则必须使用方案管理器。一个方案最多可容纳 32 个值,但是可以创建任意数量的方案。

方案是一组称为可变单元格的输入值,并按用户指定的名字保存起来。每个可变单元格的集合代表一组假设分析的前提,可以将其用于一个工作簿模型,以便观察它对模型其他部分的影响。

小王是 2008 年毕业的一名大学生,毕业后他选择了自主创业。由于业务上的需要,小王打算购买一辆高档商务用车,但由于创业不久,有限的资金大都投入到生意上,估计购车资金还缺少 18 万元左右。因此,小王打算以向银行申请汽车消费贷款的方式来购买商务用车。经过了解,有四家银行愿意为小王提供贷款,但这四家银行的贷款额、贷款利率和偿还年限都不一样,四家银行的贷款方案如表 3-2 所示。

表 3-2　四家银行不同的贷款方案

银行名称	贷款总额	贷款利率	偿还年限
A 银行	200 000	4.8	10
B 银行	180 000	4.7	8
C 银行	220 000	5.0	12
D 银行	250 000	5.1	13

从表 3-2 可以看出,四家银行的贷款额都可以购买到该商务用车,其中 B 银行提供贷款的年利率最小,但同时偿还年限也最短,小王该如何选择呢?

1) 建立模型

首先建立一个简单的方案分析蓝本模型,该模型是假设不同的贷款额、贷款利率和偿还年限,对每月偿还额的影响。在该模型中有三个可变量:贷款额、贷款利率和偿还年限;一个因变量:月偿还额。建立方案分析蓝本,如图 3-97 所示。

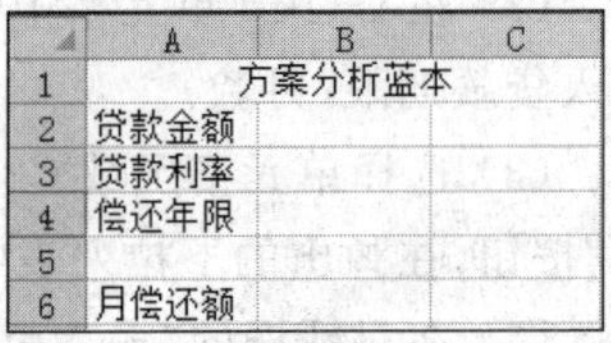

在 B6 单元格中输入公式:＝PMT(B3/12,B4 * 12,B2),按 Enter 键确认。由于相关数据还没输入,暂时会显示一个错误信息。

图 3-97　建立方案分析蓝本

2) 建立方案

(1) 在"数据"选项卡"数据工具"选项组中,单击"模拟分析"按钮,在弹出的下拉列表中执行"方案管理器"命令,打开"方案管理器"对话框。

(2) 单击"添加"按钮,打开"添加方案"对话框。在"方案名"文本框中输入方案名"A 银行",在"可变单元格"文本框中输入单元格的引用"B2:B4",选中"防止更改"复选框。单击"确定"按钮,弹出"方案变量值"对话框。

(3) 编辑每个可变单元格的值。依次输入 A 银行贷款方案中的贷款总额、贷款利率、偿还年限,即依次为:200000、4.8％、10。单击"确定"按钮,完成"A 银行"方案的添加,如图 3-98 所示。重复以上步骤添加 B 银行、C 银行、D 银行的方案。

3) 显示方案并建立摘要报告

在"方案按钮"对话框中单击"摘要"按钮,弹出如图 3-99 所示的"方案摘要"对话框,单击"确定"按钮,Excel 就会把方案摘要表放在单独的工作表中,如图 3-100 所示。

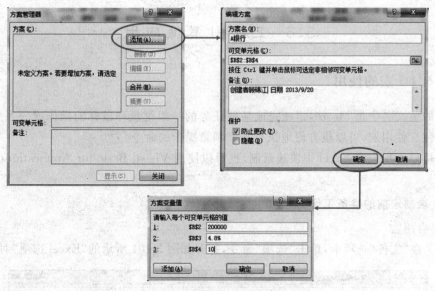

图 3-98　在"方案变量值"对话框中添加方案

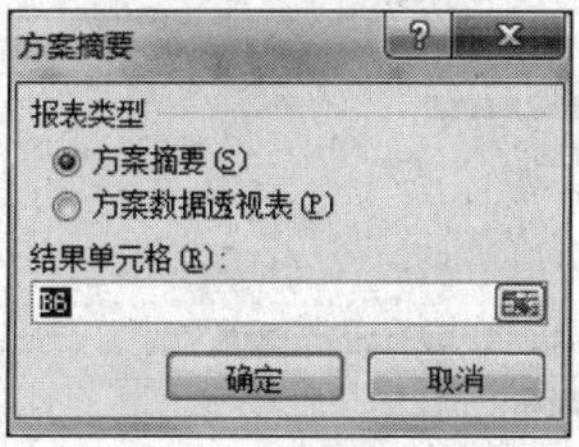

图 3-99　"方案摘要"对话框

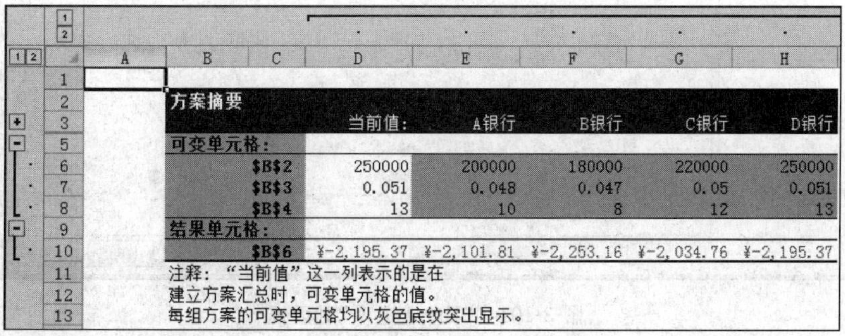

		当前值:	A银行	B银行	C银行	D银行
方案摘要						
可变单元格:						
	$B$2	250000	200000	180000	220000	250000
	$B$3	0.051	0.048	0.047	0.05	0.051
	$B$4	13	10	8	12	13
结果单元格:						
	$B$6	¥-2,195.37	¥-2,101.81	¥-2,253.16	¥-2,034.76	¥-2,195.37

注释: "当前值"这一列表示的是在
建立方案汇总时,可变单元格的值。
每组方案的可变单元格均以灰色底纹突出显示。

图 3-100　"方案摘要"报表

通过方案摘要,就可以分析四家银行提供贷款的优劣了。从方案摘要中可以看出 C 银行提供的贷款方案,每月所需偿还额最小,而且贷款额也较 A、B 银行提供的金额大,所以小王应该选择 C 银行的贷款方案。

3.6　Excel 其他应用

3.6.1　宏的使用

宏的英文名字是 Macro,指能完成某项任务的一组键盘和鼠标的操作或一系列的命令和函数。使用宏,可以很方便地执行需要频繁操作的命令。

宏可以由用户在 Excel 中快速录制,也可以使用 Visual Basic for Application(VBA)创建。

1. 录制宏前的准备工作

1) 启用宏

(1) 在"文件"选项卡,单击"选项"命令,打开如图 3-101 所示的"Excel 选项"对话框。

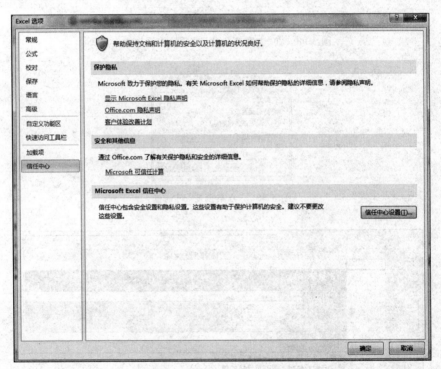

图 3-101　"Excel 选项"对话框

(2) 在对话框的"信任中心"选项卡中,单击"信任中心设置"按钮,打开如图 3-102 所示的"信任中心"对话框,选中"启用所有宏(不推荐;可能会运行有潜在危险的代码)"复选框。

(3) 单击"确定"按钮,返回"Excel 选项"对话框,单击"确定"按钮,完成启用宏的操作。

提示:为防止运行有潜在危险的代码,建议使用完宏之后,将"宏设置"恢复为默认设

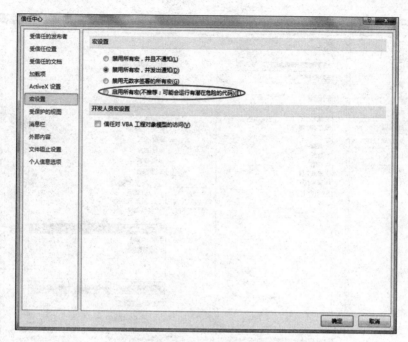

图 3-102　"信任中心"对话框

置,即"禁用所有宏,并发出通知"。

2)显示"开发工具"选项卡

(1)在"文件"选项卡,单击"选项"命令,打开如图 3-101 所示的"Excel 选项"对话框。

(2)在左侧的类别列表中单击"自定义功能区",在右上方的"自定义功能区"下拉列表中选择"主选项卡"。

(3)在右侧的"主选项卡"列表中,选中"开发工具"复选框,如图 3-103 所示。

(4)单击"确定"按钮,"开发工具"选项卡显示在功能区中,如图 3-104 所示。

2. 录制宏

"录制宏"其实就是将一系列操作结果录制下来,并命名存储。在 Excel 中"录制宏"仅记录操作结果,而不记录操作过程。其操作步骤如下。

(1)打开需要录制宏的 Excel 工作簿。

(2)在"开发工具"选项卡的"代码"选项组中,单击"录制宏"按钮,打开"录制新宏"对话框,如图 3-105 所示。

(3)在对话框中输入宏名,若省略,则默认为"宏 1";若要给出宏的简单说明,可在"说明"框中输入描述性文字;在"保存在"下拉列表中选择要用来保存宏的位置,可以是"新工作簿"或"当前工作簿";可以为宏指定快捷键。

(4)单击"确定"按钮,退出对话框,同时进入宏录制过程。

(5)运用鼠标或键盘对工作表进行各种操作,操作执行结束后,单击"开发工具"选项卡的"代码"选项组中的"停止录制"按钮。

(6)将工作簿保存为可以运行宏的工作簿格式"XLSM"。

图 3-103　设置显示"开发工具"选项卡

图 3-104　功能区中显示"开发工具"选项卡

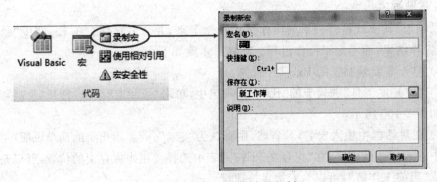

图 3-105　打开"录制新宏"对话框

3. 执行宏

一个宏建立完毕后就可以执行了,执行宏的操作步骤如下。

（1）打开包含宏的工作簿，选择需要运行宏的工作表。

（2）在"开发工具"选项卡的"代码"选项组中，单击"宏"按钮，打开"宏"对话框，在"宏名"列表框中，选择需要执行的宏，单击"执行"按钮，如图 3-106 所示，Excel 自动执行宏并显示相应的结果。若录制宏时为宏指定了快捷键，则按快捷键即可自动执行宏。

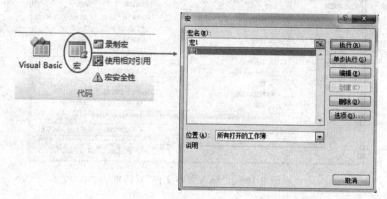

图 3-106　打开"宏"对话框

4. 删除宏

删除宏的操作步骤如下。

（1）打开包含要删除宏的工作簿。

（2）在"开发工具"选项卡的"代码"选项组中，单击"宏"按钮，打开"宏"对话框，如图 3-106 所示。

（3）选中需要删除的宏名，单击"删除"按钮即可。

3.6.2　获取外部数据并分析处理

1. 获取外部文本文件

获取外部文本文件的操作步骤如下。

（1）新建一空白工作簿或打开需要获取文本文件数据的工作簿，在某一工作表内单击用于放入数据的起始单元格。

（2）在"数据"选项卡的"获取外部数据"选项组（见图 3-107）中，单击"自文本"按钮，打开如图 3-108 所示的"导入文本文件"对话框。

（3）在对话框中选择需要导入的文本文件，单击"打开"按钮，打开如图 3-109 所示的"文本导入向导-第1步"对话框。

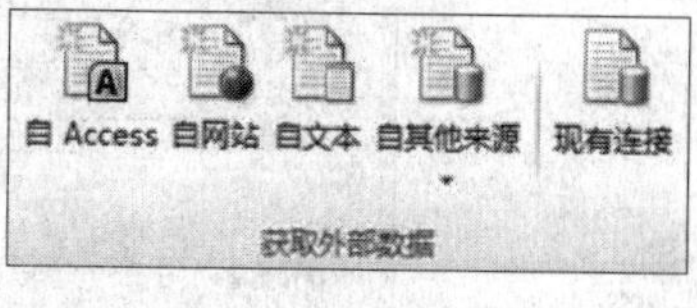

图 3-107　"获取外部数据"选项组

（4）在对话框的"请选择最合适的文件类型"下确定导入文件的列分隔方式：如文本文件中的各项以英文状态下的制表符、逗号、冒号、分号、空白或其他字符分隔，应选择"分隔符"；若每列中所有长度都相同，则可选择"固定列宽"。单击"下一步"按钮，打开如图 3-110 所示的"文本导入向导-第 2 步"对话框。

图 3-108   "导入文本文件"对话框

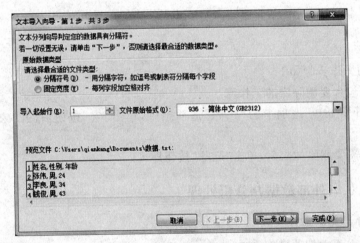

图 3-109   "文本导入向导-第 1 步"对话框

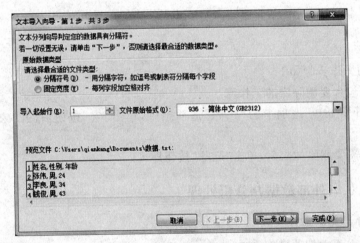

图 3-110   "文本导入向导-第 2 步"对话框

（5）依据文本文件中的实际情况，确定分隔符号，若列表中没有列出所用的分隔符号，可在"其他"右侧的文本框中输入所用的分隔符号，在"数据预览"框中可以看到导入的效果。单击"下一步"按钮，打开如图 3-111 所示的"文本导入向导-第 3 步"对话框。

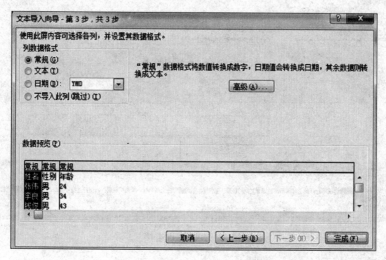

图 3-111　"文本导入向导-第 3 步"对话框

（6）在对话框中，设置每列的数据格式，默认情况下为"常规"，在"数据预览"框中单击某列，即可在"列数据格式"中为该列设置数据格式。若不想导入某列，可选中该列，选择"不导入此列（跳过）"单选项即可。每列数据格式设置完成后，单击"完成"按钮，打开如图 3-112 所示的"导入数据"对话框。

图 3-112　"导入数据"对话框

（7）在对话框中指定导入数据的位置，单击"确定"按钮，完成将文本文件数据导入到指定工作簿的指定位置。

默认情况下，导入的数据与外部数据源保持连接关系，当外部数据源发生改变时，可以通过刷新来更新工作表中的数据，若想断开连接，可在"数据"选项卡的"连接"选项组中，单击"连接"按钮，打开"工作簿连接"对话框，在对话框中选中需要断开连接的数据源，单击"删除"按钮，弹出断开连接提示信息，如图 3-113 所示。

2. 获取外部其他类型数据

Excel 还可以导入其他类型的数据。

- Access 数据源：在"数据"选项卡的"获取外部数据"选项组中，单击"自 Access"按钮，依次按照提示选择数据源及设置显示方式等。
- SQL Server 数据源：在"数据"选项卡的"获取外部数据"选项组中，单击"自其他来源"按钮，在弹出的下拉列表中选择"来自 SQL Server"，连接数据库并获取数据库文件。

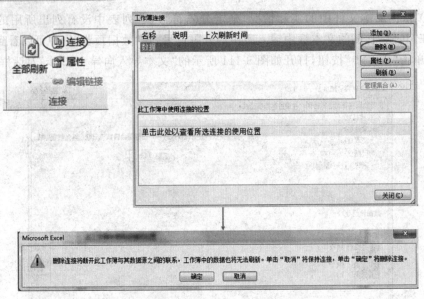

图 3-113　断开连接

3. 获取 Web 数据

获取 Web 数据的操作步骤如下。

（1）新建一空白工作簿或打开需要获取文本文件数据的工作簿，在某一工作表内单击用于放入数据的起始单元格。

（2）在"数据"选项卡的"获取外部数据"选项组中，单击"自网站"按钮，打开"新建 Web 查询"对话框。

（3）在对话框的地址栏中输入需要查询的网址，单击"转到"按钮，打开相应的网页，如图 3-114 所示，每个可选表格的左上角均显示一个黄色箭头 ，单击需要选择的表格旁

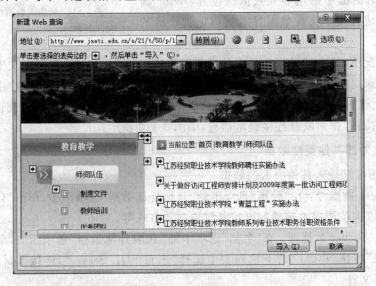

图 3-114　"新建 Web 查询"对话框

边的黄色箭头,则黄色箭头➡变为绿色箭头☑,单击"导入"按钮,弹出如图 3-112 所示的"导入数据"对话框。

(4) 选择导入数据放置的起始单元格,单击"确定"按钮,选中的表格自动导入到当前工作表中。

3.6.3 与其他程序共享 Excel 数据

1. 通过电子邮件发送工作簿

建立并保存需要发送的工作簿,单击"文件"选项卡中的"保存并发送"命令,弹出"保存并发送"列表,选中其中的"使用电子邮件发送"选项(见图 3-115),在下一级列表中选择将工作簿以某种形式发送,如"作为附件发送"。打开 Excel 的邮件窗口(见图 3-116),输入收件人地址、抄送地址、邮件正文内容等,单击"发送"按钮即可。

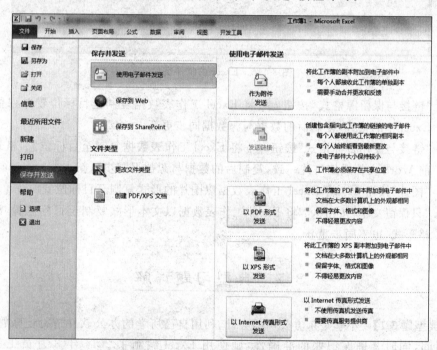

图 3-115 "文件"选项卡的"保存并发送"

2. 与其他 Office 组件共享数据

选中需要共享的 Excel 数据表格区域,单击"复制"按钮,打开 Word 或 PowerPoint,将光标定位于需要粘贴数据的位置,在"开始"选项卡的"剪贴板"选项组中,单击"粘贴"按钮,弹出"粘贴选项"下拉列表,单击其中某一按钮。

- "保留源格式"按钮▤:将 Excel 工作表数据复制至目标位置并保留其在 Excel 中的格式,复制后的数据与源数据不能同步更新。
- "使用目标样式"按钮▤:将 Excel 工作表数据复制至目标位置,格式与当前 Word 文档或幻灯片一致,复制后的数据与源数据不能同步更新。

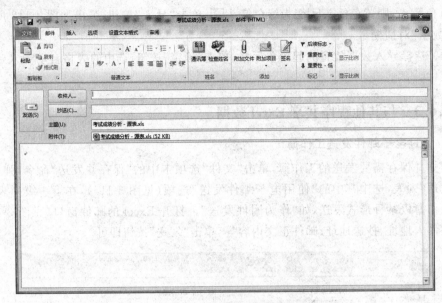

图 3-116　Excel 的邮件窗口

- "链接与保留源格式"按钮 📋：将 Excel 工作表数据复制至目标位置并保留其在 Excel 中的格式，复制后的数据与源数据同步更新。
- "链接与使用目标格式"按钮 📋：将 Excel 工作表数据复制至目标位置，格式与当前 Word 文档或幻灯片一致，复制后的数据与源数据同步更新。
- "图片"按钮 📷：将 Excel 工作表数据以图片的形式复制至目标位置。
- "只保留文本"按钮 Ⓐ：将 Excel 工作表数据以文本形式复制至目标位置，没有表格形式，也不同步更新。

3.7　典型习题详解

【典型题 3-1】　小李是东方公司的会计，利用自己所学的办公软件进行记账管理，为节省时间，同时又确保记账的准确性，她使用 Excel 编制了 2014 年 3 月员工工资表 Excel. xlsx。

请你根据下列要求帮助小李对该工资表进行整理和分析（提示：本题中若出现排序问题则采用升序方式）：

（1）通过合并单元格，将表名"东方公司 2014 年 3 月员工工资表"放于整个表的上端、居中，并调整字体、字号。

（2）在"序号"列中分别填入 1～15，将其数据格式设置为数值、保留 0 位小数、居中。

（3）将"基础工资"（含）往右各列设置为会计专用格式、保留 2 位小数、无货币符号。

（4）调整表格各列宽度、对齐方式，使得显示更加美观。并设置纸张大小为 A4、横向，整个工作表需调整在 1 个打印页内。

（5）参考考生文件夹下的"工资薪金所得税率. xlsx"，利用 IF 函数计算"应交个人所

得税"列。（提示：应交个人所得税＝应纳税所得额＊对应税率－对应速算扣除数）

（6）利用公式计算"实发工资"列，公式为：实发工资＝应付工资合计－扣除社保－应交个人所得税。

（7）复制工作表"2014 年 3 月"，将副本放置到原表的右侧，并命名为"分类汇总"。

（8）在"分类汇总"工作表中通过分类汇总功能求出各部门"应付工资合计"、"实发工资"的和，每组数据不分页。

答案：

（1）【解题步骤】

① 打开 Excel.xlsx，在"2014 年 3 月"工作表中选中"A1：M1"单元格，单击"开始"选项卡的"对齐方式"组中的"合并后居中"按钮。

② 选中 A1 单元格，在"开始"选项卡的"字体"组为表名选择合适的字体和字号，如"楷体"和"20 号"。

（2）【解题步骤】

① 在"2014 年 3 月"工作表 A3 单元格中输入"1"，将光标移至 A3 右下角的填充柄处，按住 Ctrl 键的同时向下填充至单元格 A17。

② 选中"序号"列并右击，在弹出的快捷菜单中选择"设置单元格格式"命令，弹出"设置单元格格式"对话框。切换至"数字"选项卡，在"分类"列表框中选择"数值"，在右侧的"小数位数"微调框中输入"0"。

③ 将"设置单元格格式"对话框中切换至"对齐"选项卡，在"文本对齐方式"组中的"水平对齐"下拉列表框中选择"居中"，单击"确定"按钮。

（3）【解题步骤】

① 在"2014 年 3 月"工作表选中 E：M 列并右击，在弹出的快捷菜单中选择"设置单元格格式"命令，弹出"设置单元格格式"对话框。

② 切换至"数字"选项卡，在"分类"列表框中选择"会计专用"，在右侧"小数位数"微调框中输入"2"，在"货币符号"下拉列表框中选择"无"，如图 3-117 所示。单击"确定"按钮。

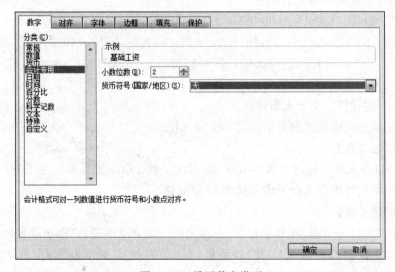

图 3-117　设置数字类型

（4）【解题步骤】

① 适当调整表格各列宽度、对齐方式：这里选择 A：M 列，在"开始"选项卡的"单元格"组中单击"格式"下拉按钮，选择"自动调整列宽"命令；选择第 2 行，设置表头居中对齐；设置 B：D 列数据居中对齐；设置 E：M 列的数据（表题和表头之外）右对齐。

② 单击"页面布局"选项卡右下角的对话框启动器按钮，弹出"页面设置"对话框。在"页面"选项卡的"方向"组中选中"横向"单选按钮，在"纸张大小"下拉列表中选择"A4"，在"缩放"组中选中"调整为"单选按钮，设置"1"页宽"1"页高，如图 3-118 所示。单击"确定"按钮。

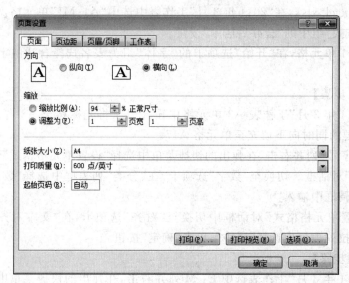

图 3-118　页面设置

（5）【解题步骤】

① 在 L3 单元格中输入公式：

$=$ROUND(IF(K3$<=$1500,K3$*$3/100,IF(K3$<=$4500,K3$*$10/100$-$105,IF(K3$<=$9000,K3$*$20/100$-$555,IF(K3$<=$35000,K3$*$25%$-$1005,IF(K3$<=$5500,K3$*$30%$-$2755,IF(K3$<=$80000,K3$*$35%$-$5505,IF(K3$>$80000,K3$*$45%$-$13505)))))))),2)

按 Enter 键计算应交个人所得税。

② 使用填充柄将公式向下填充到 L17 单元格。

（6）【解题步骤】

① 在 M3 单元格中输入公式"$=$I3$-$J3$-$L3"，按 Enter 键计算实发工资。

② 使用填充柄将公式向下填充到 M17 单元格。

（7）【解题步骤】

① 右击"2014 年 3 月"工作表标签，在弹出的快捷菜单中选择"移动或复制"命令。

② 弹出"移动或复制工作表"对话框，在"下列选定工作表之前"列表框中选择"Sheet2"，勾选"建立副本"复选框，单击"确定"按钮。

③ 双击"2014年3月(2)"工作表标签,重命名为"分类汇总"。

(8)【解题步骤】

① 在"分类汇总"工作表中选择数据区域A2:M17,在"数据"选项卡的"排序和筛选"组中单击"排序"按钮,弹出"排序"对话框。

② 在"主关键字"下拉列表中选择"部门",如图3-119所示。单击"确定"按钮。

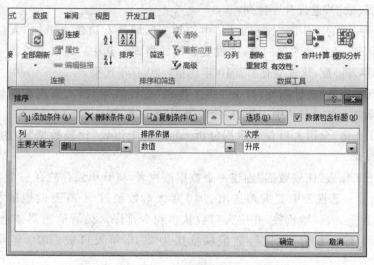

图3-119 "排序"对话框

③ 在"数据"选项卡的"分级显示"组中单击"分类汇总"按钮,弹出"分类汇总"对话框。

④ 在"分类字段"下拉列表中选择"部门","选定汇总项"列表框汇总勾选"应交个人所得税"和"实发工资"复选框,如图3-120所示。单击"确定"按钮。

【典型题3-2】 中国的人口发展形势非常严峻,为此国家统计局每10年进行一次全国人口普查,以掌握全国人口的增长速度及规模。按照下列要求完成对第五次、第六次人口普查数据的统计分析:

(1)新建一个空白Excel文档,将工作表Sheet1更名为"第五次普查数据",将Sheet2更名为"第六次普查数据",将该文档以"全国人口普查数据分析.xlsx"为文件名进行保存。

(2)浏览网页"第五次全国人口普查公报.htm",将其中的"2000年第五次全国人口普查主要数据"表格导入到工作表"第五次普查数据"中;浏览网页"第六次全国人口普查公报.htm",将其中的"2010年第六次全国人口

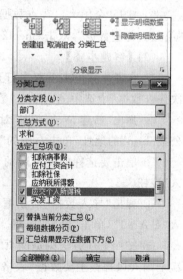

图3-120 "分类汇总"对话框

普查主要数据"表格导入到工作表"第六次普查数据"中(要求均从A1单元格开始导入,不得对两个工作表中的数据进行排序)。

（3）对两个工作表中的数据区域套用合适的表格样式，要求至少四周有边框、且偶数行有底纹，并将所有人口数列的数字格式设为带千分位分隔符的整数。

（4）将两个工作表内容合并，合并后的工作表放置在新工作表"比较数据"中（自 A1 单元格开始），且保持最左列仍为地区名称、A1 单元格中的列标题为"地区"，对合并后的工作表适当的调整行高列宽、字体字号、边框底纹等，使其便于阅读。以"地区"为关键字对工作表"比较数据"进行升序排列。

（5）在合并后的工作表"比较数据"中的数据区域最右边依次增加"人口增长数"和"比重变化"两列，计算这两列的值，并设置合适的格式。其中：人口增长数 = 2010 年人口数－2000 年人口数；比重变化＝2010 年比重－2000 年比重。

（6）打开工作簿"统计指标.xlsx"，将工作表"统计数据"插入到正在编辑的文档"全国人口普查数据分析.xlsx"中工作表"比较数据"的右侧。

（7）在工作簿"全国人口普查数据分析.xlsx"的工作表"比较数据"中的相应单元格内填入统计结果。

（8）基于工作表"比较数据"创建一个数据透视表，将其单独存放在一个名为"透视分析"的工作表中。透视表中要求筛选出 2010 年人口数超过 5000 万的地区及其人口数、2010 年所占比重、人口增长数，并按人口数从多到少排序。最后适当调整透视表中的数字格式（提示：行标签为"地区"，数值项依次为 2010 年人口数、2010 年比重、人口增长数）。

答案：

（1）【解题步骤】

① 新建一个空白 Excel 文档，并将该文档命名为"全国人口普查数据分析.xlsx"。

② 打开"全国人口普查数据分析.xlsx"，双击 Sheet1 工作表标签，在编辑状态下输入"第五次普查数据"，双击 Sheet2 工作表标签，在编辑状态下输入"第六次普查数据"。

（2）【解题步骤】

① 在考生文件夹下双击打开网页"第五次全国人口普查公报.htm"，在工作表"第五次普查数据"中选中 A1，单击"数据"选项卡"获取外部数据"组中的"自网站"按钮。

② 弹出"新建 Web 查询"对话框，在"地址"文本框中输入网页"第五次全国人口普查公报.htm"的地址，单击右侧的"转到"按钮。

③ 单击要选择的表旁边的带方框的黑色箭头，使黑色箭头变成对号，然后单击"导入"按钮。

④ 弹出"导入数据"对话框，选择"数据的放置位置"为"现有工作表"，在文本框中输入"＄A＄1"，单击"确定"按钮。

⑤ 按照上述方法浏览网页"第六次全国人口普查公报.htm"，将其中的"2010 年第六次全国人口普查主要数据"表格导入到工作表"第六次普查数据"中。

（3）【解题步骤】

① 在工作表"第五次普查数据"中选中数据区域，在"开始"选项卡的"样式"组中单击"套用表格格式"按钮，弹出下拉列表，按照题目要求选择一种四周有边框且偶数行有底纹的表样式，如"表样式浅色 19"。

② 选中 B 列，单击"开始"选项卡"数字"组中的对话框启动器按钮，弹出"设置单元格格式"对话框，在"数字"选项卡的"分类"下选择"数值"，在"小数位数"微调框中输入"0"，勾选"使用千位分隔符"复选框，单击"确定"按钮。

③ 按照上述方法对工作表"第六次普查数据"进行设置。

（4）【解题步骤】

① 双击 Sheet3 工作表标签，在编辑状态下输入"比较数据"。

② 在"比较数据"工作表的 A1 中输入"地区"，在"数据"选项卡的"数据工具"组中单击"合并计算"按钮，弹出"合并计算"对话框。

③ 在"函数"下拉列表中选择"求和"，在"引用位置"文本框中键入第一个区域"第五次普查数据！＄A＄1：＄C＄34"，单击"添加"按钮，键入第二个区域"第六次普查数据！＄A＄1：＄C＄34"，单击"添加"按钮，在"标签位置"组中勾选"首行"和"最左列"复选框，然后单击"确定"按钮。

④ 对合并后的工作表适当的调整行高列宽、字体字号、边框底纹等。这里设置"自动调整行高"、"自动调整列宽"，字体为"黑体"，字号为"10"，为表格添加框线和底纹。

⑤ 选中数据区域的任一单元格，单击"数据"选项卡下"排序和筛选"组中的"排序"按钮，弹出"排序"对话框，在"主关键字"下拉列表中选择"地区"，"次序"下拉列表中选择"升序"，单击"确定"按钮。

（5）【解题步骤】

① 在工作表"比较数据"中双击 F1 单元格，输入"人口增长数"，双击 G1 单元格，输入"比重变化"。

② 在 F2 单元格中输入公式"＝B2－D2"，按 Enter 键进行计算。在 G2 单元格中输入公式"＝C2－E2"，按 Enter 键进行计算。

③ 选中 F2：G2 单元格，拖动 G2 右下角的填充柄，将公式填充到 F3：G34 单元格。

④ 为 F、G 列设置合适的格式，例如 F 列显示千分位，G 列保留四位小数。

（6）【解题步骤】

打开工作簿"统计指标.xlsx"，将工作表"统计数据"的内容复制粘贴到"全国人口普查数据分析.xlsx"中的工作表"比较数据"的右侧（从 I1 单元格开始）。

（7）【解题步骤】

① 在工作簿"全国人口普查数据分析.xlsx"的工作表"比较数据"中的 J2 单元格中输入公式"＝SUM(D2：D34)"，按 Enter 键计算 2000 年总人数。

② 在 K2 单元格中输入公式"＝SUM(B2：B34)"，按 Enter 键计算 2010 年总人数。按 Enter 键进行计算。

③ 在 K3 单元格中输入公式"＝SUM(F2：F34)"，按 Enter 键计算 2010 年总增长数。

④ 在 J4 单元格中输入公式"＝INDEX(A2：A34,MATCH(MAX(D2：D34),D2：D34,0))"，按 Enter 键计算 2000 年人口最多的地区。

⑤ 在 K4 单元格中输入公式"＝INDEX(A2：A34,MATCH(MAX(B2：B34),B2：

B34,0))"，按 Enter 键计算 2010 年人口最多的地区。

⑥ 在 J5 单元格中输入公式"＝INDEX(A2：A34，MATCH(MIN(D2：D34)，D2：D34，0))"，按 Enter 键计算 2000 年人口最少的地区。

⑦ 在 K5 单元格中输入公式"＝INDEX(A2：A34，MATCH(MIN(B2：B34)，B2：B34，0))"，按 Enter 键计算 2010 年人口最少的地区。

⑧ 在 K6 单元格中输入公式"＝INDEX(A2：A34，MATCH(MAX(F2：F34)，F2：F34，0))"，按 Enter 键计算 2010 年人口增长最多的地区。

⑨ 在 K7 单元格中输入公式"＝INDEX(A2：A34，MATCH(MIN(F2：F34)，F2：F34，0))"，按 Enter 键计算 2010 年人口增长最少的地区。

⑩ 在 K8 单元格中输入公式"＝COUNTIF(F2：F34,"＜0")"，按 Enter 键计算 2010 年人口为负增长的地区数。结果如图 3-121 所示。

I 统计项目	J 2000年	K 2010年
总人数(万人)	126,583	133,973
总增长数(万人)	—	7,390
人口最多的地区	河南省	广东省
人口最少的地区	难以确定常住地	中国人民解放军现役军人
人口增长最多的地区	—	广东省
人口增长最少的地区	—	湖北省
人口为负增长的地区数	—	7

图 3-121　统计结果

(8)【解题步骤】

① 在"比较数据"工作表中选中数据区域 A2：G34，单击"插入"选项卡下"表格"组中的"数据透视表"，从弹出的下拉列表中选择"数据透视表"。

② 弹出"创建数据透视表"对话框，选择放置数据透视表的位置为"新建工作表"，单击"确定"按钮。

③ 双击新工作表的标签，将其重命名为"透视分析"。

④ 在"数据透视字段列表"任务窗格中将"地区"拖动到行标签，"2010 年人口数(万人)"、"2010 年比重"、"人口增长数"拖动到数值。

⑤ 单击行标签右侧的"标签筛选"按钮，在下拉列表中选择"值筛选"→"大于"命令，弹出"值筛选(地区)"对话框，在第三个文本框中输入"5000"，如图 3-122 所示。单击"确定"按钮。

⑥ 选中 B4 单元格，单击"数据透视表工具"中"选项"选项卡下"排序和筛选"组中的"降序"按钮即可按人口数从多到少排序。

⑦ 适当调整 B 列，使其格式为整数且使用千位分隔符。适当调整 C 列，使其格式为百分比且保留两位小数。

⑧ 保存文档。

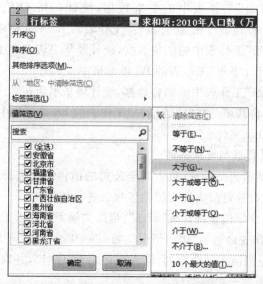

图 3-122　数据筛选

3.8　习　　题

【操作题 1】 题目背景与要求描述

小李今年毕业，在一家计算机图书销售公司担任市场部助理，主要的工作职责是为部门经理提供销售信息的分析和汇总。

请你根据销售数据报表（Excel. xlsx 文件），按照如下要求完成统计和分析工作。

（1）请对"订单明细"工作表进行格式调整，通过套用表格格式方法将所有的销售记录调整为一致的外观格式，并将"单价"列和"小计"列所包含的单元格调整为"会计专用"（人民币）数字格式。

（2）根据图书编号，请在"订单名细"工作表的"图书名称"列中使用 VLOOKUP 函数完成图书名称的自动填充。"图书名称"和"图书编号"的对应关系在"编号对照"工作表中。

（3）根据图书编号，请在"订单明细"工作表的"单价"列中，使用 VLOOKUP 函数完成图书单价的自动填充。"单价"和"图书编号"的对应关系在"编号对照"工作表中。

（4）在"订单明细"工作表的"小计"列中，计算每笔订单的销售额。

（5）根据"订单明细"工作表中的销售数据，统计所有订单的总销售金额，并将其填写在"统计报告"工作表的 B3 单元格中。

（6）根据"订单明细"工作表中的销售数据，统计《MS Office 高级应用》图书在 2012 年的总销售额，并将其填写在"统计报告"工作表的 B4 单元格中。

（7）根据"订单明细"工作表中的销售数据，统计隆华书店在 2011 年第三季度的总销售额，并将其填写在"统计报告"工作表的 B5 单元格中。

（8）根据"订单明细"工作表中的销售数据，统计隆华书店在 2011 年的每月平均销售额（保留 2 位小数），并将其填写在"统计报告"工作表的 B6 单元格中。

（9）保存 Excel. xlsx 文件。

【操作题 2】 题目背景与要求描述

文涵是大地公司的销售部助理，负责对全公司的销售情况进行统计并将结果提交给销售部经理。年底，她根据各门店提交的销售报表进行统计。

打开"计算机设备全年销量统计表. xlsx"，帮助文涵完成以下工作。

（1）将 Sheet1 工作表命名为"销售情况"，将 Sheet2 命名为"平均单价"。

（2）在"店铺"列左侧插入一个空列，输入列标题为"序号"，并以 001、002、003、……的方向向下填充该列到最后一个数据行。

（3）将工作表标题跨列居中并适当调整其字体、加大字号、调整字体颜色。适当加大数据表行高和列宽，设置对齐方式及销售列的数值格式（保留为 2 位小数），并为数据区域增加边框线。

（4）将工作表"平均单价"中的区域 B3:C7 定义名称为"商品均价"，再用公式计算工作表"销售情况"中 F 列的销售额，要求在公式中使用 VLOOKUP 函数自动在工作表"平均单价"中查找相关商品的单价并在公式中引用所定义的名称"商品均价"。

（5）为工作表"销售情况"中的销售数据创建一个数据透视表，放置在一个名为"数据透视分析"的新工作表中，要求针对各类商品比较各分店每个季度的销售额。其中：商品名称为报表筛选字段，店铺为行标签，季度为列标签，并对销售额求和。最后对数据透视表进行适当设置，使其更加美观。

（6）根据生成的数据透视表，在透视表下方创建一个簇状柱形图，仅对各门店四个季度笔记本的销售额进行比较。

（7）保存"计算机设备全年销量统计表. xlsx"文件。

第 4 章 使用 PowerPoint 2010 制作演示文稿

PowerPoint 2010 是微软公司开发的 Office 2010 办公套装软件中的一个重要组件，用于制作具有图文并茂、展示效果好的演示文稿。用户不仅可以在投影仪或者计算机上进行演示，也可以将演示文稿打印出来，制作成胶片，以便应用到更广泛的领域中。演示文稿可协助用户独自或联机创建永恒的视觉效果。

知识要点

1. PowerPoint 的基本操作，演示文稿的视图模式和使用
2. 幻灯片主题的设置、背景的设置、母版的制作和使用
3. 幻灯片中文本、图形、SmartArt、图像（片）、图表、音视频等对象的编辑和应用
4. 幻灯片中对象动画的设置
5. 幻灯片切换效果
6. 幻灯片的放映设置

4.1 创建演示文稿

演示文稿的新建、打开和保存操作与 Word 和 Excel 的操作类似，本节不再详细介绍。本节主要介绍幻灯片的基本操作、插入超链接的方法等。

4.1.1 新建演示文稿

在 PowerPoint 2010 中新建演示文稿主要采用如下几种方式。

- 使用空白演示文稿方式：可以创建一个没有任何设计方案和示例文本的空白演示文稿，根据自己需要选择幻灯片版本开始演示文稿的制作。
- 根据现有内容新建：在已经书写和设计过的演示文稿的基础上创建演示文稿。使用此命令创建现有演示文稿的副本，以对新演示文稿进行设计或更改内容。
- 根据设计模板创建：在已经具备设计概念、字体和颜色方案的 PowerPoint 模板的基础上创建演示文稿。除了使用 PowerPoint 提供的模板外，还可使用自己创建的模板。

- Office. com 模板：在 Microsoft Office 模板库中，从其他 PowerPoint 模板中选择。这些模板是根据演示类型排列的。
- 根据主题创建：主题是事先设计好的一组演示文稿的样式框架，规定了演示文稿的外观样式，包括母版、配色、文字格式等设置，用户可直接在系统提供的各种主题中选择一个最适合自己的主题，创建一个该主题的演示文稿，使整个演示文稿具有统一的外观。

4.1.2 PowerPoint 2010 的主窗口

PowerPoint 的主窗口如图 4-1 所示。

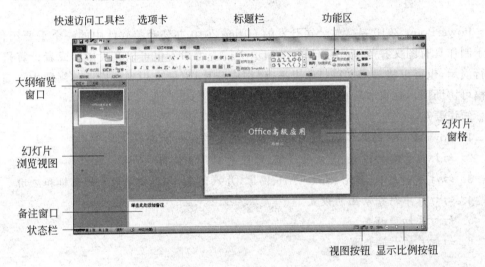

图 4-1   PowerPoint 主窗口

1. 快速访问工具栏

快速访问工具栏位于窗口的左上角，通常以图标形式存在，包含"保存"、"撤销键入"、"恢复键入"等按钮。用户也可单击"自定义快速访问工具栏"按钮，在弹出的如图 4-2 所示的下拉列表中，自定义快速访问工具栏。

2. 标题栏

标题栏位于窗口的顶端。标题栏中间显示当前窗口编辑的演示文稿的文件名。

3. 功能区

功能区共有"文件"、"开始"、"插入"、"设计"、"切换"、"动画"、"幻灯片放映"、"审阅"、"视图"9 个选项卡，包含对演示文稿的各种操作命令。当选中某个选项卡时，系统将弹出相应的功能区列表。

图 4-2   设置快速访问工具栏

4. "开始"选项卡

PowerPoint 2010 的"开始"选项卡中提供了基本的操作组,包括"剪贴板"、"幻灯片"、"字体"、"段落"、"绘图"、"编辑"。其中最常用的有以下3个组。

图4-3 "字体"组

- "字体"组(见图4-3):包含编辑演示文稿时最常用的功能。

- "段落"组(见图4-4):用于设置文本的排版格式。

- "绘图"组(见图4-5):用于绘制各种图形。

图4-4 "段落"组

图4-5 "绘图"组

5. 视图

在编辑演示文稿时,可采用下列4种视图方式之一。

- 普通视图:这是 PowerPoint 默认的视图方式,由"大纲"选项卡、"幻灯片"选项卡、幻灯片窗格和备注窗格组成,对当前幻灯片的大纲、详细内容、备注均可进行编辑。

- 幻灯片浏览视图:以缩略图的形式显示幻灯片,便于调整幻灯片的次序,添加、删除或复制幻灯片,预览动画效果,但不可以修改幻灯片的内容。

- 阅读视图:打开当前幻灯片的全窗口放映状态,查看其放映效果。

- 备注页视图:显示了小版本的幻灯片和备注,可编辑备注,调整备注的打印效果。

在"视图"选项卡的"演示文稿视图"组中,有4个图标按钮,分别对应4种视图模式,单击这些按钮即可打开相应的视图模式,如图4-6所示。

图4-6 视图切换按钮

6. 状态栏

PowerPoint 窗口的底部是系统的状态栏,显示当前编辑的幻灯片的序号、总的幻灯片数目、演示文稿所用模板的名称等信息。在不同的视图模式下,状态栏显示的内容也不尽相同,而在幻灯片的放映视图下没有状态栏。

4.1.3 幻灯片版式的应用

可以使用版式排列幻灯片上的对象和文字。版式是定义幻灯片上待显示内容的位置信息的幻灯片母版的组成部分。版式包含占位符,占位符可以容纳文字(如标题和项目符号列表)和幻灯片内容(如 SmartArt 图形、表格、图表、图片、形状和剪贴画)。

在"开始"选项卡的"幻灯片"选项组中,单击"版式"按钮,可以看见 PowerPoint 2010

为用户提供的"标题幻灯片"、"标题和内容"、"节标题"、"两栏内容"、"比较"、"仅标题"、"空白"、"内容与标题"、"图片与标题"、"标题和竖排文字"、"垂直排列标题与文本"共11个版式,如图4-7所示。对于新建的空白演示文稿,默认的版式是"标题幻灯片"。

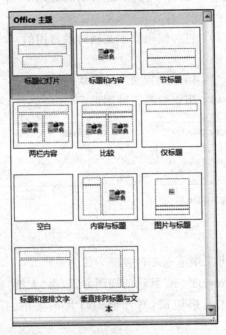

图 4-7　幻灯片版式

4.1.4　幻灯片的基本操作

1. 创建新幻灯片

方法1:

(1) 在普通视图左侧任务窗格的"幻灯片"选项卡中,将光标定位在要添加幻灯片的位置之前(例如,希望在当前第3张与第4张幻灯片之间插入一张新的幻灯片,则应将光标定位于第3张幻灯片)。

(2) 在"开始"选项卡的"幻灯片"组中单击"新建幻灯片"按钮 或者在"新建幻灯片"下拉菜单中选择一种版式命令,即可在当前幻灯片之后插入一张空白的新幻灯片。

方法2:

一般在普通视图左侧任务窗格的"大纲"选项卡中,将光标定位于幻灯片图标 之后、幻灯片标题之前,按Enter键后,将直接在当前幻灯片之前插入一张空白的新幻灯片。

若将光标定位于幻灯片标题之后,如 第三章,或者幻灯片没有标题时而将光标定位于幻灯片图标之后,如 ,则按Enter键之后,将在当前幻灯片之后插入一张空白的新幻灯片。

2. 移动幻灯片

在演示文稿中,若需要调整幻灯片的位置,可移动幻灯片。

方法 1：将鼠标指针指向幻灯片图标，按下鼠标左键，将其直接拖放到目标位置。

方法 2：

(1) 单击需要移动的幻灯片，按 Ctrl+X 快捷键，将幻灯片剪切到剪贴板中。

(2) 将光标定位于目标位置，按 Ctrl+V 快捷键即可。

3. 复制幻灯片

1) 在同一演示文稿中复制幻灯片

方法 1：在"幻灯片浏览"视图中，单击需要复制的幻灯片，按住 Ctrl 键的同时用鼠标左键将其拖放至目标位置。

方法 2：

(1) 在普通视图左侧任务窗格的"大纲"选项卡中，单击需要复制的幻灯片的图标▣，按 Ctrl+C 快捷键。

(2) 将光标定位于目标位置(定位方法同移动幻灯片)，按 Ctrl+V 快捷键。

方法 3：

(1) 选中需要复制的幻灯片。

(2) 在"开始"选项卡的"幻灯片"组中单击"新建幻灯片"下方的下三角按钮，在打开的下拉菜单中选择"复制所选幻灯片"命令，将当前幻灯片复制到当前幻灯片之后。

2) 从其他演示文稿中复制幻灯片

操作步骤如下。

(1) 在"开始"选项卡的"幻灯片"组中单击"新建幻灯片"下方的下三角按钮，在打开的下拉菜单中选择"重用幻灯片"命令。

(2) 在窗口右侧弹出"重用幻灯片"任务窗格，单击"浏览"按钮，在下拉菜单中选择"浏览文件"命令。

(3) 弹出"浏览"对话框，找到所需演示文稿，单击"打开"按钮。

(4) 在"重用幻灯片"任务窗格中显示打开的演示文稿中包含的幻灯片，单击幻灯片的缩略图，即可将其插入到当前的演示文稿中。

提示：*只有在"幻灯片浏览"视图，或"普通"视图下的"大纲"选项卡或"幻灯片"选项卡中才能使用复制和粘贴的方法。*

4. 删除幻灯片

在幻灯片浏览视图或普通视图中，只需选定要被删除的幻灯片缩略图，按 Delete 键即可。也可右击，在弹出的快捷菜单中选择"删除幻灯片"命令。

4.1.5　文本处理

1. 文本输入

1) 利用占位符直接输入文本

在新建幻灯片时，除了"空白"、"内容"等幻灯片版式以外，其余多数幻灯片版式均含有文本占位符，如"标题"幻灯片版式中含有两个文本占位符。单击虚线围成的文本框，光标将出现在文本占位符位置，此时即可输入文本。

2）利用文本框输入文本

文本框分为水平文本框和垂直文本框两种，而文本框中的文本也分为两种：标题文本和段落文本。其中标题文本不会自动换行，文本框的长度与大小随其中文本的长度与大小自动调整，用户可用 Enter 键实现换行；段落文本会自动随文本框的长度换行，文本框的长度不会自动调整，但文本框的高度会自动调整。

绘制文本框的操作步骤如下。

（1）在"插入"选项卡的"文本"组中单击"文本框"按钮，在下拉菜单（见图 4-8）中选择"横排文本框"或者"垂直文本框"命令。

（2）将光标定位于幻灯片中需要插入文本框的位置。

图 4-8　插入文本框

（3）单击，则在光标所在处插入一个文本框，所输入的文本成为不能自动换行的标题文本。如果按下左键并向其他位置拖曳，当文本框大小合适时，释放鼠标左键，在文本框中输入的文本将成为段落文本，可以自动换行。

3）在图形中输入文本

（1）右击图形后，在弹出的快捷菜单中选择"编辑文字"命令，如图 4-9（a）所示。

（2）在光标所在处输入相应文本，如图 4-9（b）所示。

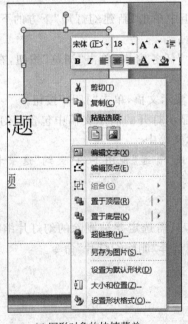
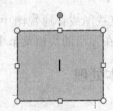

(a) 图形对象的快捷菜单　　　　　(b) 在图形中输入文本

图 4-9　在图形中输入文本

2. 文本编辑

文本的编辑操作包括文本的删除、移动与复制等操作，其操作方法同 Word 等文字处理软件一样,均为先选定相应文本,再通过"开始"选项卡或快速访问工具栏或快捷键执行相应操作。

3. 文本格式

文本的格式设置内容主要包括字体、字号、字型、颜色、效果、对齐方式、行距等,在选定文本后,设置这些格式的主要方法有使用"开始"选项卡中的功能、快速访问工具栏或快捷键3种。

4. 文本框

1) 选定文本框

选定文本框可采取如下几种方法。

- 单击文本框所在位置,此时文本框处于文本编辑状态。
- 单击文本框四周的边线,文本框即被选定。
- 若要选定多个文本框,只需按住 Ctrl 键,再依次单击需要选定的文本框即可。若要取消选定某个已被选定的文本框,可按住 Ctrl 键,单击该文本框。
- 若要取消选定所有被选定的文本框,只要在文本框之外的任意位置单击即可。

2) 移动文本框

移动文本框的操作步骤如下。

(1) 单击文本框。

(2) 将鼠标指针指向文本框的边框(控点除外),按下鼠标左键。

(3) 将文本框拖放至目标位置,释放鼠标。

3) 复制文本框

方法1:

(1) 选定要被复制的文本框。

(2) 在"开始"选项卡的"剪贴板"组中单击"复制"按钮;或右击,选择快捷菜单中的"复制"命令;或按 Ctrl+C 快捷键。

(3) 执行"粘贴"命令(方法同"复制"命令的选择类似,其快捷键为 Ctrl+V,右键快捷命令要选择"粘贴"选项卡中的"使用目标主题")。

(4) 在当前文本框的右下方将出现该文本框的复制品,将其拖放到目标位置。

方法2:

(1) 选定要被复制的文本框,按住 Ctrl 键,将鼠标指针指向文本框。

(2) 按下鼠标左键,将文本框拖放至目标位置后,先释放鼠标左键再释放 Ctrl 键。

4) 删除文本框

选定需要删除的文本框后,按 Delete 键即可。

5) 填充颜色和边框线条

方法1:利用"绘图工具",具体操作步骤如下。

(1) 选中文本框后,会出现"绘图工具",切换到"格式"选项卡。

(2) 在"格式"选项卡的"形状样式"组中单击"形状填充"按钮,在下拉菜单中选择所需填充的颜色,同时可设置填充效果。

（3）在"格式"选项卡的"形状样式"组中单击"形状轮廓"按钮,在下拉菜单中选择轮廓颜色,为文本框的边框设置粗细和线条的虚实。

方法2:利用"设置文本框格式"对话框,具体操作步骤如下。

（1）选中文本框后,会出现"绘图工具",切换到"格式"选项卡。

（2）在"形状样式"组中单击"对话框启动器"按钮 ;或者右击文本框,在弹出的快捷菜单中选择"设置形状格式"命令,打开"设置形状格式"对话框,如图4-10所示。

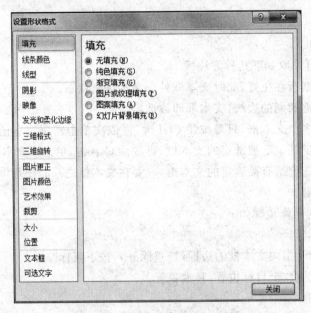

图4-10　"设置形状格式"对话框

（3）在"填充"和"线条颜色"选项卡下,可设置文本框的填充颜色及线条颜色。

6）调整文本框的大小

方法1:

打开"设置形状格式"对话框（见图4-10）后,切换到"大小"选项卡,分别设置文本框的高度、宽度、缩放及旋转角度,如图4-11所示。

方法2:

（1）打开"设置形状格式"对话框后,切换到"文本框"选项卡,如图4-12所示。

（2）在"自动调整"选项组中选择"不自动调整"单选按钮,单击"关闭"按钮。

（3）将鼠标指针指向文本框的控制点,鼠标指针变成双向箭头后,按下鼠标左键拖曳,在文本框大小合适时释放鼠标。

7）调整文本的位置和类型

（1）将"设置形状格式"对话框切换到"文本框"选项卡。

（2）在"文字版式"选项组中设置文本的位置,如图4-12所示。若选中"形状中的文字自动换行"复选框,则文本框中的文本为段落文本;否则,文本框中的文本为标题文本。

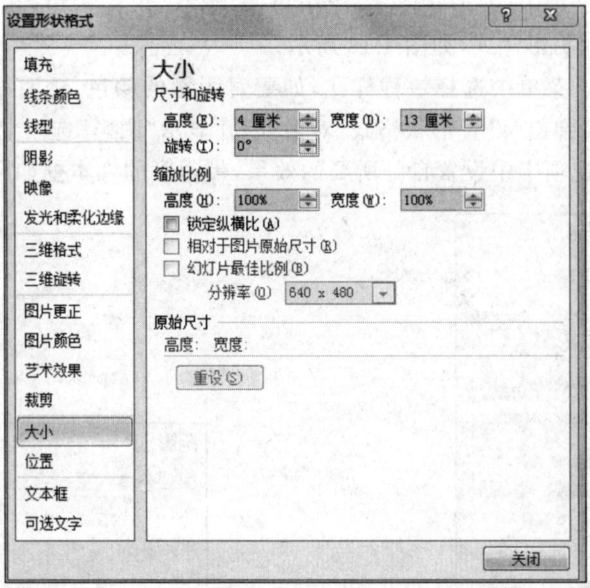

图 4-11　"大小"选项卡

图 4-12　"文本框"选项卡

8）阴影与三维立体效果

当文本框有填充颜色时，所有的阴影样式和三维样式均可用，但两者不能同时生效。此外，在设置三维样式后，先前设置的线条颜色将暂时失效，在取消三维样式后自动恢复原先的线条颜色。

阴影的设置方法如下。

（1）选定文本框后，设置其填充颜色。

（2）在"格式"选项卡的"形状样式"组中单击"形状效果"按钮，在下拉菜单中选择阴影命令，则屏幕显示阴影样式，如图 4-13 所示。

（3）在"阴影"子菜单中选择一种样式，如要对阴影的颜色、透明度等进行设置，可选择"阴影选项"命令，弹出"设置形状格式"对话框，并显示"阴影"选项卡，如图 4-14 所示。

（4）在"阴影"选项卡中设置自己所要的效果，带阴影的文本框如图 4-15 所示。

图 4-13　阴影样式

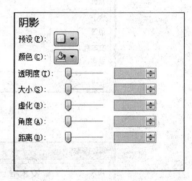

图 4-14　"阴影"选项卡

图 4-15　带阴影的文本框

三维效果的设置方法如下。

（1）选定有"填充颜色"的文本框。

（2）在"格式"选项卡中的"形状样式"组中单击"形状效果"按钮，在下拉菜单中选择"棱台"命令，显示各种棱台样式，如图 4-16 所示。

（3）选择所要"三维样式"。如果要作进一步的设置，可选择"三维选项"命令，弹出"设置形状格式"对话框，并自动切换到"三维格式"选项卡，如图 4-17 所示。

（4）在"深度"选项组中，选择"50 磅"。

（5）将"设置形状格式"对话框切换到"三维旋转"选项卡，在"预设"下拉列表框中选择"左侧对比透视"，单击"关闭"按钮。

三维立体文本框如图 4-18 所示。

图 4-16　三维效果列表

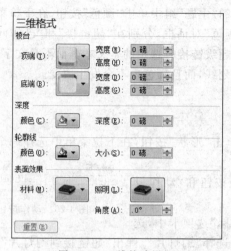

图 4-17 三维格式设置   图 4-18 三维立体文本框

4.1.6 插入超级链接

幻灯片的默认放映顺序是幻灯片的排列次序,如果要改变其线性的放映次序,可以通过建立超级链接的方式来实现。

1. 文字链接

设置文字链接的步骤如下。

(1) 选中需要创建超级链接的文字。

(2) 在"插入"选项卡的"链接"组中单击"超链接"按钮;或者右击,在弹出的快捷菜单中选择"超链接"命令。

(3) 打开"插入超链接"对话框,如图 4-19 所示,在"链接到"列表框中选择"本文档中的位置"。

图 4-19 "插入超链接"对话框

(4) 在"请选择文档中的位置"列表框中,选择需要链接到的幻灯片,单击"确定"按钮。此时,被链接文字的下方将带有下划线,同时文字的颜色也发生了变化。如果要改变超级链接文字的颜色,可在"设计"选项卡的"主题"组中单击"颜色"按钮,在下拉菜单中选择"新建主体颜色"命令,弹出"新建主题颜色"对话框,分别在"超链接"和"已访问的超链接"下拉列表中选择一种颜色。如果建立超级链接时选中的是文本框而不是文字,则将为文本框建立超级链接,文字下方不会有下划线,而且颜色也不会发生改变。

2. 动作按钮链接

添加动作按钮的具体步骤如下。

(1)在"插入"选项卡的"插图"组中单击"形状"按钮,在下拉菜单中选择一个想要的动作按钮形状,如图 4-20 所示。

(2)在幻灯片中单击后将同时出现按钮和"动作设置"对话框,如图 4-21 所示。

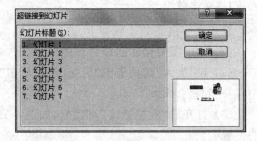

图 4-20　动作按钮

(3)在"动作设置"对话框的"单击鼠标"选项卡中,选择"超链接到"单选按钮,在下拉列表框中选择"幻灯片",弹出"超链接到幻灯片"对话框,如图 4-22 所示。选定幻灯片后,单击"确定"按钮。

图 4-21　"动作设置"对话框　　　　图 4-22　"超链接到幻灯片"对话框

(4)在选中动作按钮后,可通过"插入"选项卡中"链接"组中的"动作"按钮来重新设置其超级链接的对象。也可以执行右键快捷菜单中的"编辑文字"命令,在动作按钮上添加文字。

3. 图形、图像链接

对于图形、图像等对象,同样可以为其设置超级链接,设置方法与文本、动作按钮一样。

4.2　演示文稿的外观设计

4.2.1　主题的应用

1. 应用主题

1)使用内容主题

选择"设计"选项卡,"主题"命令组显示部分主题列表,单击主题列表右下角的"其他"

按钮▼，显示全部内置主题，如图 4-23 所示。鼠标移到某主题将显示该主题名称。单击某主题将使用该主题的颜色、字体和图形外观效果修饰演示文稿。例如使用"相邻"主题设置演示文稿。

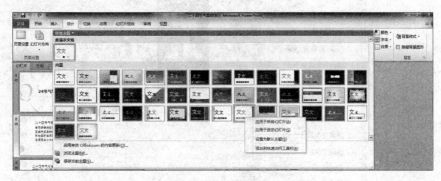

图 4-23　"设计"选项卡的"主题"命令组

2）使用外部主题

如果内置主题不能满足用户需求，可以选择外部主题。选择"设计"选项卡，"主题"命令组主题列表的下部选择"浏览主题"命令，弹出"选择主题或主题文档"对话框进行选择。

3）主题的应用范围

右击某主题，在弹出的菜单中，可选择主题应用于所有幻灯片或者应用于所选幻灯片。

2. 自定义主题

1）自定义主题颜色

对于已应用主题的幻灯片，选择"设计"选项卡的"主题"命令组，单击"颜色"按钮，在下拉列表框中单击某种颜色，幻灯片的文字颜色、背景填充颜色随之改变。

选择"设计"选项卡的"主题"命令组，单击"颜色"下拉列表按钮▼，选择"新建主题颜色"命令，弹出"新建主题颜色"对话框，选择某种颜色将更改主题颜色，如图 4-24 所示，选择"其他颜色"命令，打开"颜色"对话框可以自定义颜色。

"新建主题颜色"对话框中，可以自定义主题颜色名称，该名称将显示在"主题"命令组的"颜色"下拉列表中。

2）自定义主题字体

（1）对标题字体和正文字体整体设置

对于已应用主题的幻灯片，选择"设计"选项卡的"主题"命令组，单击"字体"按钮，在下拉列表框中单击某种字体，此时，标题和正文字体是同一种字体。

（2）对标题字体和正文字体分别设置

选择"设计"选项卡的"主题"命令组，单击"字体"下拉列表按钮▼，选择"新建主题字体"命令，弹出"新建主题字体"对话框，可以分别设置主题和正文字体，如图 4-25 所示。

"新建主题字体"对话框中，可以自定义主题字体名称，该名称将显示在"主题"命令组的"字体"下拉列表中。

图 4-24　"新建主题颜色"对话框

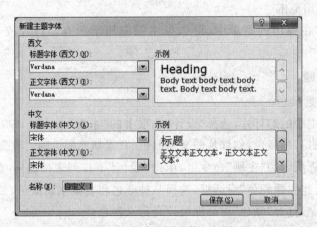

图 4-25　"新建主题字体"对话框

3）自定义主题背景

对于已应用主题的幻灯片，选择"设计"选项卡的"背景"命令组，单击"背景样式"按钮，在下拉列表框中单击某种背景样式，鼠标移到某背景样式将显示该背景样式名称，并改变背景样式。选择"设计"选项卡的"背景"命令组，单击"背景样式"下拉列表按钮▼，选择"设置背景格式"命令，弹出"设置背景格式"对话框，如图 4-26 所示，可以重新设置背景的颜色、纹理、图案和艺术效果等。

4）背景样式的应用范围

右击某背景样式，在弹出的快捷菜单中，可选择主题应用于所有幻灯片或者应用于所选幻灯片。

图 4-26 "设置背景格式"对话框(一)

4.2.2 背景的设置

背景设置功能可以用于设置主题背景,也可以用于设置某一幻灯片的背景。选中当前幻灯片,右击,在弹出的快捷菜单中选择"设置背景格式"命令,弹出"设置背景格式"对话框,如图 4-27 所示,重新设置背景的颜色、纹理、图案和艺术效果等。下面主要介绍几种设置。

图 4-27 "设置背景格式"对话框(二)

1. 背景颜色

背景颜色设置有"纯色填充"和"渐变填充"两种方式。

（1）纯色填充

单击"纯色填充"单选按钮，单击"颜色"右侧的下拉按钮 ，选择下拉列表中的颜色，也可以单击"其他颜色"，打开"颜色"对话框进行设置。

（2）渐变填充

单击"渐变填充"单选按钮，进行预设颜色、类型、方向、角度、渐变光圈、颜色、亮度和透明度等设置，如图 4-28 所示。

图 4-28　设置背景"渐变填充"

（3）预设颜色

单击"渐变填充"单选按钮，单击"预设颜色"右侧的下拉按钮，选择下拉列表中的一种，如孔雀开屏。

2. 图案填充

单击"图案填充"单选框，选择图案列表中的某种图案，还可以对"前景色"和"背景色"进行设置。

3. 纹理填充

单击"图片或纹理填充"单选按钮，单击"纹理"右侧的下拉按钮，在弹出的纹理列表中选择某种纹理，如"花束"，如图 4-29 所示。

4. 图片填充

单击"图片或纹理填充"单选按钮，单击"插入自"下方的"文件" 文件(F)... 按钮，弹出"插入图片"对话框，选择图片文件后，单击"插入"按钮返回到"设置背景格式"对话框，所选的图片成为幻灯片背景。

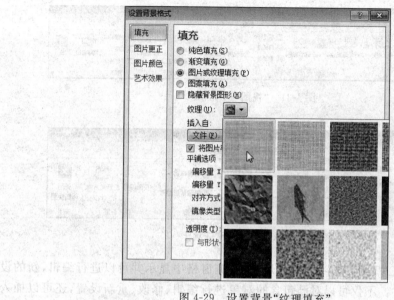

图 4-29　设置背景"纹理填充"

剪切画也可以作为图片填充。如果已经设置主题，则所设置的新背景可能被主题背景覆盖，此时，选择"设置背景格式"对话框的"填充"中的"隐藏背景图形"复选框即可。

5. 背景设置的应用范围

在"设置背景格式"对话框中，背景颜色、渐变、纹理、图案和图片等设置完成，单击"关闭"按钮，设置的背景应用于当前幻灯片，单击"全部应用"按钮，则应用于所有幻灯片。

注意：还可以单击如图 4-30 所示的"背景样式"按钮打开"设置背景格式"对话框。

图 4-30　单击"背景格式"按钮

4.2.3　母版的制作

演示文稿通常应具有统一的外观和风格，展现用户的信息，使用母版设置每张幻灯片的预设格式，可以快速实现幻灯片格式的统一。母版包含了幻灯片中共同出现的内容及构成要素，如标题、文本、日期、背景等，母版分为幻灯片母版、讲义母版和备注母版三种类型。

1. 编辑幻灯片母版

（1）打开演示文稿，在"视图"选项卡下，选择"母版视图"命令组的"幻灯片母版"命令，如图 4-31 所示，进入幻灯片母版视图，如图 4-32 所示。

（2）在左侧窗格中显示不同版式的幻灯片缩略图，第一张为某一主题的幻灯片主母版，如对其进行重新设置，则其下面所有的幻灯片版式中将随之改变。可以对其所包含的对象，如标题占位符、文本占位符等，进行编辑、修改、重新设置等操作，如改变字号、字体和颜色等。

图 4-31 "视图"选项卡

图 4-32 "幻灯片母版"选项卡

如选中某一幻灯片,则其为当前幻灯片,在右侧窗格中显示并可以进行编辑,新的设置仅作用于该幻灯片。不仅可以对已包含的对象进行编辑、修改、重新设置,还可以插入新对象。在"幻灯片母版"选项卡下,单击"母版版式"命令组中的"插入占位符"命令,如图 4-33 所示,则插入了所选的占位符,如图片或文字等。

图 4-33 "母版版式"命令组的"插入占位符"命令

(3) 在幻灯片母版下,可以对母版幻灯片进行编辑、版式、主题、背景、页面等设置,母版完成后,单击"关闭母版视图",退出母版的制作,返回到普通视图。可以将演示文稿保存为"PowerPoint 模板.potx"的文件类型。

2. 保存幻灯片母版

设置好母版以后,在该演示文稿中新建幻灯片时,幻灯片的背景与母版的背景相同,但是新建演示文稿后,新的演示文稿幻灯片并不采用母版背景,这就需要将母版保存为模板了。

将幻灯片母版保存为演示文稿模板的具体方法如下。

(1) 在"文件"选项卡中单击"另存为"按钮。

(2) 在"另存为"对话框中选择保存文件的位置,保存文件的类型设置为"PowerPoint 模板.potx",然后输入文件名,单击"保存"按钮即可。

3. 插入幻灯片母版

在"幻灯片母版"选项卡的"编辑母版"选项组中单击"插入幻灯片母版"按钮,就可以插入一个新的母版,如图4-34所示。读者可以按照前面讲过的方法对编号为"2"的幻灯片母版进行相应的设置,此处不再赘述。

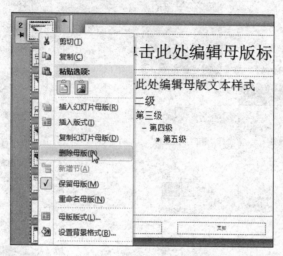

图 4-34 删除幻灯片母版

4. 删除幻灯片母版

如果不需要那么多主题的母版,则可以通过下面的方法将其删除。

方法1:选择需要删除的幻灯片母版之后,在"幻灯片母版"选项卡的"编辑母版"选项组中单击"删除"按钮。

方法2:在需要删除的幻灯片母版上右击,从弹出的快捷菜单中选择"删除母版"命令,如图4-34所示。

4.2.4 模板的设计

模板是一个扩展名为.potx的演示文稿文件,包含预定义的文字格式、颜色和图形等元素。模板有设计模板和内容模板两种,前者包含预定义的格式和配色方案,可以应用到任意演示文稿中创建自定义的外观。后者则是根据各个专题预制的演示文稿,它不仅预定义了画面,还设计了各个画面的演示内容。

1. 应用已有模板

设计模板是通用于各种演示文稿的模型,可直接应用于用户的演示文稿,其操作步骤如下。

(1)打开一个演示文稿,在"文件"选项卡中单击"新建"按钮,如图4-35所示。

(2)单击"样本模板"按钮,选中"古典型相册"模板,如图4-36所示。

(3)单击"创建"按钮,就创建了一个以古典型相册为模板的演示文稿,如图4-37所示。

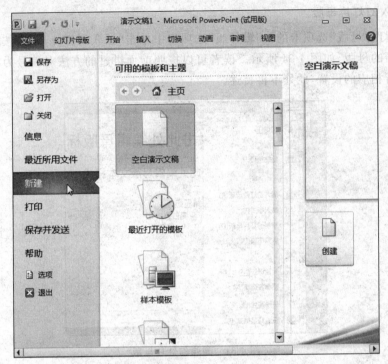

图 4-35　选择"新建"命令

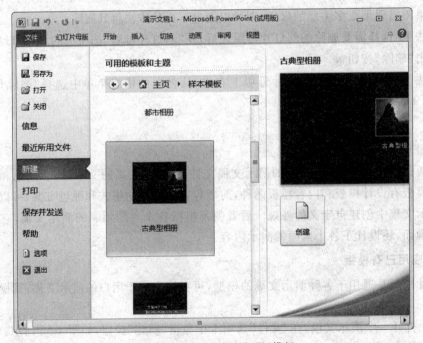

图 4-36　选择"古典型相册"模板

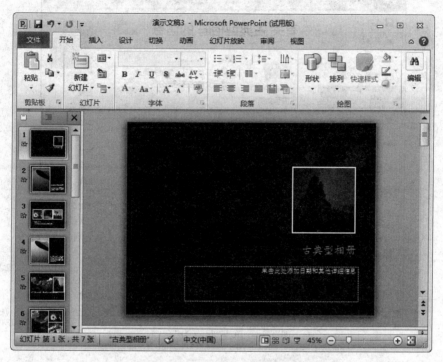

图 4-37 创建以古典型相册为模板的演示文稿

（4）单击图片，就会打开"图片工具"的"格式"选项卡，在"调整"选项组中单击"更改图片"按钮 更改图片 。

（5）在打开的"插入图片"对话框中选择自己需要的相片，然后单击"插入"按钮。

（6）单击"古典型相册"文本框，在里面输入自己的相册名称，单击下面一个文本框，在其中输入相册的详细信息。

2. 创建新模板

创建新的模板操作步骤如下。

（1）打开演示文稿，在"文件"选项卡中单击"另存为"按钮，如图 4-38 所示。

（2）打开"另存为"对话框，在文件名中输入模板的名字，文件保存类型选择"PowerPoint 模板.potx"选项，如图 4-39 所示。

（3）单击"保存"按钮，一个新的模板就创建好了，下次使用新模板创建的时候只要依次选择"文件"|"新建"|"我的模板"命令就可以了。

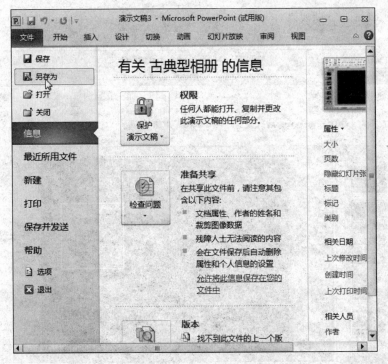

图 4-38 单击"另存为"命令

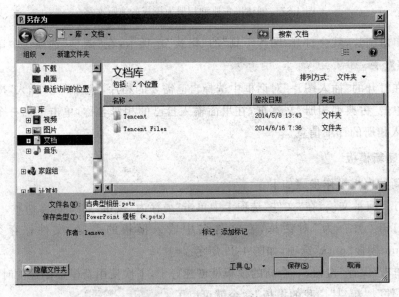

图 4-39 "另存为"对话框

4.3 演示文稿的视图模式

当一个演示文稿由多张幻灯片组成时，为了便于用户操作，PowerPoint 2010 针对演示文稿的不同设计阶段，提供了不同的工作环境，这种工作环境称为视图。PowerPoint 2010 主要提供了普通视图、幻灯片浏览视图、备注页视图、阅读视图、幻灯片放映视图、母版视图，每种视图都将用户的处理焦点集中在演示文稿的某个要素上。

如图 4-40 所示，可在两个位置找到 PowerPoint 视图。

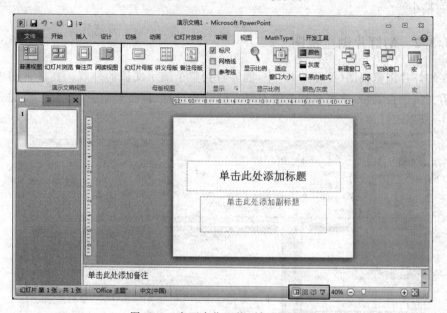

图 4-40　在两个位置找到幻灯片视图

- 在"视图"选项卡的"演示文稿视图"和"母版视图"选项组中。
- 在 PowerPoint 窗口底部的右下角提供了各个主要视图的图标（普通视图、幻灯片浏览视图、阅读视图和幻灯片放映视图）。

4.3.1 普通视图

普通视图是主要的编辑视图，可用于撰写和设计演示文稿。普通视图有四个工作区域，如图 4-41 所示。

- "大纲"选项卡：此区域是开始撰写内容的理想场所；在这里，用户可以捕获灵感，计划如何表述它们，并能移动幻灯片和文本。"大纲"选项卡以大纲形式显示幻灯片文本。
- "幻灯片"选项卡：在编辑时可以以缩略图大

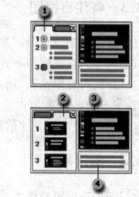

图 4-41　普通视图的四个工作区域

小的图像在演示文稿中观看幻灯片,使用缩略图能方便地遍历演示文稿并观看任何设计更改的效果。在这里还可以轻松地重新排列、添加或删除幻灯片。

- "幻灯片"窗格:"幻灯片"窗格显示当前幻灯片的大视图。在此视图中显示当前幻灯片时,可以添加文本,插入图片、表格、SmartArt 图形、图表、图形对象、文本框、电影、声音、超链接和动画。

- "备注"窗格:在"幻灯片"窗格下的"备注"窗格中,可以输入要应用于当前幻灯片的备注。以后,可以将备注打印出来并在放映演示文稿时作为参考。还可以将打印好的备注分发给受众,或者将备注包括在发送给受众或发布在网页上的演示文稿中。

4.3.2 幻灯片浏览视图

在幻灯片浏览视图(见图 4-42)中,能够看到整个演示文稿的外观。在该视图中可以对演示文稿进行编辑,主要包括改变幻灯片的背景设计、调整幻灯片的顺序、添加或删除幻灯片、复制幻灯片等。

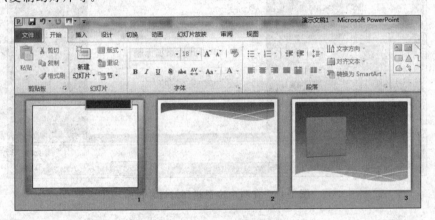

图 4-42 幻灯片浏览视图

4.3.3 备注页视图

"备注"窗格位于"幻灯片"窗格之下,可以输入或编辑备注页的内容。在该视图模式下,备注页上方显示的是当前幻灯片的内容缩览图,用户无法对幻灯片的内容进行编辑,下方的备注页为占位符,用户可在占位符中输入内容,为幻灯片添加备注信息,如图 4-43 所示。

4.3.4 阅读视图

阅读视图的适应窗口的大小查看幻灯片的内容,视图中只有幻灯空格、标题样和状态栏。如果用户希望在

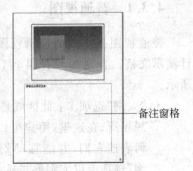

备注窗格

图 4-43 备注视图

一个设有简单控件以方便审阅的窗口中查看演示文稿，而不想使用全屏的幻灯片放映视图，可以使用阅读视图。如果要更改演示文稿，可随时从阅读视图切换至其他某个视图。

4.3.5　幻灯片放映视图

幻灯片放映视图用于向观众放映演示文稿。幻灯片放映视图会占据整个计算机屏幕，这与观众在观看演示文稿时在大屏幕上显示的演示文稿完全一样。用户可以看到图形、计时、电影、动画效果和切换效果在实际演示中的真实效果。

若要退出幻灯片放映视图，按 Esc 键即可。

4.3.6　母版视图

母版视图包括幻灯片母版视图、讲义母版视图和备注页母版视图。它们是存储有关演示文稿的信息的主要幻灯片，其中包括背景、颜色、字体、效果、占位符大小和位置。使用母版视图的一个主要优点在于，在幻灯片母版、备注母版或讲义母版上，可以对与演示文稿关联的每个幻灯片、备注页或讲义的样式进行全局更改。

4.4　编辑幻灯片

4.4.1　文字的格式化

在幻灯片中，通常在同类的内容前加上一些项目符号或者编号，以突出重点，提高其可读性。项目符号可以采用系统预设的符号，也可以采用图片或其他字符。编号则通常是连续的。

1. 项目符号

1）添加项目符号

添加项目符号的具体操作步骤如下。

（1）将光标定位于需要添加项目符号的段落，或者选定所有需要添加项目符号的段落；若所有段落均要添加项目符号，则选中文本框。

（2）在"开始"选项卡的"段落"组中单击"项目符号"按钮右侧的下三角按钮，在下拉菜单中选择一种样式。如果要对项目符号的大小、颜色等进行调整，可右击选中的段落，在弹出的快捷菜单中选择"项目符号"|"项目符号和编号"命令，如图 4-44 所示。打开"项目符号和编号"对话框，如图 4-45 所示。

（3）在"项目符号"选项卡下，单击所需的一种项目符号。如果需要用图片或字符作为项目符号，可单击"图片"按钮或"自定义"按钮，在打开的"图片项目符号"或"符号"对话框中，选择相应的图片或字符作为项目符号。

（4）单击"确定"按钮。

2）修改项目符号

修改项目符号的操作步骤与添加项目符号相同，只是选择另一种不同的项目符号

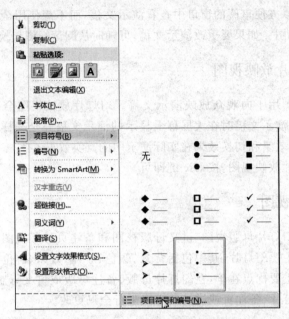

图 4-44　快捷菜单(项目符号)

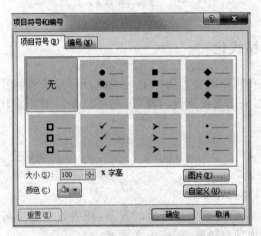

图 4-45　"项目符号和编号"对话框

而已。

3) 删除项目符号

方法 1:

(1) 选中需要删除项目符号的段落,若是选中文本框,则将删除其中所有段落的项目符号。

(2) 在"段落"组的"项目符号"下拉菜单中选择"无"。

方法 2:

(1) 选定需要删除项目符号的段落。

(2) 在"开始"选项卡的"段落"组中单击"项目符号"按钮。

方法 3：将光标定位于项目符号的右侧，按 BackSpace 键即可。

2. 编号

1）添加编号

添加编号的具体操作步骤如下。

（1）选定需要添加编号的段落。

（2）在"开始"选项卡的"段落"组中单击"编号"按钮右侧的下三角按钮，在下拉菜单中选择一种样式。若要设置起始编号，可在下拉菜单中选择"项目符号和编号"命令。

（3）弹出"项目符号和编号"对话框，切换到"编号"选项卡，如图 4-46 所示。

图 4-46   "编号"选项卡

（4）选择编号类型后，可在"起始编号"微调框中选择或输入起始编号。

（5）单击"确定"按钮。

2）修改编号

修改编号的步骤和添加编号一样，重新选择新的编号即可。

3）删除编号

（1）选择需要删除编号的段落。

（2）在"段落"组的"编号"下拉菜单中选择"无"。

3. 项目符号与编号的互换

"项目符号"与"编号"不可同时设置，在设置"编号"后，原先设置的"项目符号"将自动消失；反之，若设置了"项目符号"，则原先设置的"编号"将自动失效。

4.4.2 插入图片

1. 插入剪贴画

剪贴画是用计算机软件绘制的，系统的剪辑图库提供了 1000 多种剪贴画，供用户挑选使用。

插入剪贴画的具体步骤如下。

(1) 在"插入"选项卡的"图像"组中单击"剪贴画"按钮,弹出"剪贴画"任务窗格。

(2) 在"剪贴画"任务窗格(如图 4-47(a)所示)中单击"搜索"按钮。

(3) 在"剪贴画"任务窗格下方空白处显示出搜索到的图片,选中其中一张图片,右击,在弹出的快捷菜单中选择"插入"命令即可插入剪贴画;或单击图片也可插入剪贴画,如图 4-47(b)所示。

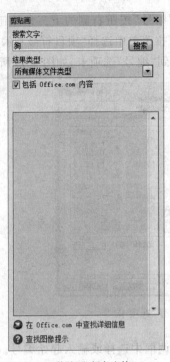

(a) "剪贴画"任务窗格　　　　　(b) 插入剪贴画快捷菜单

图 4-47　插入剪贴画

(4) 关闭"剪贴画"任务窗格。

2. 插入图像文件

对于已有的图像文件,可以直接将其插入到幻灯片中。具体步骤如下。

(1) 在"插入"选项卡的"图像"组中单击"图片"按钮。

(2) 在打开的"插入图片"对话框中,选中图片文件后,单击"插入"按钮即可。

3. 编辑图片

1) 调整图片的大小和位置

插入的来自文件的图片或剪贴画的大小和位置有可能不合适,可以通过选中图片用鼠标拖动控制点来大致调整,也可通过"设置图片格式"对话框进行精确调整。其操作步骤如下。

(1) 选中需要调整大小或位置的图片,右击,弹出快捷菜单。

(2) 在快捷菜单中,执行"大小和位置"命令,打开"设置图片格式"对话框,自动定位于"大小"选项卡。

（3）在"高度"与"宽度"中分别输入一个值。

（4）单击"设置图片格式"对话框左侧的"位置"，在右侧输入坐标值。

2）旋转图片

旋转图片能使图片按要求向不同方向倾斜，既可手动粗略旋转，也可按指定角度进行精确旋转。

手动旋转：选中需要旋转的图片，在图片的四周出现控制点并在上方出现一个绿色的旋转手柄，如图4-48所示，按住鼠标左键，转动旋转手柄即可随意旋转图片。

精确旋转的操作步骤如下。

（1）选中需要旋转的图片，出现"图片工具"。

（2）在"图片工具"的"格式"选项卡中，单击"排列"选项组中的"旋转"命令按钮，弹出如图4-49所示的下拉列表。

旋转手柄

图 4-48　图片的旋转手柄　　　　图 4-49　旋转下拉列表

（3）单击下拉列表中的"向右旋转90°"、"向左旋转90°"、"水平翻转"、"垂直翻转"等命令，也可单击"其他旋转选项"，打开如图4-50所示的"设置图片格式"对话框。

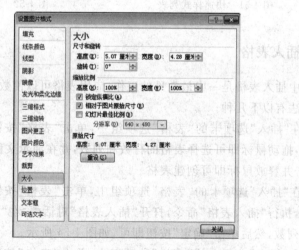

图 4-50　设置图片大小和位置

（4）在对话框的左侧，选择"大小"，在右侧的"旋转"栏中输入要旋转的角度。正度数为顺时针旋转,负度数为逆时针旋转。

3）使用图片快速样式

PowerPoint 2010 提供了将诸如颜色、阴影和三维效果等格式设置功能结合在一起的"快速样式"。使用快速样式可一次应用多种样式,而不仅仅是颜色。

在"图片工具"|"格式"选项卡的"图片样式"选项组中,系统提供了 28 种图片样式,如图 4-51 所示。选中需要设置快速样式的图片,将鼠标指针移到所喜欢的样式上,单击即可将所选择样式应用于选定的图片。

4）图片效果

通过设置图片的阴影、发光、映像、柔化边缘等特定视觉效果可以使图片更美观。

选中需要设置效果的图片,在"图片工具/格式"选项卡的"图片样式"选项组中,单击"图片效果"按钮,弹出如图 4-52 所示的下拉列表,将鼠标指针移至所需要的效果选项上,会弹出下一级图片效果列表,在合适的效果命令上单击即可将效果应用于当前图片。

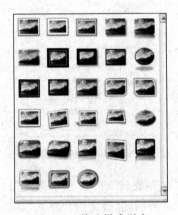

图 4-51　快速样式列表　　　　　图 4-52　图片效果

4.4.3　插入表格

在幻灯片中插入表格是一中最常见的工作,应用表格可以使数据和事例都更加清晰。创建表格的方法有以下几种。

方法一:在"插入"选项卡的"表格"选项组中,单击"表格"按钮,在弹出的如图 4-53 所示的列表中,拖动鼠标即可选择表格的行数和列数,并在演示文稿中出现正在设计的表格的雏形,单击并释放鼠标即可创建表格。

方法二:在"插入"选项卡的"表格"选项组中,单击"表格"按钮,在弹出的如图 4-53 所示的列表中,执行"插入表格"命令,打开"插入表格"对话框,在"列数"和"行数"微调框中输入行数和列数,然后单击"确定"按钮即可,如图 4-54 所示。

方法三:在"插入"选项卡的"表格"选项组中,单击"表格"按钮,在弹出的如图 4-53 所示的列表中,执行"绘制表格"命令,可以通过拖动鼠标在幻灯片中手动绘制表格。

图 4-53 插入表格

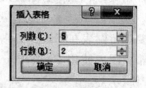

图 4-54 "插入表格"对话框

4.4.4 图表的使用

1. 插入 PowerPoint 内嵌图表

为了直观地在演示文稿中演示数据,可以通过插入图表来实现。插入图表的操作步骤如下。

(1) 在"插入"选项卡的"插入"选项组中,单击"图表"按钮,弹出如图 4-55 所示的"插入图表"对话框。

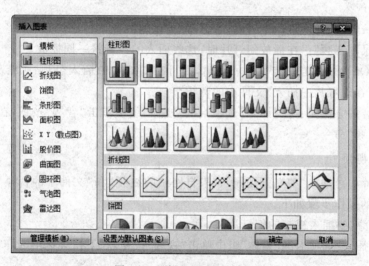

图 4-55 "插入图表"对话框

(2) 在"插入图表"对话框中,选择所需图表的类型,单击"确定"按钮。

(3) 自动打开 Excel 应用程序,编辑表格数据,编辑完成后,将 Excel 应用程序关闭。

2. 插入链接的 Excel 图表

可以在 PowerPoint 演示文稿中插入或链接 Excel 工作簿中的图表。编辑电子表格中的数据时,可以轻松更新 PowerPoint 幻灯片上的图表。

在 PowerPoint 2010 中插入链接的 Excel 图表的操作步骤如下。

（1）打开包含所需图表的 Excel 工作簿。

（2）选择需插入的图表。

（3）在"开始"选项卡的"剪贴板"选项组中，单击"复制"按钮。

（4）打开 PowerPoint 演示文稿，选择需要插入图表的幻灯片。

（5）在"开始"选项卡的"剪贴板"选项组中，单击"粘贴"按钮下面的箭头，然后执行下列操作之一。

- 如果要保留图表在 Excel 文件中的外观，选择"保留源格式和链接数据"按钮。
- 如果希望图表使用 PowerPoint 演示文稿的外观，选择"使用目标主题和链接数据"按钮。

提示：

- 必须先保存 Excel 工作簿，才能在 PowerPoint 文件中链接图表数据。
- 如果将 Excel 文件移动到其他文件夹，则 PowerPoint 演示文稿中的图表与 Excel 电子表格中的数据之间的链接会断开。
- 如果要在 PowerPoint 文件中更新数据，应先选择图表，再在"图表工具"中"设计"选项卡的"数据"选项组中，单击"刷新数据"按钮。

4.4.5　插入音频与视频

1. 插入音频

在 PowerPoint 的幻灯片中可以插入 3 种类型的声音，它们是"剪贴画音频"、"文件中的音频"和"录制音频"。在播放幻灯片时，这些插入的声音将一同播放。

在安装 Office 时，若安装了附加剪辑，则可在幻灯片中插入"剪贴画音频"。若已有声音文件，可在幻灯片中插入"文件中的音频"。

插入录音的方法是：在"插入"选项卡的"媒体"组中单击"音频"按钮，在下拉菜单中选择"录制音频"命令。

2. 插入视频

在幻灯片中可插入"剪贴画视频"、"来自网站的视频"和"文件中的视频"。在幻灯片中插入影片的操作步骤如下。

（1）选择需要插入视频的幻灯片。

（2）在"插入"选项卡的"媒体"组中单击"视频"按钮，在下拉菜单中选择"文件中的视频"命令。

（3）在"插入视频文件"对话框中，选择需要插入的视频文件，单击"插入"按钮。

（4）幻灯片中将出现影片图标，可调整其位置和大小。

（5）右击影片图标，在弹出的快捷菜单中选择"设置视频格式"命令，打开"设置视频格式"对话框，可设置视频边框、效果等。

（6）在"播放"选项卡中可设置音量、播放方式、是否循环播放等选项。

4.4.6　插入艺术字

可以在 PowerPoint 2010 中插入艺术字,以便让重要的文字更加醒目。插入艺术字的操作步骤如下。

(1) 选择要插入艺术字的幻灯片,在"插入"选项卡的"文本"选项组中,单击"艺术字"按钮,弹出如图 4-56 所示的下拉列表。

(2) 在下拉列表中选择一种艺术字样式后,在幻灯片中会插入一个"请在此键入您自己的内容"的文本框,可以输入艺术字的文字内容。

(3) 单击艺术字边框或其内部,在"格式"选项卡的"形状样式"选项组和"艺术字样式"选项组中可以对艺术字进行样式的编辑。

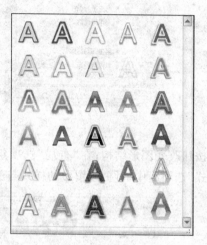

图 4-56　艺术字样式库

4.4.7　插入 SmartArt 图形

SmartArt 图形是一种智能化的矢量图形,是已经组合好的文本框和形状、线条,利用 SmartArt 图形可以在幻灯片中快速插入功能性强的图形。插入 SmartArt 图形的操作步骤如下。

(1) 选择要插入 SmartArt 图形的幻灯片,在"插入"选项卡的"插图"选项组中,单击 SmartArt 按钮,弹出如图 4-57 所示的"选择 SmartArt 图形"对话框。

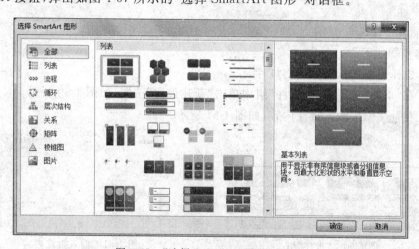

图 4-57　"选择 SmartArt 图形"对话框

(2) 在对话框中选择要插入的 SmartArt 图形,单击"确定"按钮,即可在幻灯片中插入 SmartArt 图形。

(3) 在 SmartArt 图形的文本框中输入所需内容,如图 4-58 所示。

(4) 在"SmartArt 工具/设计"选项卡的"创建图形"选项组中,可通过"添加形状"等

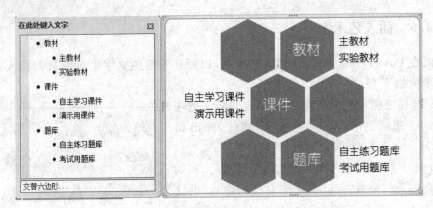

图 4-58   在 SmartArt 图形中输入文字

按钮改变图形结构；在"布局"选项组中，可更改 SmartArt 图形的类型；在"SmartArt 样式"选项组中，可更改图形的样式与颜色等，如图 4-59 所示。

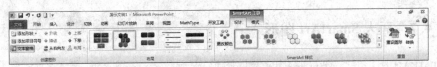

图 4-59   SmartArt 工具的"设计"选项卡

4.4.8   加入批注和备注

1. 批注

1）插入批注

具体步骤如下。

（1）选择需要加入批注的幻灯片。

（2）在"审阅"选项卡的"批注"组中单击"新建批注"按钮，如图 4-60 所示。

（3）在批注框中输入批注内容，如图 4-61 所示。

图 4-60   "批注"组

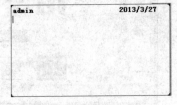

图 4-61   输入批注内容

2）浏览批注

具体步骤如下。

（1）单击"批注"组中的"上一条"按钮，可查看上一条批注。

（2）单击"批注"组中的"下一条"按钮，可查看下一条批注。

3) 显示/隐藏批注

具体步骤如下。

(1) 单击"批注"组中的"显示标记"按钮,可使批注处于显示状态。

(2) 再单击"批注"组中的"显示标记"按钮,可使批注处于隐藏状态。

4) 删除批注

具体步骤如下。

(1) 选定要删除的批注。

(2) 单击"批注"组中的"删除"按钮,或者按 Delete 键,即可删除选定的批注;如果单击"删除"按钮旁的下三角按钮,可在下拉菜单中根据需要选择相应命令。

2. 备注

添加备注的具体步骤如下。

(1) 在"视图"选项卡的"演示文稿视图"组中单击"备注页"按钮,打开"备注页"视图,单击预留区的"单击此处添加文本"。在"普通"视图下,单击预留区的"单击此处添加备注"。

(2) 在光标处输入备注内容。

4.5　演示文稿的放映

4.5.1　预设演示文稿的放映方式

1. 设置放映方式

具体操作步骤如下。

(1) 打开演示文稿后,在"幻灯片放映"选项卡的"设置"组中单击"设置幻灯片放映方式"按钮。

(2) 在"设置放映方式"对话框(如图 4-62 所示)中,可供设置的"放映类型"有 3 种:"演讲者放映(全屏幕)"、"观众自行浏览(窗口)"和"在展台浏览(全屏幕)"。同时,可设置放映时是否循环放映、是否加旁白或是否加动画等一些选项。

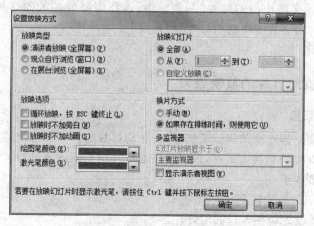

图 4-62　"设置放映方式"对话框

（3）幻灯片的播放范围默认为"全部"，也可指定为连续的一组幻灯片，或者某个自定义放映中指定的幻灯片。

（4）换片方式可以设定为"手动"或者使用排练时间自动换片。

2. 自定义放映

具体操作步骤如下。

（1）在"幻灯片放映"选项卡的"开始放映幻灯片"组中单击"自定义幻灯片放映"按钮，在下拉菜单中选择"自定义放映"命令，打开"自定义放映"对话框，如图 4-63 所示。

图 4-63　"自定义放映"对话框

（2）单击"新建"按钮，弹出"定义自定义放映"对话框，如图 4-64 所示。

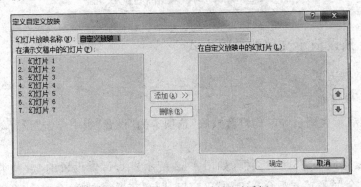

图 4-64　"定义自定义放映"对话框

（3）在"在演示文稿中的幻灯片"列表框中，选择需要放映的幻灯片，单击"添加"按钮，将其放入"在自定义放映中的幻灯片"列表框中。

（4）单击"确定"按钮。

4.5.2　设置幻灯片的放映效果

1. 幻灯片的切换

幻灯片的切换是指在播放演示文稿时，一张幻灯片的移入和移出的方式，也称为片间动画。在设置幻灯片的切换方式时，最好是在幻灯片浏览视图下进行。

具体操作步骤如下。

（1）选择"切换"选项卡。

（2）选中需要设置切换方式的幻灯片。

（3）在"切换到此幻灯片"组中选择自己想要的切换方式。在"计时"组中还可以设置切换的速度、换片方式、音效等，如图 4-65 所示。若单击"全部应用"按钮，则切换效果对所有幻灯片都有效。

图 4-65　"计时"组

（4）若想预览切换的效果，可以在"预览"组中单击"预览"按钮。

2．动画设置

1）预设动画

预设动画适用于幻灯片中的各种文本，其设置步骤如下。

（1）选中"文本"或文本所在的对象，切换到"动画"选项卡。

（2）在"动画"组中选择所需的动画效果。

2）自定义动画

自定义动画可以用于文本、图形、图像、图表、影片和声音等各种对象，是实际制作演示文稿时使用最多的一种动画方式。

设置自定义动画的具体操作步骤如下。

（1）选中需要设置动画的对象。

（2）在"动画"选项卡的"高级动画"组中单击"添加动画"按钮，在下拉菜单中设置所要的效果，如图 4-66 所示。

（3）如果下拉菜单中的效果不满足要求，可选择"更多进入效果"命令（"更多强调效果"命令，或者"更多退出效果"命令），弹出"添加进入效果"对话框，如图 4-67 所示，从中选择需要的效果。

图 4-66　设置动画效果

图 4-67　"添加进入效果"对话框

（4）在"计时"组中根据需要分别设置动画开始的时间和速度等，如图 4-68 所示。

（5）单击"预览"按钮，可看到当前动画设置的效果。

3）设置动作路径动画效果

其具体操作步骤如下。

（1）选择要设置动画效果的对象，然后单击"自定义动画"窗格中的"添加效果"按钮，在弹出的如图 4-66 所示的下拉列表中选择"其他动作路径"选项组中的某一路径动画效果即可。若系统预设的路径动画不能满足要求，则可单击"其他动作路径"命令，打开如图 4-69 所示的"添加动作路径"对话框，在其中选择所需的动作路径。

（2）单击"确定"按钮，在幻灯片中添加选择的路径。可以通过拖动路径边框上的控制点调整路径的大小，并可以在幻灯片中随意调整动作路径的位置，单击"插入"按钮，可以预览对象的动作路径运动动画。

图 4-68 "计时"组　　　　　图 4-69 "添加动作路径"对话框

4.5.3 放映演示文稿

1. 放映全部幻灯片

具体操作步骤如下。

（1）在 PowerPoint 中打开要放映的演示文稿。

（2）在"幻灯片放映"选项卡的"开始放映幻灯片"选项组中单击"从头开始"按钮；或者单击"从当前幻灯片开始"按钮；或直接按 F5 键。

（3）在幻灯片放映的过程中，按 Esc 键可中止放映。也可以右击幻灯片，在弹出的快捷菜单中选择"结束放映"命令。

2. 放映部分幻灯片

具体操作步骤如下。

（1）选中要开始放映的幻灯片。

（2）单击窗口左下角的"幻灯片放映"按钮。

（3）系统将从选定的幻灯片开始放映。

3. 隐藏幻灯片

在幻灯片浏览视图中，也可将不需要放映的幻灯片隐藏起来。具体操作步骤如下。

（1）选定将被隐藏的幻灯片。

（2）右击，在弹出的快捷菜单中选择"隐藏幻灯片"命令，如图 4-70 所示。

（3）幻灯片的序号上将显示隐藏标记，这些幻灯片在演示文稿播放时将不显示。

图 4-70 在快捷菜单中选择"隐藏幻灯片"命令

4.6 演示文稿的打包与打印

演示文稿除了可以用于放映外，还可以将其打印在纸张上。同时，为了将演示文稿在没有安装 PowerPoint 的计算机上放映，可以将演示文稿打包。

4.6.1 演示文稿的打包

演示文稿制作完成之后，可能会在其他的计算机上放映，如果别的计算机没有安装 PowerPoint 2010，那么演示文稿将无法播放。为了避免发生这种情况，可以将演示文稿和相应的链接文件进行打包。

PowerPoint 2010 可将演示文稿直接打包成 CD，打包好的 CD 可以直接放入光盘驱动器进行播放，也可以复制到本机的文件夹中。操作步骤如下。

（1）打开要打包的演示文稿。

（2）单击"文件"选项卡中的"保存并发送"按钮，在右边弹出的面板中单击"将演示文稿打包成 CD"按钮，接着单击"打包成"按钮，弹出"打包成 CD"对话框，如图 4-71 所示。

（3）在"打包成 CD"对话框中进行相关设置即可。

4.6.2 演示文稿的打印

1. 演示文稿的页面设置

通常在打印演示文稿前，需要对幻灯片进行一些设置，如设置幻灯片的大小、方向、编号等，预览后再打印。

演示文稿的页面设置的操作步骤如下。

（1）在"设计"选项卡的"页面设置"组中单击"页面设置"按钮，打开"页面设置"对话框,如图 4-72 所示。

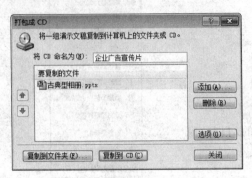 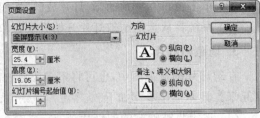

图 4-71 "打包成 CD"对话框　　　　图 4-72 "页面设置"对话框

（2）在"页面设置"对话框中对幻灯片的大小、宽度、高度、编号起始值、幻灯片的方向等进行设置。

（3）设置完成后单击"确定"按钮即可。

2. 打印演示文稿

打印内容分为幻灯片、讲义、备注和大纲等形式,在打印时根据需要选择其中的一种方式单击"文件"选项卡中的"打印"按钮,右边将显示打印预览。可在设置组中选择需要打印的幻灯片,如图 4-73 所示。

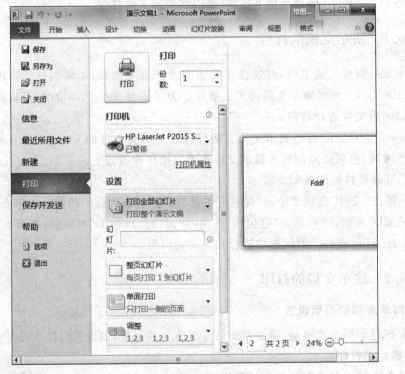

图 4-73 幻灯片打印

4.7　典型题详解

【典型题 4-1】　某学校初中二年级五班的物理老师要求学生两人一组制作一份物理课件。小曾与小张自愿组合,他们制作完成的第一章后三节内容见文档"第 3-5 节.pptx",前两节内容存放在文本文件"第 1-2 节.pptx"中。小张需要按下列要求完成课件的整合制作:

(1) 为演示文稿"第 1-2 节.pptx"指定一个合适的设计主题;为演示文稿"第 3-5 节.pptx"指定另一个设计主题,两个主题应不同。

(2) 将演示文稿"第 3-5 节.pptx"和"第 1-2 节.pptx"中的所有幻灯片合并到"物理课件.pptx"中,要求所有幻灯片保留原来的格式。以后的操作均在文档"物理课件.pptx"中进行。

(3) 在"物理课件.pptx"的第 3 张幻灯片之后插入一张版式为"仅标题"的幻灯片,输入标题文字"物质的状态",在标题下方制作一张射线列表式关系图,样例参考"关系图素材及样例.docx",所需图片在考生文件夹中。为该关系图添加适当的动画效果,要求同一级别的内容同时出现、不同级别的内容先后出现。

(4) 在第 6 张幻灯片后插入一张版式为"标题和内容"的幻灯片,在该张幻灯片中插入与素材"蒸发和沸腾的异同点.docx"文档中所示相同的表格,并为该表格添加适当的动画效果。

(5) 将第 4 张、第 7 张幻灯片分别链接到第 3 张、第 6 张幻灯片的相关文字上。

(6) 除标题页外,为幻灯片添加编号及页脚,页脚内容为"第一章　物态及其变化"。

(7) 为幻灯片设置适当的切换方式,以丰富放映效果。

答案:

(1)【解题步骤】

① 在考生文件夹下双击打开演示文稿"第 1-2 节.pptx",在"设计"选项卡下"主题"组中选择一种主题,如"波形";然后按 Ctrl+S 快捷键进行保存。

② 在考生文件夹下双击打开演示文稿"第 3-5 节.pptx",按照同样的方式,在"设计"选项卡下"主题"组中选择一种主题,如"聚合";然后按 Ctrl+S 快捷键进行保存。

(2)【解题步骤】

① 在考生文件夹中新建一个演示文稿,并命名为"物理课件.pptx"。

② 在"开始"选项卡下"幻灯片"组中单击"新建幻灯片"下拉按钮,从下拉列表中选择"重用幻灯片"命令,打开"重用幻灯片"任务窗格。

③ 在"重用幻灯片"任务窗格中,单击"浏览"按钮,弹出"浏览"对话框,从考生文件夹下选择"第 1-2 节.pptx",单击"打开"按钮。

④ 返回到"重用幻灯片"任务窗格,勾选"重用幻灯片"任务窗格中的"保留源格式"复选框,分别单击这四张幻灯片,将其添加到演示文稿中。

⑤ 将光标定位到第四张幻灯片之后,按照步骤③～④,将"第 3-5 节.pptx"中的内容合并到"物理课件.pptx"中。

结果如图 4-74 所示。

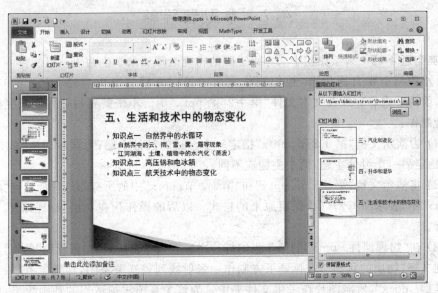

图 4-74　重用幻灯片的结果

⑥ 关闭"重用幻灯片"任务窗格,保存演示文稿。

(3)【解题步骤】

① 选中第 3 张幻灯片,在"开始"选项卡的"幻灯片"组中单击"新建幻灯片"下拉按钮,从下拉列表中选择"仅标题",然后输入标题文字"物质的状态"。

② 在"插入"选项卡的"插图"组中单击 SmartArt 按钮,弹出"选择 SmartArt 图形"对话框,选择"关系"中的"射线列表",单击"确定"按钮。

③ 参考"关系图素材及样例. docx",在对应的位置插入图片和输入文本,如图 4-75 所示。

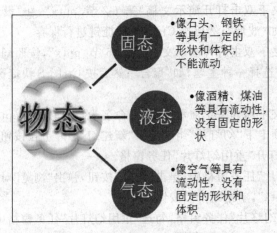

图 4-75　SmartArt 图形

④ 选中 SmartArt 图形,在"动画"选项卡下"动画"组中选择一种动画效果,如"浮

入"；然后单击"效果选项"按钮，从弹出的下拉列表中选择"逐个级别"。

（4）【解题步骤】

① 选中第 6 张幻灯片，在"开始"选项卡的"幻灯片"组中单击"新建幻灯片"下拉按钮，从下拉列表中选择"标题和内容"，然后输入标题"蒸发和沸腾的异同点"。

② 参考素材"蒸发和沸腾的异同点.docx"在第七张幻灯片中插入表格，并在相应的单元格输入文本。

③ 选中表格，在"动画"选项卡的"动画"组中选择一种动画效果，如"擦除"。

（5）【解题步骤】

① 选中第四张幻灯片的标题"物质的状态"，单击"插入"选项卡下"链接"组中的"超链接"按钮，弹出"插入超链接"对话框。

② 在"链接到："下单击"本文档中的位置"，在"请选择文档中的位置"中选择第 3 张幻灯片，然后单击"确定"按钮。

③ 按照上述步骤将第 7 张幻灯片标题"蒸发和沸腾的异同点"链接到第 6 张幻灯片的相关文字上。

（6）【解题步骤】

① 在"插入"选项卡的"文本"组中单击"页眉和页脚"按钮，弹出"页眉和页脚"对话框。

② 勾选"幻灯片编号"、"页脚"和"标题幻灯片中不显示"复选框，在"页脚"下的文本框中输入"第一章　物态及其变化"，单击"全部应用"按钮，如图 4-76 所示。

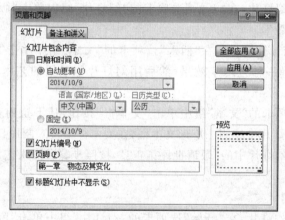

图 4-76　设置幻灯片页脚

（7）【解题步骤】

① 在"切换"选项卡的"切换到此幻灯片"组中选择一种切换方式，如"形状"，单击"计时"组中的"全部应用"按钮。

② 保存演示文稿。

【典型题 4-2】　请根据提供的素材文件"ppt 素材.docx"中的文字、图片设计制作演示文稿，并以文件名"ppt.pptx"存盘，具体要求如下：

（1）将素材文件中每个矩形框中的文字及图片设计为 1 张幻灯片，为演示文稿插入幻灯片编号,与矩形框前的序号一一对应。

(2)第1张幻灯片作为标题页,标题为"云计算简介",并将其设为艺术字,有制作日期(格式:××××年××月××日),并指明制作者为"考生×××"。

第9张幻灯片中的"敬请批评指正!"采用艺术字。

(3)幻灯片版式至少有3种,并为演示文稿选择一个合适的主题。

(4)为第2张幻灯片中的每项内容插入超级链接,点击时转到相应幻灯片。

(5)第5张幻灯片采用SmartArt图形中的组织结构图来表示,最上级内容为"云计算的五个主要特征",其下级依次为具体的五个特征。

(6)每张幻灯片中的对象添加动画效果,并设置3种以上幻灯片切换效果。

(7)增大第6、7、8张幻灯片中图片显示比例,达到较好的效果。

【答案】

(1)【解题步骤】

① 在考生文件夹中新建一个演示文稿,并命名为ppt.pptx,双击打开该演示文稿。

② 在"开始"选项卡的"幻灯片"组中单击"新建幻灯片"按钮插入一张幻灯片。

③ 按照步骤②的方式操作8次,插入8张幻灯片。

④ 分别将素材文件中每个矩形框中的文字及图片复制到一个幻灯片中。

⑤ 在"插入"选项卡的"文本"组中单击"幻灯片编号"按钮,弹出"页眉与页脚"对话框,切换至"幻灯片"选项卡,选中"幻灯片编号"复选框,单击"全部应用"按钮。

(2)【解题步骤】

① 选中第一张幻灯片,在"开始"选项卡的"幻灯片"组中单击"版式"下拉按钮,从下拉列表中选择"仅标题"。

② 选中标题"云计算简介",在"插入"选项卡的"文本"组中单击"艺术字"按钮,在弹出的下拉列表中选择一种艺术字效果,然后用幻灯片中显示的艺术字替换原有的标题文本。

③ 在"插入"选项卡的"文本"组中单击"文本框"按钮,从下拉列表中选择"横排文本框"。拖动鼠标在幻灯片中绘制一矩形文本框,在文本框中输入制作日期和指明制作者。

④ 选中第9张幻灯片中的"敬请批评指正!",按照步骤②插入艺术字,并替换原有的文本。

(3)【解题步骤】

① 选中第2张幻灯片,在"开始"选项卡的"幻灯片"组中单击"版式"下拉按钮,从下拉列表中选择"节标题"。

② 选中第3、4、6张幻灯片,右击,在弹出的快捷菜单中选择"版式"|"标题与内容"命令。

③ 选中第5、7、8、9张幻灯片,右击,在弹出的快捷菜单中选择"版式"|"空白"命令。

④ 在"设计"选项卡的"主题"组中选择合适的主题,如"暗香扑面"。

(4)【解题步骤】

① 选中第2张幻灯片的"一、云计算的概念"并右击,在弹出的快捷菜单中选择"超链接"命令,弹出"插入超链接"对话框。

② 在"链接到"下选择"本文档中的位置",在"请选择文档中的位置"选择第 3 张幻灯片,单击"确定"按钮。

③ 按上述步骤,为"二、云计算的特征"添加超链接,链接到第 3 张幻灯片;为"三、云计算的服务形式"添加超链接,链接到第 6 张幻灯片。

(5)【解题步骤】

① 选中第 5 张幻灯片,在"插入"选项卡的"插图"组中单击 SmartArt 按钮,弹出"选择 SmartArt 图形"对话框,选择"层次结构"中的"组织结构图",单击"确定"按钮。

② 选中 SmartArt 图形第 2 行左侧的文本框,在"SmartArt 工具"|"设计"选项卡的"创建图形"组中单击"添加形状"下拉按钮,在下拉列表中选择"在后面添加形状",此时在 SmartArt 中右侧添加了一个矩形。

③ 将第五页幻灯片中的内容按要求剪切到对应的 SmartArt 文本框中,如图 4-77 所示。

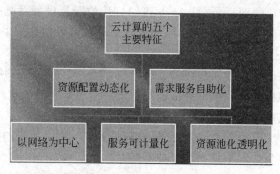

图 4-77 创建的 SmartArt 图形

(6)【解题步骤】

① 选中第一张幻灯片的"云计算简介",单击"动画"选项卡的"动画"组中选择一种动画效果,如"飞入"。

② 按照上述步骤为其他对象设置动画效果。

③ 选中第 2 张幻灯片,在"切换"选项卡的"切换到此幻灯片"组选择一种切换效果,如"推进"。

④ 按照步骤③,为其他幻灯片设置切换效果。

(7)【解题步骤】

① 选中第 6 张幻灯片中的图片,将鼠标移至图片的右下角处,使得鼠标指针变为"双箭头"时按住左键向右下方拖动,以放大图片的尺寸,到合适比例时松开鼠标。

② 同上述步骤调节第 7、8 张幻灯片中的图片大小。

4.8 习　题

【操作题 1】 题目背景与要求描述

打开考生文件夹下的演示文稿 yswg.pptx,根据考生文件夹下的文件"ppt-素材.

docx",按照下列要求完善此文稿并保存。

(1) 文稿包含 7 张幻灯片,设计第 1 张为"标题幻灯片"版式,第 2 张为"仅标题"版式,第 3~6 张为"两栏内容"版式,第 7 张为"空白"版式;所有幻灯片统一设置背景样式,要求有预设颜色。

(2) 第 1 张幻灯片标题为"计算机发展简史",副标题为"计算机发展的四个阶段";第 2 张幻灯片标题为"计算机发展的四个阶段";在标题下面空白处插入 SmartArt 图形,要求含有四个文本框,在每个文本框中依次输入"第一代计算机",……,"第四代计算机",更改图形颜色,适当调整字体字号。

(3) 第 3 张至第 6 张幻灯片,标题内容分别为素材中各段的标题;左侧内容为各段的文字介绍,加项目符号,右侧为考生文件夹下存放相对应的图片,第 6 张幻灯片需插入两张图片("第四代计算机-1.jpg"在上,"第四代计算机-2.jpg"在下);在第 7 张幻灯片中插入艺术字,内容为"谢谢!"。

(4) 第 1 张幻灯片的副标题、第 3~6 张幻灯片的图片设置动画效果,第 2 张幻灯片的四个文本框超链接到相应内容幻灯片;为所有幻灯片设置切换效果。

【操作题 2】 题目背景与要求描述

文君是新世界数码技术有限公司的人事专员,"十一"过后,公司招聘了一批新员工,需要对他们进行入职培训。人事助理已经制作了一份演示文稿的素材"新员工入职培训.pptx",请打开该文档进行美化,要求如下:

(1) 将第 2 张幻灯片的版式设为"标题和竖排文字",将第 4 张幻灯片的版式设为"比较";为整个演示文稿指定一个恰当的设计主题。

(2) 通过幻灯片母版为每张幻灯片增加利用艺术字制作的水印效果,水印文字中应包含"新世界数据"字样,并旋转一定的角度。

(3) 根据第 5 张幻灯片右侧的文字内容创建一个组织结构图,如图 4-78 所示,其中总经理助理为助理级别,结果应类似 Word 样例文件"组织结构图样例.docx"中所示,并为该组织结构图添加任一动画效果。

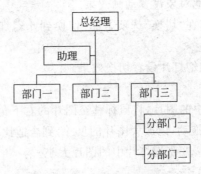

图 4-78 组织结构图

(4) 为第 6 张幻灯片左侧的文字"员工守则"加入超链接,链接到 Word 素材文件"员工守则.docx",并为该张幻灯片添加适当的动画效果。

(5) 为演示文稿设置不少于 3 种的幻灯片切换方式。

附录 A 全国计算机等级考试二级 Microsoft Office 高级应用考试大纲（2014 年版）

基本要求

1. 掌握计算机基础知识及计算机系统组成。
2. 了解信息安全的基本知识，掌握计算机病毒及防治的基本概念。
3. 掌握多媒体技术基本概念和基本应用。
4. 了解计算机网络的基本概念和基本原理，掌握因特网网络服务和应用。
5. 正确采集信息并能在文字处理软件 Word、电子表格软件 Excel、演示文稿制作软件 PowerPoint 中熟练应用。
6. 掌握 Word 的操作技能，并熟练应用编制文档。
7. 掌握 Excel 的操作技能，并熟练应用进行数据计算及分析。
8. 掌握 PowerPoint 的操作技能，并熟练应用制作演示文稿。

考试内容

一、计算机基础知识

1. 计算机的发展、类型及其应用领域。
2. 计算机软硬件系统的组成及主要技术指标。
3. 计算机中数据的表示与存储。
4. 多媒体技术的概念与应用。
5. 计算机病毒的特征、分类与防治。
6. 计算机网络的概念、组成和分类，计算机与网络信息安全的概念和防控。
7. 因特网网络服务的概念、原理和应用。

二、Word 的功能和使用

1. Microsoft Office 应用界面使用和功能设置。
2. Word 的基本功能，文档的创建、编辑、保存、打印和保护等基本操作。
3. 设置字体和段落格式、应用文档样式和主题、调整页面布局等排版操作。

4. 文档中表格的制作与编辑。

5. 文档中图形、图像(片)对象的编辑和处理,文本框和文档部件的使用,符号与数学公式的输入与编辑。

6. 文档的分栏、分页和分节操作,文档页眉、页脚的设置,文档内容引用操作。

7. 文档审阅和修订。

8. 利用邮件合并功能批量制作和处理文档。

9. 多窗口和多文档的编辑,文档视图的使用。

10. 分析图文素材,并根据需求提取相关信息引用到 Word 文档中。

三、Excel 的功能和使用

1. Excel 的基本功能,工作簿和工作表的基本操作,工作视图的控制。

2. 工作表数据的输入、编辑和修改。

3. 单元格格式化操作、数据格式的设置。

4. 工作簿和工作表的保护、共享及修订。

5. 单元格的引用、公式和函数的使用。

6. 多个工作表的联动操作。

7. 迷你图和图表的创建、编辑与修饰。

8. 数据的排序、筛选、分类汇总、分组显示和合并计算。

9. 数据透视表和数据透视图的使用。

10. 数据模拟分析和运算。

11. 宏功能的简单使用。

12. 获取外部数据并分析处理。

13. 分析数据素材,并根据需求提取相关信息引用到 Excel 文档中。

四、PowerPoint 的功能和使用

1. PowerPoint 的基本功能和基本操作,演示文稿的视图模式和使用。

2. 演示文稿中幻灯片的主题设置、背景设置、母版制作和使用。

3. 幻灯片中文本、图形、SmartArt、图像(片)、图表、音频、视频、艺术字等对象的编辑和应用。

4. 幻灯片中对象动画、幻灯片切换效果、链接操作等交互设置。

5. 幻灯片放映设置,演示文稿的打包和输出。

6. 分析图文素材,并根据需求提取相关信息引用到 PowerPoint 文档中。

考试方式

采用无纸化考试上机操作。

考试时间：120 分钟

软件环境：操作系统 Windows 7

办公软件 Microsoft Office 2010

在指定时间内，完成下列各项操作：

1. 选择题（20 分）（含公共基础知识部分 10 分）
2. Word 操作（30 分）
3. Excel 操作（30 分）
4. PowerPoint 操作（20 分）

附录 B 无纸化考试指导

B.1 无纸化系统使用说明

全国计算机等级考试(Windows 版)系统提供了开放式的考试环境,考生可以在 Windows 7 操作系统环境下自由地使用各种应用软件系统或工具,它的主要功能是考试项目的执行、控制无纸化考试的时间以及试题内容的显示。

B.1.1 无纸化考试环境简介

一、硬件环境

PC 兼容机,硬盘剩余空间 10GB 或以上。

二、软件环境

操作系统: 中文版 Windows 7。

应用软件: 中文版 Office 2010。

三、无纸化考试时间

全国计算机等级考试二级 Microsoft Office 高级应用考试时间定为 120 分钟。考试时间由无纸化考试系统自动进行计时,提前 5 分钟自动报警来提醒考生应及时存盘。考试时间用完,无纸化考试系统将自动锁定计算机,考生将不能再继续答题。

四、无纸化考试题型及分值

全国计算机等级考试二级 Microsoft Office 高级应用考试试卷满分为 100 分,共有 4 种类型考题,即选择题(20 分)、Word 字处理软件的使用(30 分)、Excel 电子表格软件的使用(30 分)和 PowerPoint 演示文稿软件的使用(20 分)。

B.1.2 无纸化考试流程演示

从"开始"|"程序"中选择"全国计算机等级考试"命令,启动"考试程序"。首先是一个登录过程,当考生登录成功后,无纸化考试系统将自动装载试题内容查阅工具,同样可以通过这个界面开始看题和做题。

一、登录

(1)双击桌面上的"无纸化考试系统"图标,启动考试程序,出现如图 B.1 所示的登录界面(其中版本号可能会变动)。

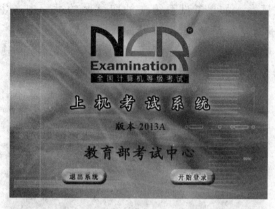

图 B.1　登录界面

(2)单击"开始登录"按钮,进入准考证号登录验证窗口,如图 B.2 所示。

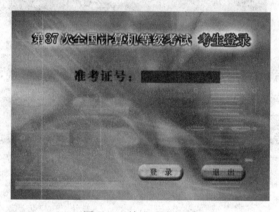

图 B.2　输入准考证号

(3)输入考号后按回车键或单击"登录"按钮,将弹出准考证号验证窗口,该窗口对输入的考号进行验证。如果考号不正确,单击"取消"按钮重新输入;如果考号正确,单击"确认"按钮继续执行,弹出如图 B.3 所示的窗口。

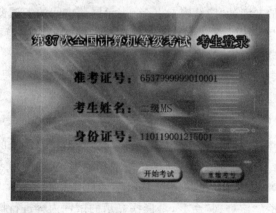

图 B.3　显示信息

（4）考号输入正确后，单击"开始考试"按钮，考试系统进行一系列的处理后将随机生成一份二级 MS 考试试卷。如果考试系统在抽取试题的过程中产生错误，在显示相应的错误提示时，考生应重新进行登录，直至试题抽取成功为止。

（5）试题抽取成功后出现如图 B.4 所示的"考试须知"。考生只有选中了"已阅读"复选框，才能单击"开始考试并计时"按钮开始考试并计时。

图 B.4　准备答题

进入考试界面后，就可以看题、做题。注意，在做选择题的时候，键盘被封锁，考生只能使用鼠标答题。选择题部分只能进入一次，退出后不能再次进入。另外，选择题不单独计时。

当考生在上机考试时遇到死机等意外情况（即无法进行正常考试时），考生应向监考人员说明情况，由监考人员确认为非人为造成停机时，方可进行二次登录。考生需要由监考人员输入密码方可继续进行上机考试，因此考生必须注意在上机考试时不得随意关机，否则考点有权终止其考试资格。

二、考试界面

当考生登录成功后，系统为考生抽取一套完成的试题。上机考试系统将自动在屏幕中间生成装载试题内容查阅工具的考试窗口，并在屏幕顶部始终显示着考生的准考证号、姓名、考试剩余时间以及可以随时显示或隐藏试题内容的查阅工具和退出考试系统进行交卷的按钮的窗口，最左面的"隐藏窗口"字符表示屏幕中间的考试窗口正在显示着，当用鼠标单击"隐藏窗口"字符时，屏幕中间的考试窗口就被隐藏，且"隐藏窗口"字符变成"显示窗口"。同时在窗口中显示试题选择按钮。

在考试窗口中选择工具栏中的题目选择按钮"选择题"、"字处理"、"电子表格"、"演示文稿"可以查看相应题型的题目要求。

三、答题

当考生单击"选择题"按钮时，系统将显示如何进行选择题部分的考试操作，如图 B.5所示。在"答题"菜单上选择"选择题"功能进行选择题考试，如图 B.6 所示。

当考生单击"字处理"按钮时，系统将显示字处理操作题，如图 B.7 所示。此时请考生在"答题"菜单上选择"字处理"命令，再根据显示的试题内容进行操作。

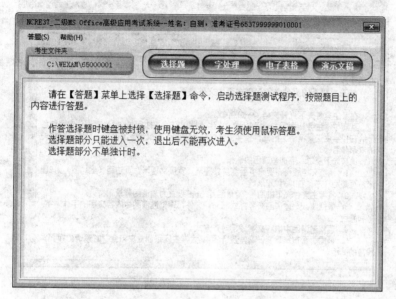

图 B.5 答题界面

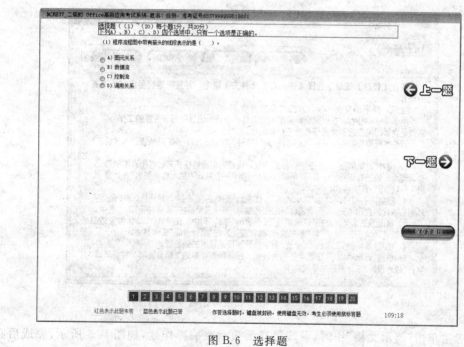

图 B.6 选择题

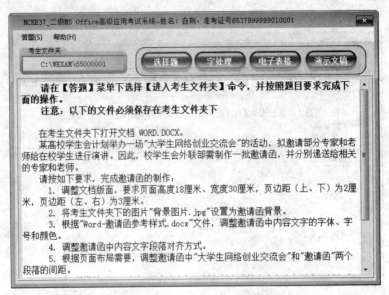

图 B.7　字处理操作题

当考生单击"电子表格"按钮时，系统将显示简单应用题，如图 B.8 所示。

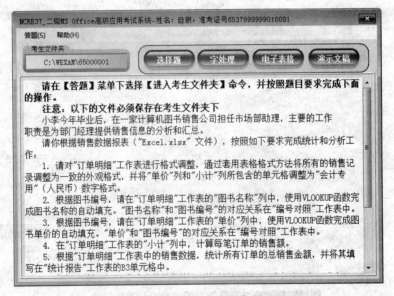

图 B.8　电子表格操作题

当考生单击"演示文稿"钮时，系统将显示演示文稿操作题，如图 B.9 所示，完成后必须将该文档存盘。

当考试内容审阅窗口中显示上下或左右滚动条时，表明该试题查阅窗口中试题内容尚未完全显示，因此考生可用鼠标操作显示余下的试题内容，防止漏做试题从而影响考试。

对于已经做过并保存的文件，系统会在答题菜单中显示"已做过"；如果显示"未做

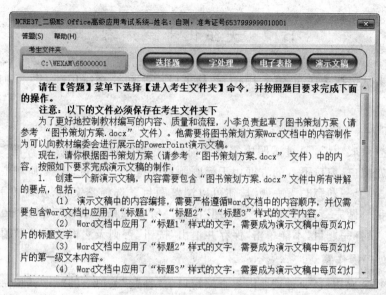

图 B.9 演示文稿操作题

过",则说明考生没有对这个文件进行过保存。

四、交卷

如果考生要提前结束考试进行交卷处理,则请按屏幕顶端显示窗口中的"交卷"按钮,上机考试系统将显示是否要交卷处理的提示信息框。此时考生如果单击"确定"按钮,则退出上机考试系统进行交卷处理,由系统管理员进行评分和回收。如果考试还没有完成试题,则单击"取消"按钮继续进行考试。

考试过程中,系统会为考生计算剩余考试时间。在剩余 5 分钟时,系统会显示一个提示信息,提示考生将应用程序的数据存盘,做最后的准备工作。

五、考生文件夹

在考试答题过程中有一个重要概念就是考生文件夹。当考生登录成功后,上机考试系统将会自动产生一个考生考试文件夹,该文件夹将存放该考生所有上机考试的考试内容。考生不能随意删除该文件夹以及该文件夹下与考试题目要求有关的文件及文件夹,避免在考试和评分时产生错误,从而影响考生的考试成绩。

假设考生登录的准考证号为 6537999999010001,则上机考试系统生成的考生文件夹将存放到 K 盘根目录下的用户目录文件夹下,即考生文件夹为 K:\用户目录文件夹\65010001。考生在考试过程中所操作的文件和文件夹都不能脱离考生文件夹,否则将会直接影响考生的考试成绩。

考生所有的答题均在考生文件夹下完成。考生在考试过程中,一旦发现不在考生文件夹中,应及时返回到考生文件夹下。在答题过程中,允许考生自由选择答题顺序,中间可以退出并允许考生重新答题。

如果考生在考试过程中,所操作的文件如不能复原或者误操作删除时,可以请监考老师帮忙生成所需文件,这样就可以继续进行考试且不会影响考生的成绩。

B.2　无纸化考试内容

无纸化考试包括选择题、基本操作题、简单应用题和综合应用题，共 4 种题型，总分 100 分。

一、选择题

当考生登录成功后，通过试题内容查阅窗口的"答题"菜单上的"选择题"功能，打开"选择题"答题窗口，窗口下方的方框用于标题题目是否已经做过，未做则为红色，已做则为蓝色。单击"上一题"和"下一题"按钮可以浏览题目。选择答案后，在窗口下方会用蓝色的方框标记。做完一题后，单击"下一题"按钮。所有选择题做完后单击"保存并退出"按钮。注意，没答完题目，不能单击"保存并退出"按钮，否则无法再作答选择题部分。

二、字处理操作题

当考生登录成功后，通过试题内容查阅窗口的"答题"菜单上的"字处理"命令，再根据屏幕上显示的试题内容要求进行操作。如果考生要退出系统进行交卷，则请将所有的操作结果根据要求存盘在考生文件夹中，并关闭 Microsoft Word 系统。

【例 B.1】

请在"答题"菜单下选择"字处理"命令，并按照题目要求完成下面的操作。

注意：以下的文件必须保存在考生文件夹[K:\K11\65100281]下。

【背景素材】

为召开云计算技术交流大会，小王需制作一批邀请函，拟邀请的人员名单见"Word 人员名单.xlsx"，邀请函的样式参见"邀请函参考样式.docx"，大会定于 2013 年 10 月 19 日至 20 日在武汉举行。

请根据上述活动的描述，利用 Microsoft Word 制作一批邀请函，要求如下：

1. 修改标题"邀请函"文字的字体、字号，并设置为加粗、字的颜色为红色、黄色阴影、居中。

2. 设置正文各段落为 1.25 倍行距，段后间距为 0.5 倍行距。设置正文首行缩进 2 字符。

3. 落款和日期位置为右对齐，右侧缩进 3 字符。

4. 将文档中的"×××大会"替换为"云计算技术交流大会"。

5. 设置页面高度为 27 厘米，页面宽度为 27 厘米，页边距（上、下）为 3 厘米，页边距（左、右）为 3 厘米。

6. 将电子表格"Word 人员名单.xlsx"中的姓名信息自动填写到"邀请函"中"尊敬的"三字后面，并根据性别信息，在姓名后添加"先生"（性别为男）、"女士"（性别为女）。

7. 设置页面边框为红"★"。

8. 在正文第 2 段的第一句话"……进行深入而广泛的交流"后插入脚注"参见 http://www.cloudcomputing.cn网站"。

9. 将设计的主文档以文件名 WORD.DOCX 保存，并生成最终文档以文件名"邀请函.DOCX"保存。

三、电子表格操作题

当考生登录成功后,通过试题内容查阅窗口的"答题"菜单上的"电子表格"命令,再根据屏幕上显示的试题内容要求进行操作。如果考生要退出系统进行交卷,则请将所有的操作结果根据要求存盘在考生文件夹中,并关闭 Microsoft Excel 系统。

【例 B.2】

小林是北京某师范大学财务处的会计,计算机系计算机基础室提交了该教研室 2012年的课程授课情况,希望财务处尽快核算并发放他们室的课时费。请根据考生文件夹下"素材.xlsx"中的各种情况,帮助小林核算出计算机基础室 2012 年度每个教员的课时费情况。具体要求如下:

1. 将"素材.xlsx"另存为"课时费.xlsx"的文件,所有的操作基于此新保存好的文件。

2. 将"课时费统计表"标签颜色更改为红色,将第一行根据表格情况合并为一个单元格,并设置合适的字体、字号,使其成为该工作表的标题。对 A2:I22 区域套用合适的中等深浅的、带标题行的表格格式。前 6 列对齐方式设为居中;其余与数值和金额有关的列,标题为居中,值为右对齐,学时数为整数,金额为货币样式并保留 2 位小数。

3. "课时费统计表"中的 F 至 L 列中的空白内容必须采用公式的方式计算结果。根据"教师基本信息"工作表和"课时费标准"工作表计算"职称"和"课时标准"列内容,根据"授课信息表"和"课程基本信息"工作表计算"学时数"列内容,最后完成"课时费"列的计算(提示:建议对"授课信息表"中的数据按姓名排序后增加"学时数"列,并通过VLOOKUP 查询"课程基本信息"表获得相应的值)。

4. 为"课时费统计表"创建一个数据透视表,保存在新的工作表中。其中报表筛选条件为"年度",列标签为"教研室",行标签为"职称",求和项为"课时费"。并在该透视表下方的 A12:F24 区域内插入一个饼图,显示计算机基础室课时费对职称的分布情况。并将该工作表命名为"数据透视图",表标签颜色为蓝色。

5. 保存"课时费.xlsx"文件。

四、演示文稿题

当考生登录成功后,通过试题内容查阅窗口的"答题"菜单上的"演示文稿"命令,再根据屏幕上显示的试题内容要求进行操作。如果考生要退出系统进行交卷,则请将所有的操作结果根据要求存盘在考生文件夹中,并关闭 Microsoft PowerPoint 系统。

【例 B.3】

"福星一号"发射成功,并完成与银星一号对接等任务,全国人民为之振奋和鼓舞,作为航天城中国航天博览馆讲解员的小苏,受领了制作"福星一号飞船简介"的演示幻灯片的任务。请你根据考生文件夹下的"福星一号素材.docx"的素材,帮助小苏完成制作任务,具体要求如下:

1. 演示文稿中至少包含 7 张幻灯片,要有标题幻灯片和致谢幻灯片。幻灯片必须选择一种主题,要求字体和色彩合理、美观大方,幻灯片的切换要用不同的效果。

2. 标题幻灯片的标题为【"福星一号"飞船简介】,副标题为【中国航天博览馆 北京 二〇一三年六月】。内容幻灯片选择合理的版式,根据素材中对应标题"概况、飞船参数与飞行计划、飞船任务、航天员乘组"的内容各制作一张幻灯片,"精彩时刻"制作两,三张幻灯片。

3. "航天员乘组"和"精彩时刻"的图片文件均存放于考生文件夹下,航天员的简介根据幻灯片的篇幅情况进行精简,播放时文字和图片要有动画效果。

4. 演示文稿保存为"福星一号.pptx"。

附录 C 全国计算机等级考试二级 Microsoft Office 高级应用样卷

一、选择题（每小题 1 分，共 20 分）

下列 A、B、C、D 四个选项中，只有一个选项是正确的。

1. 已知一棵二叉树前序遍历和中序遍历分别为 ABDEGCFH 和 DBGEACHF，则该二叉树的后序遍历为（　　）。

    A. GEDHFBCA　　　B. DGEBHFCA　　　C. ABCDEFGH　　　D. ACBFEDHG

2. 树是节点的集合，它的根节点数目是（　　）。

    A. 有且只有 1　　　　　　　　　　　B. 1 或多于 1

    C. 0 或 1　　　　　　　　　　　　　D. 至少 2

3. 如果进栈序列为 e1,e2,e3,e4，则可能的出栈序列是（　　）。

    A. e3,e1,e4,e2　　　　　　　　　　B. e2,e4,e3,e1

    C. e3,e4,e1,e2　　　　　　　　　　D. 任意顺序

4. 在设计程序时，应采纳的原则之一是（　　）。

    A. 不限制 goto 语句的使用　　　　　B. 减少或取消注解行

    C. 程序越短越好　　　　　　　　　　D. 程序结构应有助于读者理解

5. 程序设计语言的基本成分是数据成分、运算成分、控制成分和（　　）。

    A. 对象成分　　　B. 变量成分　　　C. 语句成分　　　D. 传输成分

6. 下列叙述中，不属于软件需求规格说明书的作用的是（　　）。

    A. 便于用户、开发人员进行理解和交流

    B. 反映出用户问题的结构，可以作为软件开发工作的基础和依据

    C. 作为确认测试和验收的依据

    D. 便于开发人员进行需求分析

7. 下列不属于软件工程的 3 个要素的是（　　）。

    A. 工具　　　　　B. 过程　　　　　C. 方法　　　　　D. 环境

8. 单个用户使用的数据视图的描述称为（　　）。

    A. 外模式　　　　B. 概念模式　　　C. 内模式　　　　D. 存储模式

9. 将 E-R 图转换到关系模式时，实体与联系都可以表示成（　　）。

    A. 属性　　　　　B. 关系　　　　　C. 键　　　　　　D. 域

10. SQL 又称为（　　）。

A. 结构化定义语言　　　　　　　B. 结构化控制语言

C. 结构化查询语言　　　　　　　D. 结构化操纵语言

11. 在 CD 光盘标记有"CD-RW"字样,此标记表明光盘(　　　)。

A. 是只能写入一次,可以反复读出的一次性写入光盘

B. 是可多次擦除型光盘

C. 是只能读出,不能写入的只读光盘

D. RW 是 Read and Write 的缩写

12. 在计算机中,每个存储单元都有一个连续的编号,此编号称为(　　　)。

A. 地址　　　　　B. 位置号　　　　　C. 门牌号　　　　　D. 房号

13. 在所列出的:(1)字处理软件、(2)Linux、(3)UNIX、(4)学籍管理系统、(5)Windows 7 和(6)Office 2010,这六款软件中,属于系统软件的有(　　　)。

A. 1,2,3　　　　　　　　　　　B. 2,3,5

C. 1,2,3,5　　　　　　　　　　D. 全部都不是

14. 一台微型计算机要与局域网连接,必需的硬件是(　　　)。

A. 集线器　　　　　B. 网关　　　　　C. 网卡　　　　　D. 路由器

15. 十进制数 100 转换成二进制数是(　　　)。

A. 0110101　　　　B. 01101000　　　　C. 01100100　　　　D. 01100110

16. 下列设备中,不能作为微机输出设备的是(　　　)。

A. 打印机　　　　　B. 显示器　　　　　C. 鼠标　　　　　D. 绘图仪

17. 世界上公认的第一台电子计算机诞生的年份是(　　　)。

A. 1943 年　　　　B. 1946 年　　　　C. 1950 年　　　　D. 1951 年

18. 组成微型机主机的部件是(　　　)。

A. CPU、内存和硬盘

B. CPU、内存、显示器和键盘

C. CPU 和内存

D. CPU、内存、硬盘、显示器和键盘套

19. 操作系统对磁盘进行读/写操作的单位是(　　　)。

A. 磁道　　　　　B. 字节　　　　　C. 扇区　　　　　D. KB

20. 下列各类计算机程序语言中,不属于高级程序设计语言的是(　　　)。

A. Visual Basic　　　　　　　　B. FORTRAN 语言

C. Pascal 语言　　　　　　　　D. 汇编语言

二、字处理题

请在"答题"菜单下选择"字处理"命令,并按照题目要求完成下面的操作。

注意:以下的文件必须保存在考生文件夹[K:\K11\65100281]下。

在考生文件夹下打开文档 WORD. DOCX,按照要求完成下列操作并以该文件名(WORD. DOCX)保存文档。

某高校为了丰富学生的课余生活,开展了艺术与人生论坛系列讲座,校学工处将于 2013 年 12 月 29 日 14:00—16:00 在校国际会议中心举办题为"大学生形象设计"的

讲座。

请根据上述活动的描述，利用 Microsoft Word 制作一份宣传海报（宣传海报的参考样式请参考"WORD-海报参考样式.docx"文件），要求如下：

1．调整文档版面，要求页面高度 20 厘米，页面宽度 16 厘米，页边距（上、下）为 5 厘米，页边距（左、右）为 3 厘米，并将考生文件夹下的图片"Word-海报背景图片.jpg"设置为海报背景。

2．根据"WORD-海报参考样式.docx"文件，调整海报内容文字的字号、字体和颜色。

3．根据页面布局需要，调整海报内容中"报告题目"、"报告人"、"报告日期"、"报告时间"、"报告地点"信息的段落间距。

4．在"报告人："位置后面输入报告人姓名（郭云）。

5．在"主办：校学工处"位置后另起一页，并设置第 2 页的页面纸张大小为 A4 篇幅，纸张方向设置为"横向"，页边距为"普通"页边距定义。

6．在新页面的"日程安排"段落下面，复制本次活动的日程安排表（请参考"Word-活动日程安排.xlsx"文件），要求表格内容引用 Excel 文件中的内容，如若 Excel 文件中的内容发生变化，Word 文档中的日程安排信息随之发生变化。

7．在新页面的"报名流程"段落下面，利用 SmartArt，制作本次活动的报名流程（学工处报名、确认坐席、领取资料、领取门票）。

8．插入报告人照片为考生文件夹下的 Pic 2.jpg 照片，将该照片调整到适当位置，并不要遮挡文档中的文字内容。

9．保存本次活动的宣传海报设计为 WORD.DOCX。

三、电子表格题

请在"答题"菜单下选择"电子表格"命令，并按照题目要求完成下面的操作。

注意：以下的文件必须保存在考生文件夹［K:\K11\65100281］下。

小李在东方公司担任行政助理，年底小李对公司员工档案信息进行了分析和汇总。

请你根据东方公司员工档案表（Excel.xlsx 文件），按照如下要求完成统计和分析工作。

1．请对"员工档案表"工作表进行格式调整，将所有工资列设为保留两位小数的数值，适当加大行高列宽。

2．根据身份证号，请在"员工档案表"工作表的"出生日期"列中，使用 MID 函数提取员工生日，单元格式类型为"yyyy'年'm'月'd'日'"。

3．根据入职时间，请在"员工档案表"工作表的"工龄"列中，使用 TODAY 函数和 INT 函数计算员工的工龄，工作满一年才计入工龄。

4．引用"工龄工资"工作表中的数据来计算"员工档案表"工作表员工的工龄工资，在"基础工资"列中，计算每个人的基础工资。（基础工资＝基本工资＋工龄工资）

5．根据"员工档案表"工作表中的工资数据，统计所有人的基础工资总额，并将其填写在"统计报告"工作表的 B2 单元格中。

6．根据"员工档案表"工作表中的工资数据，统计职务为项目经理的基本工资总额，并将其填写在"统计报告"工作表的 B3 单元格中。

7. 根据"员工档案表"工作表中的数据,统计东方公司本科生平均基本工资,并将其填写在"统计报告"工作表的 B4 单元格中。

8. 通过分类汇总功能求出每个职务的平均基本工资。

9. 创建一个饼图,对每个员工的基本工资进行比较,并将该图表放置在"统计报告"中。

10. 保存 Excel.xlsx 文件。

四、演示文稿题

某公司新员工入职,需要对他们进行入职培训。为此,人事部门负责此事的小吴制作了一份入职培训的演示文稿。但人事部经理看过之后,觉得文稿整体做得不够精美,还需要再美化一下。请根据提供的"入职培训.pptx"文件,对制作好的文稿进行美化,具体要求如下所示:

1. 将第一张幻灯片设为"节标题",并在第一张幻灯片中插入一幅人物剪贴画。

2. 为整个演示文稿指定一个恰当的设计主题。

3. 为第二张幻灯片上面的文字"公司制度意识架构要求"加入超链接,链接到 Word 素材文件"公司制度意识架构要求.docx"。

4. 在该演示文稿中创建一个演示方案,该演示方案包含第 1、3、4 页幻灯片,并将该演示方案命名为"放映方案 1"。

5. 为演示文稿设置不少于 3 种幻灯片切换方式。

6. 将制作完成的演示文稿以"入职培训.pptx"为文件名进行保存。

参 考 文 献

[1] 教育部考试中心.全国计算机等级考试二级教程——MS Office 高级应用(2013 年版)[M].北京：高等教育出版社,2013.

[2] 李胜,张居晓.计算机应用基础(Windows 7 版)[M].北京：清华大学出版社,2012.

[3] 耿国华.大学计算机应用基础(第 2 版)[M].北京：清华大学出版社,2010.

[4] 杨正翔,李谦,刘文宏.计算机应用基础[M].南京：河海大学出版社,2010.

[5] 徐卫英,李会芳.计算机基础项目教程[M].北京：中国电力出版社,2010.

[6] 王德永,郗大海.Office 办公软件高级应用[M].北京：人民邮电出版社,2013.